1+X"集成电路开发与测试"职业技能等级证书系列教材
全国职业院校技能大赛"集成电路开发及应用"赛项转化成果系列教材
职业教育专业教学资源库"无人机应用技术"子项目"无人机电子技术基础"
转化成果教材

嵌入式技术应用开发项目教程
（微课版）

卓 婧 顾菊芬 袁科新 ◎ 主 编
孟奕峰 邓艳菲 林 洁 ◎ 副主编
王 宇 罗 娟 王念桥 ◎ 参 编
郭志勇 ◎ 主 审
杭州朗迅科技股份有限公司 ◎ 组 编

U0178268

电子工业出版社.
Publishing House of Electronics Industry
北京·BEIJING

内 容 简 介

本书基于"1+X"集成电路开发与测试职业技能等级证书考核和全国职业院校技能大赛"集成电路开发及应用"赛项使用的 LK32T102 嵌入式开发板，共设有 10 个项目、26 个任务、16 个技能训练，涵盖了嵌入式系统开发的基本知识和基本实操，包括 LED 控制设计、跑马灯控制设计、嵌入式电子产品显示控制、嵌入式键盘与中断控制、定时器应用设计、数据采集远程监控设计、基于 DS18B20 的温度采集监控设计、按键设置液晶显示电子钟设计、基于 OLED 的电机监控设计、16×16 的 LED 点阵显示设计 10 个项目。

本书采用"活页手册式"编写形式，基于"项目引领、任务驱动"模式，突出"教、学、做"一体化和边做边学的基本理念，每个项目均由若干个具体任务组成，每个任务均将相关知识和职业岗位基本技能融合在一起，把对知识、实操的学习、训练结合成任务来完成。本书已获得中国半导体行业协会集成电路分会、中国职业教育微电子产教联盟、全国集成电路专业群职业教育标准建设委员会和杭州朗迅科技股份有限公司的认可，可作为全国职业院校技能大赛"集成电路开发及应用"赛项的培训教材，还可以作为"1+X"集成电路开发与测试职业技能等级证书考核的参考教材。

本书可作为职业院校应用电子技术、电子信息工程技术、集成电路技术、微电子技术、汽车智能技术等相关专业嵌入式设计与开发课程的教材，也可作为广大嵌入式产品设计工作相关人员的自学用书。

图书在版编目（CIP）数据

嵌入式技术应用开发项目教程：微课版 / 卓婧，顾菊芬，袁科新主编. —北京：电子工业出版社，2023.1
（2024.6 重印）

ISBN 978-7-121-44969-7

Ⅰ. ①嵌… Ⅱ. ①卓… ②顾… ③袁… Ⅲ. ①微处理器－系统开发－高等学校－教材 Ⅳ. ①TP332.021

中国国家版本馆 CIP 数据核字（2023）第 017548 号

责任编辑：魏建波　　　　　　特约编辑：田学清
印　　刷：固安县铭成印刷有限公司
装　　订：固安县铭成印刷有限公司
出版发行：电子工业出版社
　　　　　北京市海淀区万寿路 173 信箱　　　邮编：100036
开　　本：787×1092　　1/16　　印张：19.5　　字数：499.2 千字
版　　次：2023 年 1 月第 1 版
印　　次：2024 年 6 月第 2 次印刷
定　　价：59.00 元

编 委 会

前　言

《嵌入式技术应用开发项目教程（微课版）》顺应国家职业教育改革思想，突出"书证融通、课证融通、赛证融通、业证融通"的职业教育模式。本书内容精选嵌入式系统开发的典型任务，以培养合格的嵌入式工程师为目标设计内容，每个项目均以思政案例导入，既可用于教学，又可作为企业上岗培训考核项目。

本书采用"活页手册式"编写形式，基于"项目引领、任务驱动"模式，突出"教、学、做"一体化和边做边学的基本理念，以嵌入式系统开发的典型项目为主线，连贯多个知识点，项目设计由浅入深，任务编排将职业岗位的相关知识和基本技能融合在一起，把知识、技能的学习和任务的完成过程结合起来。一个任务的完成就是一个完整的嵌入式系统开发过程，这既拉近了教学与职业岗位需求之间的距离，又兼顾了知识学习的系统性和完整性。

本书基于杭州朗迅科技股份有限公司的"LK230T集成电路应用开发资源系统"设计了各个项目，共有10个项目、26个任务、16个技能训练，注重学习职业岗位的基本知识和培养基本实操技能。项目1主要介绍基于Cortex-M0的LK32T102单片机及其最小系统的开发流程；项目2主要介绍I/O口操作编程的方法和应用；项目3主要介绍数码管显示、OLED显示的应用；项目4主要介绍LK32T102单片机外部中断的编程方法、键盘和外部中断的应用；项目5主要介绍定时器及其应用和编程方法；项目6主要介绍LK32T102单片机的外设寄存器的应用和编程方法；项目7主要介绍温度采集、OLED显示、远程通信等的实现方法；项目8主要介绍I/O口控制外设、定时器应用等操作编程的方法；项目9主要介绍电机控制的应用；项目10主要介绍LED点阵显示屏的显示控制。每个项目均以思政案例导入，联系现代技术热点，将读者对技术技能提升的需求贯穿在各项任务中。

本书可作为职业院校应用电子技术、电子信息工程技术、集成电路技术、微电子技术、汽车智能技术等相关专业嵌入式设计与开发课程的教材，也可作为广大嵌入式产品设计工作相关人员的自学用书。本书大约需要学习72学时，参考学时分配：项目1为6学时、项目2为6学时、项目3为6学时、项目4为6学时、项目5为12学时、项目6为6学时、项目7为6学时、项目8为10学时、项目9为8学时、项目10为6学时。

本书已获得中国半导体行业协会集成电路分会、中国职业教育微电子产教联盟、全国集成电路专业群职业教育标准建设委员会和杭州朗迅科技股份有限公司的认可，可作为全国职业院校技能大赛"集成电路开发及应用"赛项的培训教材，还可以作为"1+X"集成电路开发与测试职业技能等级证书考核的参考教材。本书课程资源丰富，供有自主学习的集成电路制造工艺的微课资源、课件、课程标准、实操案例及习题等。

本书由学校骨干教师和杭州朗迅科技股份有限公司教研团队共同编写。浙江机电职业技术学院卓婧、苏州信息职业技术学院顾菊芬、山东商业职业技术学院袁科新担任主编，对本书的编写思路与大纲进行了总体规划，指导全书的编写及统稿。安徽电子信息职业技术学院省级教学名师郭志勇担任主审，承担全书各个项目的连贯性审核。项目 1 和项目 3 由卓婧编写，项目 2 由武汉职业技术学院王念桥编写，项目 4 和项目 8 由顾菊芬编写，项目 5 由江西机电职业技术学院邓艳菲编写，项目 6 由贵州电子信息职业技术学院罗娟编写，项目 7 由金华职业技术学院林洁编写，项目 9 由袁科新编写，项目 10 由山西工程职业学院王宇编写，课程范例由成都职业技术学院孟奕峰编写。杭州朗迅科技股份有限公司教研团队提供嵌入式系统的技术资源、全国职业院校技能大赛"集成电路开发及应用"赛项和"1+X"集成电路开发与测试职业技能等级标准中的典型任务，并对本书的编写提供了相关课程资源。

　　最后，向参与本书校对、相关教学资源建设的教师以及专家表示衷心感谢！

　　由于时间紧迫和编者水平有限，书中难免会有错误和不妥之处，敬请广大读者和专家批评指正。

编者

2022 年 6 月

目 录

项目 1

LED 控制设计

项目导读

LED 光源因其寿命长、光效高、无辐射与低功耗等优点广泛应用于照明、信息显示（交通信号、汽车灯信号）和报警器等方方面面。例如，汽车上采用 LED 大灯来取代普通卤素灯可以大大节约电能，从而减少二氧化碳的排放。一般来说，每节省 1kW·h 电可以减少排放 0.997kg 二氧化碳，对节能减排工程起到一定的促进作用。本项目从设计点亮一个 LED 入手，首先让读者对基于 Cortex-M0 的嵌入式开发板有初步了解；然后介绍基于 Cortex-M0 的 LK32T102 单片机及其最小系统，以及 C 语言编程的基本知识。通过 LED 闪烁控制和声光报警器的设计与实现，让读者进一步了解嵌入式应用系统的开发流程。

知识目标	1. 了解嵌入式系统的基本概念 2. 掌握基于 Cortex-M0 的 LK32T102 单片机的引脚功能 3. 掌握嵌入式应用程序开发经常使用到的 C 语言编程知识 4. 掌握 LED 控制电路和程序的设计
技能目标	能完成基于 Cortex-M0 的 LK32T102 单片机工程模板的创建，能通过 C 语言程序完成对 LK32T102 单片机的输出控制，实现对 LED、蜂鸣器控制电路的设计、运行与调试
素质目标	1. 培养节能减排意识 2. 培养设计电路的精益求精精神 3. 培养分析问题和解决实际问题的能力
教学重点	1. 基于 Cortex-M0 的 LK32T102 单片机的引脚功能 2. C 语言中的预处理 3. LED、蜂鸣器控制电路的程序设计方法
教学难点	LED 控制工程创建步骤及程序设计
建议学时	6 学时
推荐教学方法	从任务入手，通过点亮一个 LED 的电路和程序设计，让读者了解 LK32T102 单片机的引脚功能，进而通过 LED 闪烁控制的程序设计，熟悉 LED、蜂鸣器控制的方法
推荐学习方法	勤学勤练、动手操作是了解基于 Cortex-M0 的 LK32T102 单片机的关键，动手完成 LED 控制，通过"边做边学"达到更好的学习效果

1.1 任务 1 新建一个基于 Cortex-M0 的 LK32T102 单片机工程模板

任务 1 新建一个基于 Cortex-M0 的工程模板

1.1.1 任务描述

建立一个基于 Cortex-M0 的 LK32T102 单片机工程模板，这样以后每次在新建工程时就可以直接复制使用。

1.1.2 认识基于 Cortex-M0 的 LK32T102 单片机开发板

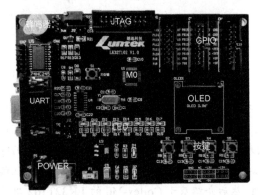

图 1-1 基于 Cortex-M0 的 LK32T102 单片机开发板

本书使用的基于 Cortex-M0 的开发板，是全国职业院校技能大赛"集成电路开发及应用"赛项使用的 LK32T102 单片机开发板，如图 1-1 所示。

该开发板主要包括 LK32T102 单片机最小系统电路、接口电路、串口电路、外围设备（外设）电路及电源接口等。

1．LK32T102 单片机最小系统电路

LK32T102 单片机最小系统电路包括电源电路、时钟信号电路、复位电路和程序下载电路等部分。LK32T102 单片机最小系统电路如图 1-2 所示。

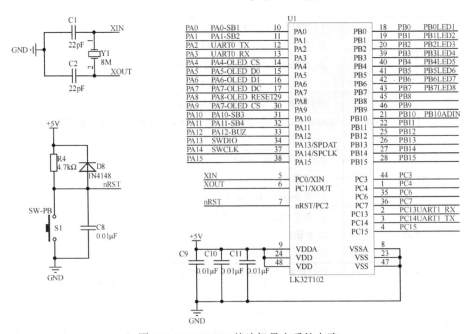

图 1-2 LK32T102 单片机最小系统电路

2．接口电路

为了实现程序下载，开发板上搭建了可以在线编程的 JTAG 接口，同时为了方便连接各种外围设

备构成电子产品，开发板上搭建了 PA、PB 和 PC 接口的 16P I/O 扩展口，接口电路如图 1-3 所示。

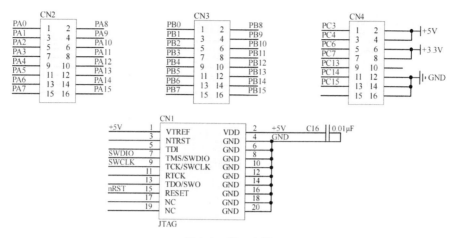

图 1-3　接口电路

3. 外围设备电路

为了方便做一些基础性的验证开发，该开发板上搭建了 8 个共阳极接法的 LED 接口电路，4 个独立按键接口电路，1 个有源蜂鸣器接口电路，1 个串口通信接口电路，1 个 OLED 显示接口电路和 1 个模拟电压输入接口电路等，外围设备电路如图 1-4 所示。

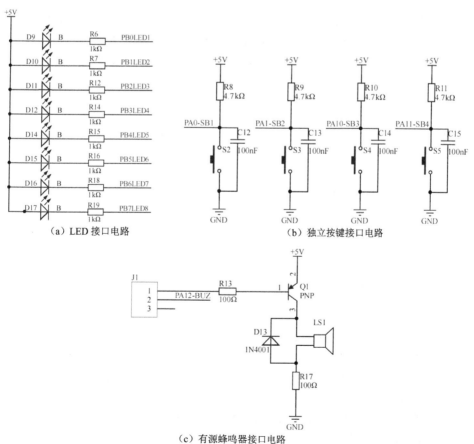

（a）LED 接口电路　　　　　　　　（b）独立按键接口电路

（c）有源蜂鸣器接口电路

图 1-4　外围设备电路

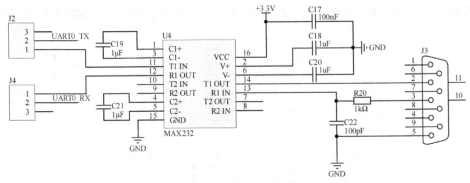

（d）串口通信接口电路

（e）OLED 显示接口电路   （f）模拟电压输入接口电路

图 1-4   外围设备电路（续）

1.1.3   新建基于 Cortex-M0 的 LK32T102 单片机工程模板

本书使用的集成开发环境是 Keil μVision5 版本，是一款专业实用的 C 语言软件开发系统，提供编译器、安装包和调试跟踪，相比较 KEIL4 版本新增包管理器功能，支持 LWIP 协议，其 SWD 下载速度也是 KEIL4 的 5 倍，同时加强了针对 Cortex-M 微控制器开发的支持，并对传统的开发模式和界面进行了升级。

1. 新建工程模板文件夹

在这里，我们主要介绍怎样建立基于 Cortex-M0 的 LK32T102 单片机工程模板文件夹，这样以后每次在新建工程时，就可以直接复制使用该工程模板文件夹。

（1）新建一个"LK32T102_M0"文件夹，在该文件夹内新建 5 个子文件夹，分别命名为 CORE、FWLib、HARDWARE、OBJ 及 USER，如图 1-5 所示。

CORE   FWLib   HARDWARE   OBJ   USER

图 1-5   "LK32T102_M0"文件夹

其中，CORE 文件夹存放启动文件和系统文件，这个文件夹是固定的；FWLib 文件夹存放库函数的 src 源文件夹和其对应的头文件夹 inc；HARDWARE 文件夹存放用户编写的硬件驱动程序，如 LED.c 和 LED.h；OBJ 文件夹存放编译过程文件和 HEX 文件；USER 文件夹存放工程文件和主文件 main.c。

另外，很多人还喜欢把子文件夹"USER"命名为"Project"，工程文件就都保存到"Project"子文件夹内，这也是可以的。

（2）把 LK32T102 单片机的启动文件 startup_SC32F5832.s 和系统文件 system_SC32F5832.c 复制到 CORE 文件夹内。

（3）把 LK32T102 单片机库函数的 src 源文件夹和其对应的头文件夹 inc 复制到 FWLib 文件夹内，在这里每个外设都对应一个 ".c" 文件和一个 ".h" 头文件。

通过前面 3 个步骤，我们就把需要的 LK32T102 单片机相关文件复制到了工程模板文件夹 "LK32T102_M0" 内。在以后的任务中，我们就可以直接复制工程模板文件夹，然后修改文件夹的名字即可。

2．新建 Keil μVision5 工程模板

运行 Keil μVision5 集成开发环境有两种方法。第一种方法是双击桌面上的 Keil μVision5 图标；第二种方法是选择桌面左下方的 "开始" → "程序" → "Keil μVision5" 菜单命令，启动应用程序，进入 Keil μVision5 集成开发环境，如图 1-6 所示。

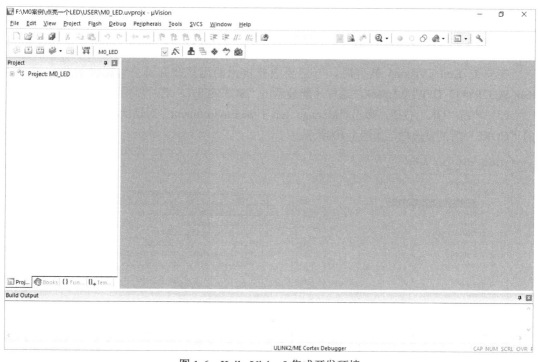

图 1-6　Keil μVision5 集成开发环境

（1）选择工具栏中的 "Project" → "New μVision Project" 命令，如图 1-7 所示。

图 1-7　选择 "New μVision Project" 命令

在弹出的 "Create New Project" 对话框中，定位到 "LK32T102_M0\USER" 文件夹，工程文件都保存到 USER 文件夹内。将工程命名为 "LK32T102_M0"，单击 "保存" 按钮，如图 1-8 所示。

（2）在弹出的"Select Device for Target 'Target1'"对话框中，选择左下方窗格中的"SC32F5832"芯片，如图1-9所示。如果使用的是其他系列的芯片，选择相应的型号就可以了。

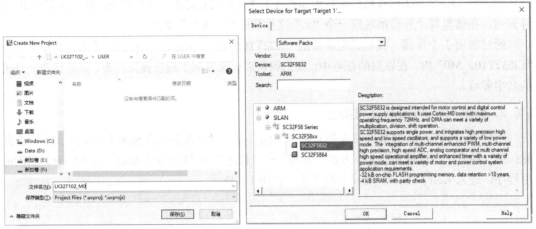

图1-8　保存新建工程文件　　　　　　　　　　图1-9　选择芯片型号

在安装 Keil μVision5 软件时，一定要选择杭州朗迅科技有限公司提供的芯片包文件Keil.SC32F5832_DFP.1.0.5.pack，这样才能显示出"SC32F5832"芯片以供我们选择。

（3）单击"OK"按钮，弹出"Manage Run-Time Environment"对话框，勾选"CMSIS"下的"CORE"后的复选框，如图1-10所示。

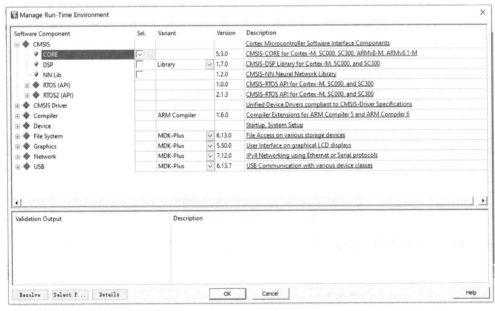

图1-10　选择"CORE"选项

这个步骤非常重要，会影响编译是否出现错误。如果这个步骤没有做，可以单击快速访问工具栏中的 ❖ 按钮，即可弹出"Manage Run-Time Environment"对话框。

现在我们就可以看到新建工程后的界面，如图1-11所示。

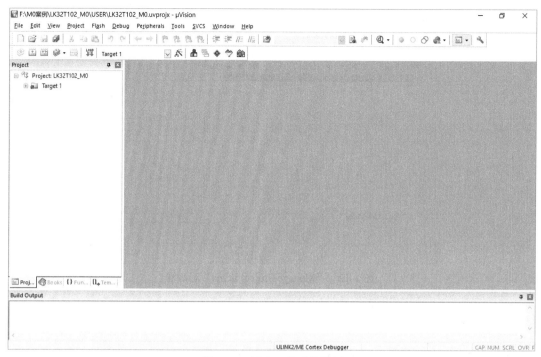

图 1-11 新建工程后的界面

3. 新建组和添加文件到 LK32T102_M0 工程模板

建好 LK32T102_M0 工程后，下面介绍如何在 LK32T102_M0 工程下新建 USER、HARDWARE、CORE 和 FWLib 四个组，并将文件添加到相应组中。

（1）在图 1-11 中，通过快速访问工具栏（或 File 菜单）中的 📄 按钮新建一个文件，并命名为 main.c，主文件 main.c 一定要放在 USER 组中。在该文件中输入如下代码：

```
#include <SC32F5832.h>
int main(void)
{
    while(1)
    {
        ;            //以后可以在这里添加相关代码
    }
}
```

"#include <SC32F5832.h>"语句表示"文件包含"处理，SC32F5832.h 是 LK32T102 单片机最为重要的一个头文件，就像 C51 单片机的 reg52.h 头文件一样，在应用程序中至关重要，通常包含在主文件中。这里的 main()函数是一个空函数，方便以后在这里面添加需要的代码。

（2）单击图 1-11 中快速访问工具栏中的 🔨 按钮，弹出 "Manage Project Items" 对话框，如图 1-12 所示。

（3）先把 "Project Targets" 栏中的 "Target1" 修改为 "LK32T102_M0"，把 "Groups" 栏（中间栏）中的 "Source Group1" 删除，然后单击 "Groups" 栏中的 📄 按钮（也可以通过双击栏内的空白处实现），新建 USER、HARDWARE、CORE 和 FWLib 四个组，如图 1-13 所示。

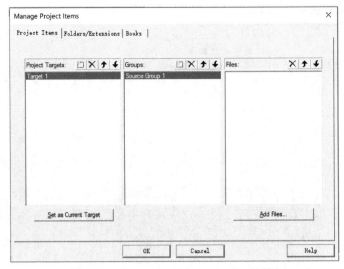

图 1-12   "Manage Project Items" 对话框

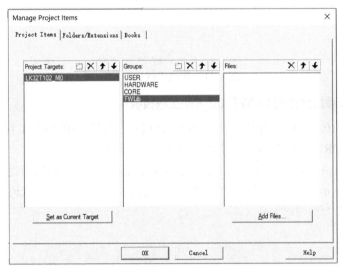

图 1-13   新建 USER、HARDWARE、CORE 和 FWLib 四个组

（4）下面就可以往 USER、HARDWARE、CORE 和 FWLib 组内分别添加我们需要的文件了。

先选中 "Groups" 栏中的 "FWLib"，然后单击 "Add Files" 按钮，定位到工程文件夹的 FWLib/src 文件夹，把文件夹内的所有文件都选中（Ctrl+A 键），然后单击 "Add" 按钮，最后单击 "Close" 按钮，就可以看到 "Files" 栏中有我们添加的所有文件，如图 1-14 所示。

用同样的方法，在 CORE 组内添加 CORE 文件夹内的 startup_SC32F5832.s 和 system_SC32F5832.c 文件，在 USER 组内添加 USER 文件夹内的 main.c 文件。由于 HARDWARE 文件夹内没有存放用户编写的硬件驱动程序，所以 HARDWARE 组内不添加文件。后面我们再介绍如何往 HARDWARE 组内添加文件。

这样，需要添加的文件都添加到工程里面了，最后单击 "OK" 按钮退出 "Manage Project Items" 对话框。这时，工程文件夹内多了 4 个组和对应添加的文件，其中 HARDWARE 组内是空的，如图 1-15 所示。

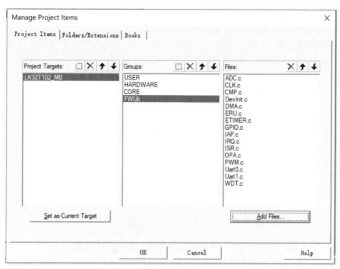

图 1-14　FWLib 组内添加的文件

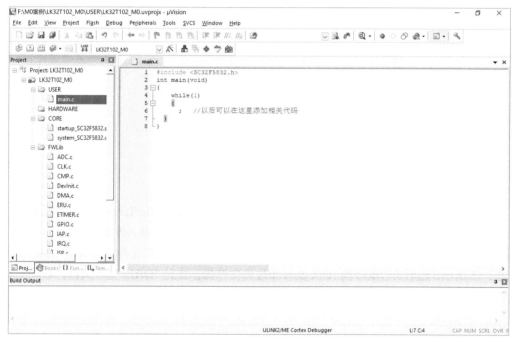

图 1-15　完成新建组和添加文件后的工程

4．工程配置与编译

到此，新建的 Keil μVision5 工程就已经基本完成了。接下来就可以进行工程配置和编译了。

（1）单击图 1-11 中的快速访问工具栏中的 按钮，弹出"Options for Target 'LK32T102_M0'"对话框，选择"C/C++"选项卡，添加所要编译文件的路径，此步骤非常重要，会影响编译是否出现错误。"C/C++"选项卡的配置界面如图 1-16 所示。

（2）单击"Include Paths"文本框右侧的 按钮，弹出添加路径的"Folder Setup"对话框，把"FWLib\inc"路径添加进去，如图 1-17 所示。此操作用来设定编译器的头文件包含路径，以后会经常用到。

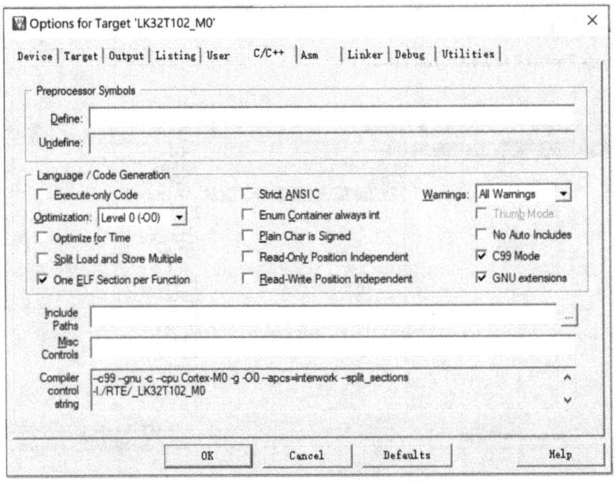

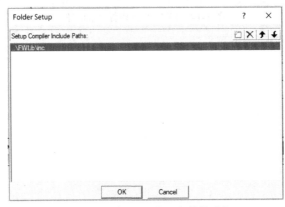

图 1-16   "C/C++"选项卡的配置界面

图 1-17   添加所要编译文件的路径

（3）设置完 C/C++选项配置后，单击"OK"按钮，在"Options for Target 'LK32T102_M0'"对话框中，选择"Output"选项卡。先选中"Greate HEX File"复选框；再单击"Select Folder for Objects"按钮，在弹出的"Browse for Folder"对话框中选择"OBJ"文件夹，单击"OK"按钮，如图 1-18 所示。以后工程编译的 HEX 文件和垃圾文件就会放到"OBJ"文件夹内，可保持工程简洁不乱。

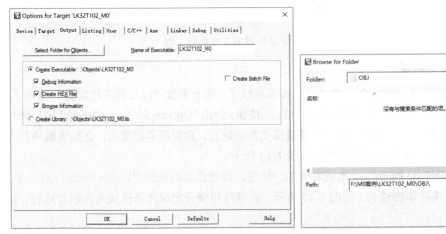

图 1-18   配置"Output"选项

（4）单击"OK"按钮，退出"Options for Target 'LK32T102_M0'"对话框，然后单击快速访问工具栏中的■按钮，对工程进行编译，如图 1-19 所示。若编译发生错误，要进行分析检查，直到编译正确。

图 1-19　对工程进行编译

对工程第一次编译时，单击快速访问工具栏中的■（Rebuild）按钮。Rebuild 工具的作用是不管工程的文件有没有编译过，都会对工程中的所有文件重新进行编译，生成可执行文件，因此时间较长。若只需编译工程中上次修改的文件，则单击快速访问工具栏中的■（Build）按钮即可。另外，在主文件 main.c 中代码的最后一定要加上一个回车符，否则编译时会有警告信息。

到此，新建的基于 Cortex-M0 的 LK32T102 单片机工程模板已经完成，其可作为开发的工程模板。以后在开发项目时可以直接复制使用，再把我们编写的主文件和其他文件添加进来就可以了，这为以后的开发工作带来了极大的方便。

1.2　认识基于 Cortex-M0 的 LK32T102 单片机

认识基于 Cortex-M0
的 LK32T102 单片机

1.2.1　嵌入式系统

1. 嵌入式系统的定义

嵌入式系统（Embedded System），是一种完全嵌入受控器件内部，为特定应用而设计的专用计算机系统，根据国际电气电子工程师学会（IEEE）的定义：嵌入式系统是用于控制、监视或辅助设备、机器或工厂运作的装置。

目前，国内普遍认同的嵌入式系统的定义是：以应用为中心，以计算机技术为基础，软件、硬件可裁剪，适应应用系统对功能、可靠性、成本、体积、功耗等严格要求的专用计算机系统。

嵌入式系统与通用计算机系统的本质区别在于系统的应用不同，嵌入式系统是将一个计算机系统嵌入到对象系统中。这个对象可能是庞大的机器，也可能是小巧的手持设备，用户并不关心这个计算机系统的存在。嵌入式系统与计算机系统的区别如表 1-1 所示。

表 1-1　嵌入式系统与计算机系统的区别

	嵌入式系统	计算机系统
形式与类型	专用的计算机	通用的计算机
设计标准	应功能需求而设计	基本统一的设计标准
支持处理器	MCS51 系列单片机、AVR 单片机、ARM 处理器、DSP 处理器、FPGA 芯片等可供选择	X86 体系处理器
支持操作系统	μC/OS-II、μCLinux、Android 等嵌入式操作系统可供选择	Windows、Linux 操作系统
存储容量	贫乏的存储资源，以 KB 或 MB 为存储单位	极其丰富的存储资源，可扩展到 TB 级存储容量
外设接口	极其丰富的外设接口	有限集成的外设接口

在理解嵌入式系统的定义时，不要与嵌入式设备相混淆。嵌入式设备是指内部有嵌入式系统的产品、设备。例如，内含嵌入式系统的家用电器、仪器仪表、工控单元、机器人、手机等。

2. 嵌入式系统的组成

按照嵌入式系统的定义，嵌入式系统是一种专用的计算机系统，作为装置或设备的一部分，具有嵌入性、专用性与计算机系统 3 个基本要素，只要满足定义中 3 要素的计算机系统，都可称为嵌入式系统。

嵌入式系统一般由嵌入式微处理器、外围硬件设备、嵌入式操作系统（可选）及用户的应用软件系统等 4 部分组成。

3. 嵌入式系统的特点

嵌入式系统是面向用户、面向产品、面向应用的，是与应用紧密结合的专用计算机系统，具有很强的专用性，必须结合实际系统需求进行合理的裁剪利用。与通用计算机系统相比，嵌入式系统具有以下几个显著特点：

（1）嵌入式系统面向特定应用。

嵌入式系统中的 CPU 是专门为特定应用设计的，具有低功耗、体积小、集成度高等特点，能够把通用 CPU 中许多由板卡完成的任务集成在芯片内部，从而有利于整个系统设计趋于小型化。

（2）软件要求固态化存储。

软件要求固态化存储是为了提高运行速度和系统的可靠性，嵌入式系统中的软件一般都固化在存储器芯片中。

（3）嵌入式系统的硬件和软件都必须具备高度可定制性。

嵌入式系统必须根据应用需求对软件和硬件进行裁剪，满足应用系统的功能、可靠性、成本、体积等要求。

（4）嵌入式系统的生命周期较长。

嵌入式系统和具体应用是有机结合在一起的，它的升级换代也是和具体产品同步进行的。因此，嵌入式系统产品一旦进入市场，就会具有较长的生命周期。

（5）嵌入式系统的开发需要开发工具和环境。

嵌入式系统本身并不具备在其自身进行进一步开发的能力。在设计完成以后，用户通常也不能对其中的程序、功能进行修改，必须借助专用的开发工具和环境，才能进行开发。开发时往往由主机和目标机两个部分进行，主机用于程序的开发，目标机作为最后的执行机，开发时主机和目标机需要交替结合进行。

1.2.2　ARM Cortex-M0 处理器

嵌入式系统的核心部件是各种类型的嵌入式处理器，世界上具有嵌入式功能特点的处理器已经超过 1000 种，体系结构有 30 多个系列，但还没有一种嵌入式处理器可以主导市场。嵌入式处理器的选择是根据具体的应用而决定的。

1．ARM

ARM 是 Advanced RISC Machines 的缩写，ARM 可以认为是一个公司的名字，也可以认为是对一类微处理器的通称，还可以认为是一种技术的名字。

20 世纪 90 年代初，Advanced RISC Machines 公司（简称 ARM 公司）成立于英国剑桥，ARM 公司是设计公司，专门从事基于 RISC（Reduced Instruction Set Computer）芯片技术的开发，设计了大量高性能、高性价比、耗能低的 RISC 处理器、相关技术及软件。ARM 公司既不生产芯片也不销售芯片，主要出售芯片设计技术的授权，是半导体知识产权供应商。

世界各大半导体厂商，从 ARM 公司购买其设计的 ARM 微处理器核，然后根据各自不同的应用领域，加入适当的外围电路，从而形成自己的 ARM 微处理器芯片进入市场。目前，全世界有几十家大的半导体公司都使用 ARM 公司的授权，因此既使得 ARM 技术获得了更多的第三方工具、制造、软件的支持，又使整个系统成本降低，产品更容易进入市场，更具有竞争力。

目前，采用 ARM 技术知识产权核的微处理器，即通常所说的 ARM 微处理器，已遍及工业控制、消费类电子产品、通信系统、网络系统、无线移动应用等各类产品市场。且其在低功耗、低成本和高性能的嵌入式系统应用领域中处于领先地位。

2．Cortex-M0 处理器

目前许多低成本的应用对互联性要求越来越高（如以太网、USB 及低功耗无线应用等），而且还大量使用了模拟传感器（如触摸传感器和加速度计）。这些产品不仅要能处理和传输数据，还要使得模拟和数字部分具有很高的集成度。在现有的 8 位机和 16 位机上，只能通过增加代码空间和提高运行频率来实现，而一旦如此，功耗就会随之增大。为此 ARM 公司推出了 Cortex-M0 处理器，来满足超低功耗微控制器和混合信号设备的需要。

Cortex-M0 处理器不仅能保持低功耗、延长电池寿命，还能提高运行频率，而且能和 Cortex-M3 处理器兼容，使得 Cortex-M0 处理器能够适应当前日益发展的芯片市场，其优势是 8 位和 16 位处理器不能比拟的。Cortex-M0 处理器具有以下主要特点：

（1）能耗效率良好。

Cortex-M0 处理器的运行效率很高（0.9DMIPS/MHz），能在较少的周期里完成一项任务。这意味着 Cortex-M0 处理器可以在大部分的时间里处于休眠状态，消耗很少的能量，具有良好的能耗效率。同时，较少的逻辑门数也降低了待机电流，高效的嵌套向量中断控制器（NVIC）也需要很小的中断开销。

（2）代码密度低。

Cortex-M0 处理器使用基于 Thumb-2 的指令集，比使用 8 位或 16 位处理器实现的代码还要少，因此用户可以选择具有较小 Flash 空间的芯片。由于在整机功耗中，Flash 操作的占比很大，所以这样一来既能节省成本，又能降低系统功耗。

（3）易于使用。

Cortex-M0 处理器适用于 C 语言编程，并且受许多编译器支持。其可以用 C 语言直接编程，而不需要使用汇编语言。同时 Cortex-M0 处理器还受多种开发工具支持，包括很多开源的嵌入式操作系统也支持 Cortex-M0 处理器。

3. Cortex-M0 架构

Cortex-M0 处理器是 Cortex-M 家族中的 M0 系列，其最大特点是低功耗。Cortex-M0 处理器为 32 位、3 级流水线 RISC 处理器，其核心结构为冯·诺依曼结构，即指令和数据共享同一总线的结构。作为新一代的处理器，Cortex-M0 处理器的设计进行了许多的改革与创新，如系统存储器地址映像、提高效率并增强确定性的嵌套向量中断控制器（NVIC）与不可屏蔽中断（NMI）等，都带来了全新的体验和更便利、更高效的操作。

ARM Cortex-M0 处理器基于 ARMv6-M 架构，主要由处理器内核、嵌套向量中断控制器（NVIC）、唤醒中断控制器（WIC）、调试子系统、JTAG/SWD（串行线调试）接口及 AHB-Lite 总线接口单元等组成，Cortex-M0 处理器结构框图如图 1-20 所示。

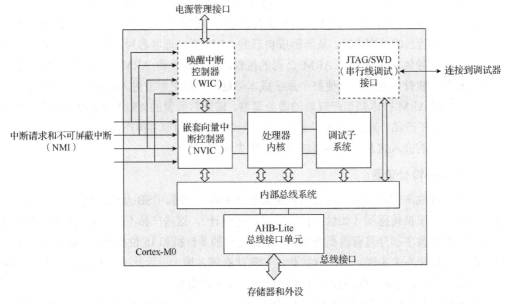

图 1-20　Cortex-M0 处理器结构框图

（1）处理器内核。

处理器内核主要由寄存器组、算术逻辑单元（ALU）、数据总线和控制逻辑等组成。流水线可以分为取指、译码和执行 3 种状态。寄存器组包含 16 个 32 位寄存器，其中一些寄存器具有特殊的用途。

（2）嵌套向量中断控制器（NVIC）。

NVIC 最多可以处理 32 个中断请求和一个不可屏蔽中断（NMI）输入。NVIC 需要先比较正在执行中断和处于请求状态中断的优先级，然后自动执行高优先级中断。如果要处理一个中断，NVIC 会和处理器进行通信，通知处理器执行正确的中断处理。

（3）唤醒中断控制器（WIC）。

WIC 为可选的单元，在低功耗应用中，关闭处理器大部分模块后，处理器会进入待机状态。此时，WIC 可以在 NVIC 和处理器处于休眠的情况下执行中断屏蔽功能。当 WIC 检测到一个中断时，会通知电源管理部分给系统上电，让 NVIC 和处理器内核执行剩下的中断处理。

（4）调试子系统。

调试子系统主要包括多个功能模块，以处理调试控制、程序断点和数据监视点。当调试事件发生时，处理器内核会被置于暂停状态，这时开发人员可以检查当前的处理器状态。

（5）JTAG/SWD（串行线调试）接口。

JTAG/SWD 接口提供了通向内部总线系统和调试功能的入口。JTAG 是通用的 5 针通信协议，一般用作调试；SWD 为新扩展的协议，只需两根线（时钟线和数据线）就可以实现与 JTAG 相同的调试功能。

（6）AHB-Lite 总线接口单元。

内部总线系统、处理器内核的数据通道及 AHB-Lite 总线接口都是 32 位的。AHB-Lite 总线是基于 AMBA（高级微控制器总线架构），ARM 公司开发的总线架构，已应用于多款 ARM 处理器。

4．Cortex-M0 处理器的应用

ARM 公司凭借其低能耗技术的领导者、创建超低能耗设备的推动者的丰富的专业技术，使得 Cortex-M0 处理器在不到 12K 逻辑门内，能耗仅有 85μW（0.085mW）/MHz。

Cortex-M0 处理器是为那些对功耗和成本非常敏感，同时对性能要求不断增加的嵌入式应用（如微控制器系统、汽车电子与车身控制系统、各种家电、工业控制、医疗器械、玩具和无线网络等）所设计与实现的。

Cortex-M0 处理器还凭借其较小的内核尺寸、出色的中断延迟、集成的系统部件、灵活的硬件配置、快速的系统调试和简易的软件编程，成为广大嵌入式系统（从复杂的片上系统到低端微控制器）的理想处理器。

1.2.3 LK32T102 单片机

LK32T102 单片机采用了 Cortex-M0 内核设计的 32 位处理器芯片，支持单电源供电，且内嵌高精度、高速及低速振荡器，以及具备多种低功耗工作模式。

1．LK32T102 单片机的主要特点

LK32T102 单片机的主要特点如下：

（1）基于 ARM Cortex-M0 内核的 32 位处理器芯片：工作频率最大支持 72MHz，内置嵌套向量中断控制器（NVIC），支持单周期乘法操作，6 通道 DMA 控制器，支持 Timer0、SPI（串行外设接口）和 2 路 UART（通用异步收发器）接口，支持 MAC、DIV、CRC、CORDIC 等协处理功能。

（2）采用片上存储器：具有 32KB（或 64KB）FLASH，数据保持时间大于 10 年；具有 4KB（或 6KB）RAM，带奇偶校验位。

（3）开发支持：双线串口调试，支持 MEMORY 和外设保护。

（4）电源和复位：工作电压是 2.0～5.5V；内置 1.5V 低功耗 LDO；内置上电复位模块；内置低压复位模块，4 级复位电压 2.3V、2.7V、3.7V 和 4.1V 可选；内置低压检测模块，8 级检测电压 2.4V、2.7V、3.0V、3.3V、3.6V、3.9V、4.2V 和 4.5V 可选。

（5）时钟系统：1～24MHz 晶体振荡器；内置 32kHz 低频 RCL；内置 16MHz 高精度 RCH；PLL 最高支持 144MHz。

（6）输入/输出：最大支持 48 个 I/O 口；具有可编程的上、下拉及开漏输出模式、数字输入滤波及输入反相；具有可编程的两挡驱动能力；均可用作外部中断输入，支持边沿触发和电平触发。

（7）定时器：1 个 16 位定时器 0，有多达 4 个用于输入捕获/输出比较/PWM 或脉冲计数的通道和增量编码器输入；1 个 32 位定时器 6，包含两个独立的定时器，兼容 AMBA 总线协议，APB 总线接口；1 个 16 位带死区控制和紧急刹车，用于电机控制的 PWM 高级控制定时器；2 个看门狗定时器（独立型的和窗口型的）；系统时间定时器（24 位自减型计数器）。

（8）串行通信口：2 路异步串行接口（UART）；1 路串行外设接口（SPI）总线（12Mbit/s）。

（9）模拟模块：2 路轨到轨比较器 CMP0 和 CMP1（包含 3 个独立的比较器），输入迟滞可选；4 路通用运算放大器，输入、输出端都开放；1 个 12 位 ADC，双采样保持电路，共 16 路输入，最大转换速率是 1Msps。

（10）工作模式：正常工作模式；休眠（IDLE）模式；停机（STOP）模式。

（11）工作温度：-40～105℃。

（12）封装形式：TSSOP-30、LQFP-48、LQFP-64。

2．LK32T102 单片机的封装和引脚

LK32T102 单片机有 TSSOP-30、LQFP-48 和 LQFP-64 三种封装形式，本书使用的是 LQFP-48 封装，有 48 个引脚，片内具有 32KB FLASH 和 4KB RAM。LK32T102 单片机的封装和引脚如图 1-21 所示。

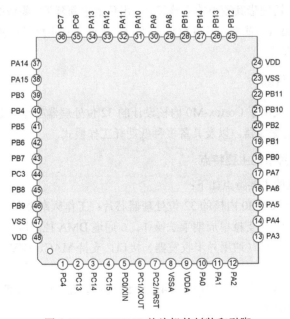

图 1-21　LK32T102 单片机的封装和引脚

通常，在芯片封装正方向上的左下角有一个小圆点（也有的在右上角会有一个稍大点的圆圈标记），靠近左下角小圆点的引脚号为 1，然后以逆时针方向按顺序排列。下面围绕 LQFP-48 封装的 LK32T102 单片机，介绍各个引脚的功能。

1）电源引脚

（1）VDD：电源电压；

（2）VSS：电源地；

（3）VDDA：模拟电源电压；

（4）VSSA：模拟电源地。

2）I/O 口引脚

（1）PA 口：双向 I/O 口，可进行位操作，有 16 个 I/O 引脚（PA0～PA15）；

（2）PB 口：双向 I/O 口，可进行位操作，有 16 个 I/O 引脚（PB0～PB15）；

（3）PC 口：双向 I/O 口，可进行位操作，有 10 个 I/O 引脚（PC0～PC4、PC6、PC7、PC13～PC15）。

3）系统引脚

（1）XIN（PC0）：外部晶振输入引脚；

（2）XOUT（PC1）：外部晶振输出引脚；

（3）nRST（PC2）：外部复位引脚，低电平有效。

3. LK32T102 单片机的应用

LK32T102 单片机集成了多路增强型脉冲宽度调制（PWM），多通道高精度、高速模拟数字转换器（ADC），多通道模拟比较器和高速运算放大器，以及支持多种功率模式的增强型定时器，可为多种电机及功率控制系统提供高性价比的解决方案。

LK32T102 单片机主要在永磁同步电机（PMSM）控制器、无刷直流电机（BLDC）控制器、通用/专用变频器、交直流逆变器及数控电源等方面得到了广泛的应用。

1.3　任务 2　点亮一个 LED

任务 2　点亮一个 LED

1.3.1　任务描述

LED 应用非常广泛，如手机屏幕的背光、LED 手电筒、路灯、电子产品指示灯，以及酒店、家居空间中到处都有 LED 的身影。

使用基于 Cortex-M0 的 LK32T102 单片机，PB0 引脚接 LED 的阴极，通过 C 语言程序控制，从 PB0 引脚输出低电平，点亮 LED。

1.3.2　开发第一个基于工程模板的"点亮一个 LED"工程

在任务 1 中，已经建立了基于 Cortex-M0 的 LK32T102 单片机工程模板，现在我们如何利用该工程模板来开发第一个"点亮一个 LED"工程呢？

1. 移植工程模板

（1）复制 LK32T102_M0 工程模板。

（2）将工程模板文件夹名"LK32T102_M0"修改为"任务 2　点亮一个 LED"。

（3）在 USER 文件夹下，把"LK32T102_M0.uvprojx"工程名修改为"M0_LED.uvprojx"。

2. LED 控制电路

在图 1-4（a）中，基于 Cortex-M0 的 LK32T102 单片机开发板上的 8 个 LED，采用的是共阳极接法，其阴极分别接在单片机的 PB0～PB7 引脚上。

根据任务描述，LED 阳极连接高电平（电源），LED 阴极通过 1kΩ 限流电阻（电阻在这里起限流的作用）后连接在单片机的 PB0 引脚上。PB0 引脚输出低电平时 LED 点亮，输出高电平时 LED 熄灭，如图 1-22 所示。

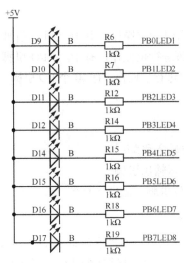

图 1-22　LED 控制电路

3．编写主文件 main.c

在移植过来的工程模板中，根据任务描述，要求是点亮一个 LED，对主文件 main.c 进行修改，代码如下：

```c
#include <SC32F5832.h>
#include <GPIO.h>
int main()
{
    GPIO_AF_SEL(DIGITAL, PB, 0, 0);        //设置 PB0 引脚是数字通道和 GPIO 功能
    PB->OUTEN |= (1<<0);                   //PB0 引脚输出使能，即设置 PB0 引脚为输出引脚
    PB -> OUTSET = (1<<0);                 //PB0 引脚输出高电平，LED1 熄灭
    while(1)
    {
        PB -> OUTCLR = (1<<0);             //PB0 引脚输出低电平，LED1 点亮
    }
}
```

代码说明：

（1）GPIO_AF_SEL()是在 GPIO.c 文件中的库函数，用于设置 I/O 引脚的模拟通道/数字通道和功能。

（2）Keil μVision5 支持 C++风格的注释，可以用"//"进行注释，也可以用"/*……*/"进行注释。"//"注释只对本行有效，书写比较方便，所以在只需要一行注释的时候，我们往往采用这种格式。"//"注释的内容可以单独写在一行上，也可以写在一个语句之后。

4．工程编译

（1）把"Project"栏中的"LK32T102_M0"修改为"M0_LED"。

（2）对 M0_LED 工程进行编译，若编译发生错误，要进行分析检查，直到编译正确，如图 1-23 所示。

图 1-23　对 M0_LED 工程进行编译

5．程序下载与调试

（1）基于 Cortex-M0 的 LK32T102 单片机开发板用 J-Link 下载，安装 J-Link 下载驱动包就可以使用了。正确安装驱动之后，右击"我的电脑"选择"计算机管理"命令，单击"系统工具"下的"设备管理器"命令，如图 1-24 所示。

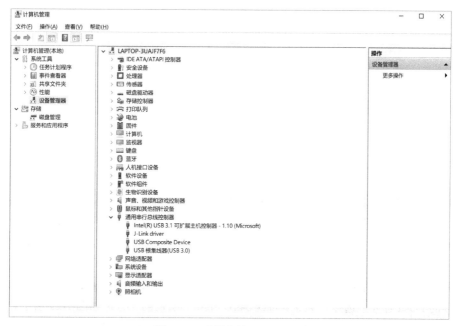

图 1-24　"设备管理器"界面

（2）在 Keil μVision5 界面，单击快速访问工具栏中的 按钮，弹出"Options for Target 'M0_LED'"对话框，选择"Debug"选项卡，在"Use"下拉列表中选择"J-LINK/J-TRACE Cortex"选项，如图 1-25 所示。

图 1-25　选择"J-LINK/J-TRACE Cortex"选项

（3）在图 1-25 中，选中"J-LINK/J-TRACE Cortex"后，会弹出"Target device settings"对话框，选择"Device"和"Core"栏内都是"Cortex-M0"的一行即可，如图 1-26 所示。

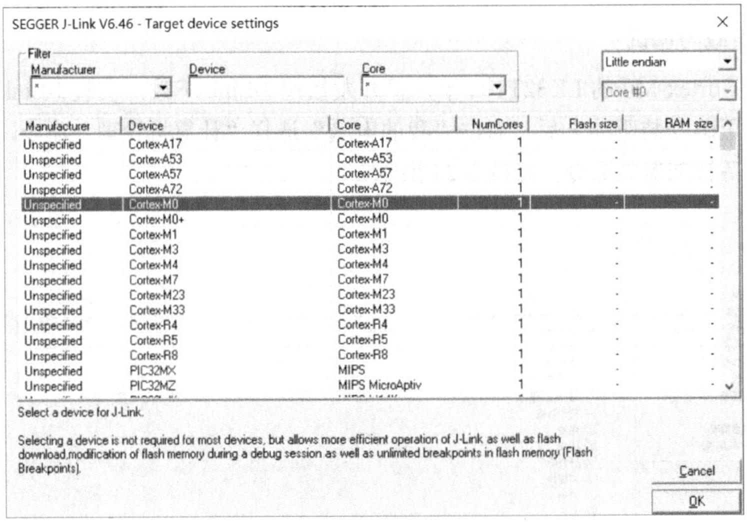

图 1-26　选择"Cortex-M0"

（4）单击"OK"按钮，继续单击在图 1-25 中，"Use"右边的"Settings"按钮，在弹出的对话框中选择"Debug"选项卡，然后在"Port"下拉列表中选择"SW"选项，如图 1-27 所示。

（5）在图 1-27 中，选择"Flash Download"选项卡，勾选"Reset and Run"复选框，如图 1-28 所示。

（6）在图 1-28 中，单击"Add"按钮，弹出"Add Flash Programming Algorithm"对话框，选择芯片的 Flash 容量，选择"SC32F58xx 64kB Flash"所在的一行，如图 1-29 所示。

（7）在图 1-29 中，单击"Add"按钮，然后一一退出设置界面，即可完成 J-Link 下载设置。

（8）连接 J-Link 下载器和开发板，在 Keil μVision5 界面上单击快速访问工具栏中的 按钮，即可完成下载。

（9）启动开发板，观察 LED1 是否点亮，若运行结果与任务要求不一致，要对电路和程序进行分析检查，直到运行正确。

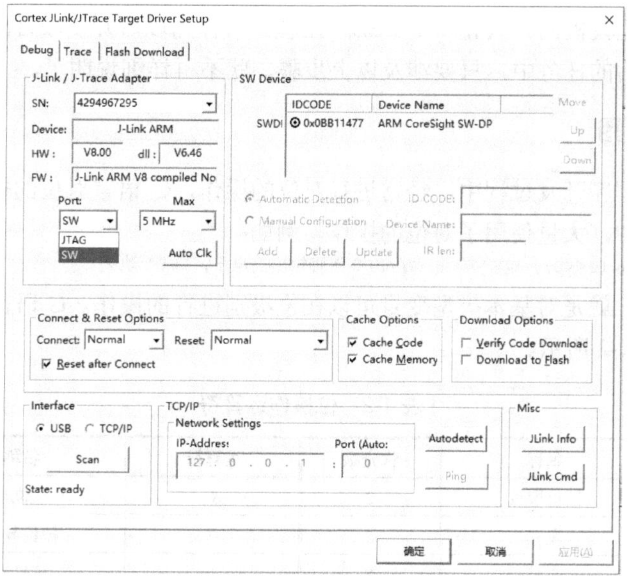

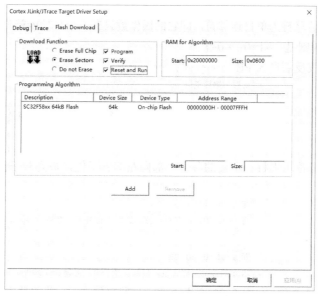

图 1-27　选择"SW"选项

图 1-28　勾选"Reset and Run"复选框

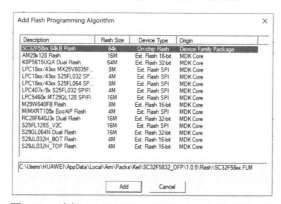

图 1-29　选择"SC32F58xx 64kB Flash"所在的一行

第一个基于工程模板的"点亮一个 LED"工程，可作为以后开发项目的工程模板，直接复制即可使用。在以后的任务中，只要涉及以上步骤，就不再详细说明了。

1.3.3　位操作及应用

在嵌入式应用程序开发过程中，经常进行对位的操作，C 语言对位的操控能力是非常强大的。在前面的任务中，大量使用了对位的操作，例如：

```
PB -> OUTSET = (1<<0);          //PB0 引脚输出高电平，LED1 熄灭
```

C 语言位操作，就是对基本类型变量可以在位级别进行的操作。C 语言支持 6 种位操作，位操作运算符如表 1-2 所示。

表 1-2　位操作运算符

运算符	名称	优先级	运算符	名称	优先级
~	按位取反	2	&	按位与	8
<<	左移	5	^	按位异或	9
>>	右移	5	|	按位或	10

1．按位取反 "~"

按位取反 "~" 运算符为单目运算符，即它的操作数只有一个，功能就是对操作数按位取反。按位取反运算规则是：~1=0；~0=1。

例如：temp 值取反后送入 PB 口的代码：

```
temp = 0x0001;          //设置初始控制码
……
PB -> OUT = ~temp;      //使得 PB 口的 PB0 引脚输出低电平，其他引脚输出高电平
```

2．左移 "<<"

左移 "<<" 运算符用来将一个数的各位全部向左移若干位，最高若干位移出，最低若干位补 0。例如：

```
temp=0x0f5;             //即 temp=1111_0101B
temp= temp<<1;          //将 temp 的各位左移 1 位，最低 1 位补 0，得到 temp=1110_1010B
```

又如：

```
a=0x22;                 //即 a=0010_0010B
a=a<<2;                 //将 a 的各位左移 2 位，最低 2 位补 0，得到 a=1000_1000B=0x88
```

可以看出，a 左移 2 位后，由 0x22 变为 0x88，是原来的 4 倍。若左移 1 位，为 0100_0100B，即 0x44，是原来的 2 倍。由此可见，左移 n 位，就等于乘 2^n。

3．右移 ">>"

右移 ">>" 运算符用来将一个数的各位全部向右移若干位，最高若干位补 0，最低若干位移出。例如：

```
x=0x48;                 //即 x=0100_1000B
x=x>>1;                 //将 x 的各位右移 1 位，最高 1 位补 0，得到 x=0010_0100B=0x24
```

可以看出，右移与左移相似，只是位移的方向不同。右移 1 位相当于除以 2，右移 n 位，就相当于除以 2^n。

4．按位与 "&"

按位与 "&" 运算符是使参加运算的两个数据，按二进制的位进行 "与" 运算（按位与）。

按位与运算规则是：1&1=1；1&0=0；0&1=0；0&0=0。

例如：

```
x=0xe7;                    //即 x=1110_0111B
y=0x36;                    //即 y=0011_0110B
temp=x&y;                  //得到 temp =0010_0110B=0x26
```

5. 按位异或 "^"

按位异或 "^" 运算符是使参加运算的两个数据，按二进制的位进行 "异或" 运算（按位异或）。

按位异或运算规则是：1^1=0；1^0=1；0^1=1；0^0=0。即相同为 0，不同为 1。

例如：

```
a=0x55^0x3f;               //a=(0101_0101B)^(0011_1111B)=(0110_1010B)=0x6a
```

可以看出，当某位与 "1" 进行异或运算时，此位就被取反（翻转）了，与 "0" 进行异或运算时，该位保持不变。例如，对变量 temp 的低 4 位进行取反，高 4 位保持不变的代码如下：

```
temp=0x89;                 //temp=1000_1001B
temp=temp^0x0f;            //temp=1000_0110B
```

6. 按位或 "|"

按位或 "|" 运算符是使参加运算的两个数据，按二进制的位进行 "或" 运算（按位或）。

按位或运算规则是：1|1=1；1|0=1；0|1=1；0|0=0。也就是说，与 "1" 相或结果为 "1"，与 "0" 相或保持不变。例如：

```
a=0x30|0x0f;               //a=(0011_0000B)|(0000_1111B)=(0011_1111B)=0x3f
```

这句代码是对 0x30 的低 4 位进行置 1，高 4 位保持不变。

注意

1. 取反 "~"、与 "&" 和或 "|" 这 3 个逻辑运算符是按位来操作的；

2. 逻辑非 "!"、逻辑与 "&&" 和逻辑或 "||" 这 3 个逻辑运算符是对关系表达式或逻辑量进行操作的。

7. 位操作的应用

在嵌入式应用程序开发中，表 1-2 所示的 6 种位操作经常被用于实现一些特定的功能，下面着重介绍使用这些位操作的关键技术。

（1）不改变其他位的值，只对某几位进行清 0（位清 0 操作）。

按位与 "&" 运算常用来对变量中的某一位或某几位进行清 0。例如，对无符号字符类型 temp 的 bit5、bit2 和 bit1 三位进行清 0，其他位保持不变，代码如下：

```
temp=0xfe;                 //temp =1110_1110B
temp= temp&0xd9;           //1110_1110B&1101_1001B，得到 temp=1100_1000B=0xc8
```

其中，0xd9 的 bit5、bit2 和 bit1 都是 0，其他位都是 1，通过按位与运算使得 temp 的 bit5、bit2 和 bit1 这三位清 0，其他位保持不变。又如：

```
a=0xfe;                    //a=1111_1110B
a=a&0x55;                  //a=0101_0100B
```

以上代码使得变量 a 的 bit1、bit3、bit5 和 bit7 被清 0，其他位保持不变。在嵌入式应用程序开发中，我们经常需要对变量中的某些位进行屏蔽或保留操作，这时就要用到 "&" 运算了。

（2）不改变其他位的值，只对某几位进行置 1（位置 1 操作）。

按位或 "|" 运算常用来对变量中的某一位或某几位进行置 1（置位）。例如，在任务 2 中设置 PB0 引脚为输出引脚，需要对 PB->OUTEN 寄存器的第 0 位置 1，代码如下：

```
PB->OUTEN |=0x0001;          或          PB->OUTEN |= (1<<0);
```

这时只对第 0 位置 1，其他位保持不变。又如，设置 PB0～PB7 引脚为输出引脚，其他引脚保持不变，代码如下：

```
PB->OUTEN |=0x00ff;
```

（3）位检测。

若想知道一个变量中的某一位是"1"还是"0"，我们可以通过按位与"&"运算，对变量中某一位的值进行检测来获知。例如，对无符号字符类型 temp 的 bit4 的值进行检测，代码如下：

```
while(temp&0x10) {……} //bit4=1, temp&0x10=0x10; bit4=0, temp&0x10=0x00;
```

在后面的按键控制设计任务中，我们经常会使用位检测方法来判断按键是否被按下。

（4）使用移（左移或右移）位操作，提高代码的可读性。

移位操作在嵌入式应用程序开发中也非常重要，比如在初始化时，若需要使能 PB 口的某些引脚为输出引脚，可使用移位操作来实现。例如，使能 PB 口的 PB7 引脚为输出引脚，代码如下：

```
PB->OUTEN |= (1<<7);
```

左移位操作就是将 PB->OUTEN 寄存器的第 7 位置为 1，使能 PB 口的 PB7 引脚为输出引脚。为什么要通过左移而不是直接设置一个固定的值呢？其实这是为了提高代码的可读性和可重用性。从这行代码可以很直观明了地知道是将第 7 位置为 1。如果写成：

```
PB->OUTEN =0x0080;
```

这样的代码就不直观也不好重用了。类似移位操作的代码很多，又如：

```
PB->OUTEN |= (1<<4);
```

这样我们就可以一目了然：4 表示第 4 位也就是 PB4 引脚，1 表示将其置为 1 了。

（5）取反位操作的应用。

在 PB -> OUT 寄存器中，每一位都代表一个状态。在某个时刻，我们希望将某一位的值置为 0，同时其他位都保留为 1，简单的做法是直接给寄存器设置一个值，例如：

```
PB -> OUT &= 0xFF7F;
```

这样的做法就是置第 7 位为 0，其他位不变，但这样的写法不好看，并且可读性很差。可以这样写：

```
PB -> OUT & = ~(1<<7);
```

从上面代码中，可以先让 1 左移 7 位取反，第 7 位就为 0 了，其他位都为 1；然后通过按位与操作，使得第 7 位为 0，其他位保持不变。这样，就会很容易看明白，可读性也非常强。

1.4 任务 3 LED 闪烁控制

任务 3 LED 闪烁控制

1.4.1 任务描述

在任务 2 的基础上，编写 C 语言程序控制 LK32T102 单片机的 PB0 引脚，使其能交替输出高电平和低电平，完成一个 LED 闪烁控制的设计与调试。

1.4.2 LED 闪烁控制设计与实现

LED 闪烁控制电路与任务 2"点亮一个 LED"的电路一样，LED 阳极连接电源，LED 阴极通过 1kΩ 限流电阻后连接在单片机的 PB0 引脚上。

1. LED 闪烁功能实现分析

LK32T102 单片机的 PB0 引脚输出低电平时，LED 点亮；PB0 引脚输出高电平时，LED 熄灭。LED 闪烁功能实现过程如下：

（1）PB0 引脚输出低电平，LED 点亮；

（2）延时一段时间；

（3）PB0 引脚输出高电平，LED 熄灭；

（4）延时一段时间；

（5）重复步骤（1）（循环），这样就可以实现 LED 闪烁。

2. 移植任务 2 工程模板

复制"任务 2　点亮一个 LED"文件夹，然后修改文件夹名为"任务 3　LED 闪烁控制"，USER 文件夹下的"M0_ LED.uvprojx"工程名不用修改。

3. LED 闪烁控制程序设计

在"任务 3　LED 闪烁控制"文件夹中，根据任务描述，要求实现 LED 闪烁控制，对主文件 main.c 进行修改，LED 闪烁控制的代码如下：

```
#include <SC32F5832.h>
#include <GPIO.h>
void delay(unsigned int count)          //延时函数
{
    unsigned int i;
    for(;count!=0;count--)
    {
        i=5000;
        while(i--);
    }
}
int main()
{
    GPIO_AF_SEL(DIGITAL, PB, 0, 0);      //设置 PB0 引脚是数字通道和 GPIO 功能
    PB->OUTEN |= (1<<0);                 //PB0 引脚输出使能，即设置 PB0 引脚为输出引脚
    PB -> OUTSET = (1<<0);               //PB0 引脚输出高电平，LED1 熄灭
    while(1)
    {
        PB -> OUTCLR = (1<<0);           //PB0 引脚输出低电平，LED1 点亮
        delay(100);                      //延时一段时间
        PB -> OUTSET = (1<<0);           //LED1 熄灭
        delay(100);
    }
}
```

代码说明：

由于执行指令的速度很快，如果不进行延时，LED 点亮之后马上就会熄灭，熄灭之后马上就又会点亮，速度太快。由于人眼的视觉暂留现象，根本无法分辨，所以我们在控制 LED 闪烁的时候需要延时一段时间，否则我们就看不到"LED 闪烁"效果了。

4. 工程编译

对工程进行编译，生成"M0_ LED.hex"目标代码文件。若编译发生错误，要进行分析检

查，直到编译正确。

5．程序下载与调试

（1）连接 J-Link 下载器和开发板，在 Keil μVision5 界面上单击快速访问工具栏中的 按钮完成程序下载。

（2）启动开发板，观察 LED1 是否闪烁，若运行结果与任务要求不一致，要对电路和程序进行分析检查，直到运行正确。

1.4.3　文件包含与条件编译

合理使用文件包含与条件编译编写的程序便于阅读、修改、移植和调试，也有利于模块化程序设计。

1．文件包含

文件包含命令是把指定的文件插入该命令行位置，来取代该命令行，从而把指定的文件和当前的源程序文件连成一个源文件。

在程序设计中，文件包含是很有用的。一个大程序可以分为多个模块，由多个程序员分别编程。有些公用的符号常量或宏定义等可单独组成一个文件，在其他文件的开头用文件包含命令包含该文件即可使用。这样可避免在每个文件开头都去书写那些公用量，从而节省时间，并减少出错。

文件包含命令使用说明如下：

（1）文件包含命令行的一般形式为：

```
#include "文件名"  或  #include <文件名>
```

其中，文件是后缀名通常为".h"的头文件。

这两种形式是有区别的：使用尖括号表示在包含目录中去查找（包含目录是由用户在设置环境时设置的 include 目录），而不在当前源文件目录中去查找；使用双引号则表示首先在当前源文件目录中查找，若未找到才到包含目录中去查找。

用户编程时可根据自己文件所在的目录来选择某一种命令形式。

（2）一个 include 命令只能指定一个被包含文件，若有多个文件要包含，则需用多个 include 命令。

（3）文件包含允许嵌套，即在一个被包含的文件中又可以包含另一个文件。

2．条件编译

我们在嵌入式应用程序开发过程中经常会遇到一种情况：当满足某个条件时，对满足条件的一组语句进行编译，否则编译另一组语句。

条件编译功能可按不同的条件去编译不同的程序部分，从而产生不同的目标代码文件，这对于程序的移植和调试来说是很有用的。

1）#ifdef 形式

#ifdef 条件编译命令的一般形式为：

```
#ifdef  标识符
    程序段 1
#else
    程序段 2
#endif
```

#ifdef 形式的作用是：当标识符已经被定义过（一般用#define 命令定义），则对程序段 1 进行编译，否则编译程序段 2。其中#else 部分也可以没有，即：

```
#ifdef  标识符
    程序段
#endif
```

2）#ifndef 形式

#ifndef 条件编译命令的一般形式为：

```
#ifndef  标识符
    程序段 1
#else
    程序段 2
#endif
```

#ifndef 形式的作用是：如果标识符未被#define 命令定义过，则对程序段 1 进行编译，否则对程序段 2 进行编译，这与#ifdef 形式的作用正相反。

#ifndef 条件编译在 M0 编程中用得很多，在任务 1 的 LED.h 头文件中就用到这样的语句，如：

```
#ifndef  __LED_H
#define  __LED_H
......
#endif
```

又如，在任务 2 中的 delay.h 头文件中：

```
#ifndef  __DELAY_H
#define  __DELAY_H
......
#endif
```

另外，"#ifndef 标识符"也可写为"#if !(defined 标识符)"。

3）#if 形式

#if 条件编译命令的一般形式为：

```
#if  常量表达式
    程序段 1
#else
    程序段 2
#endif
```

#if 形式的作用是：如果常量表达式的值为真（非 0），则对程序段 1 进行编译，否则对程序段 2 进行编译，这样就可以使程序在不同条件下，能完成不同的功能。

【技能训练 1-1】声光报警器设计

如何利用我们前面完成的 LED 闪烁控制任务，来实现声光报警器的设计与实现呢？

【技能训练 1-1】声光报警器设计

1. 声光报警器电路

声光报警器电路是由 LK32T102 单片机、LED 控制电路和蜂鸣器电路组成的，其中 LED 控制电路在任务 2 中已经介绍。蜂鸣器电路是由电阻、扬声器、三极管和二极管等组成的，其中三极管 Q1 的基极经电阻 R13 接到 PA12 引脚上，如图 1-30 所示。

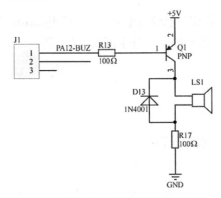

图 1-30   蜂鸣器电路

2．移植任务 3 工程

复制"任务 3   LED 闪烁控制"文件夹，然后修改文件夹名为"【技能训练 1-1】声光报警器设计"，USER 文件夹下的"M0_ LED.uvprojx"工程名不用修改。

3．声光报警器程序设计

在"【技能训练 1-1】声光报警器设计"文件夹中，根据技能训练要求，实现声光报警器控制，对主文件 main.c 进行修改，声光报警器控制的代码如下：

```
#include <SC32F5832.h>
#include <GPIO.h>
void delay(unsigned int count)          //延时函数
{
    unsigned int i;
    for(;count!=0;count--)
    {
        i=5000;
        while(i--);
    }
}
int main()
{
    GPIO_AF_SEL(DIGITAL, PB, 0, 0);     //设置 PB0 引脚是数字通道和 GPIO 功能
    GPIO_AF_SEL(DIGITAL, PA, 12, 0);    //设置蜂鸣器所接的 PA12 引脚是数字通道和 GPIO 功能
    PB->OUTEN|=(1<<0);                  //PB0 引脚输出使能，即设置 PB0 引脚为输出引脚
    PA->OUTEN|=(1<<12);                 //PA12 引脚输出使能，即设置 PA12 引脚为输出引脚
    PB -> OUTSET = (1<<0);              //PB0 引脚输出高电平，LED1 熄灭
    PA -> OUTCLR = (1<<12);             //PA12 引脚输出低电平，关闭蜂鸣器
    while(1)
    {
        PB -> OUTCLR = (1<<0);          //LED1 点亮
        PA -> OUTSET = (1<<12);         //PA12 引脚输出高电平，打开蜂鸣器
        delay(20);                      //延时一段时间
        PB -> OUTSET = (1<<0);          //LED1 熄灭
        PA -> OUTCLR = (1<<12);
        delay(20);
    }
}
```

4．工程编译

对工程进行编译，生成"M0＿ LED.hex"目标代码文件。若编译发生错误，要进行分析检查，直到编译正确。

5．程序下载与调试

（1）连接 J-Link 下载器和开发板，在 Keil μVision5 界面上单击快速访问工具栏中的 🎄 按钮完成程序下载。

（2）启动开发板，观察声光报警器是否正常工作，若运行结果与任务要求不一致，要对电路和程序进行分析检查，直到运行正确。

关键知识点梳理

1．基于 Cortex-M0 的 LK32T102 单片机开发板主要包括 LK32T102 单片机最小系统电路、接口电路、串口电路、外围设备电路及电源接口等，其中 LK32T102 单片机最小系统电路包括电源电路、时钟信号电路、复位电路和程序下载电路等部分。

2．基于 Cortex-M0 的 LK32T102 单片机工程模板文件夹内，主要有 USER、HARDWARE、CORE、FWLib 及 OBJ 等 5 个子文件夹。

3．CORE 文件夹存放启动文件 startup_SC32F5832.s 和系统文件 system_SC32F5832.c，这个文件夹是固定的；FWLib 文件夹存放库函数的 src 源文件夹及其对应的头文件夹 inc；HARDWARE 文件夹存放用户编写的硬件驱动程序；USER 文件夹存放工程文件和主文件 main.c；OBJ 文件夹存放编译过程文件和 HEX 文件。

4．嵌入式系统（Embedded System）是一种完全嵌入受控器件内部，为特定应用而设计的专用计算机系统，根据国际电气电子工程师学会（IEEE）的定义：嵌入式系统是用于控制、监视或辅助设备、机器或工厂运作的装置。

5．嵌入式系统一般由嵌入式微处理器、外围硬件设备、嵌入式操作系统（可选）及用户的应用软件系统等 4 部分组成。

6．嵌入式系统具有面向特定应用、软件要求固态化存储、硬件和软件都必须具备高度可定制性、生命周期较长及开发需要开发工具和环境等特点。

7．Cortex-M0 处理器不仅能保持低功耗、延长电池寿命，还能提高运行频率，而且能和 Cortex-M3 处理器兼容，使得 Cortex-M0 处理器能够适应当前日益发展的芯片市场，其优势是 8 位和 16 位处理器不能比拟的。

8．ARM Cortex-M0 处理器是基于 ARMv6-M 架构的，主要由处理器内核、嵌套向量中断控制器（NVIC）、调试子系统、唤醒中断控制器（WIC）、JTAG/SWD（串行线调试）接口及 AHB-Lite 总线接口单元等组成。

9．LK32T102 单片机采用了 Cortex-M0 内核设计的 32 位处理器芯片，支持单电源供电，且内嵌高精度、高速及低速振荡器，以及具备多种低功耗工作模式。LK32T102 单片机主要在永磁同步电机（PMSM）控制器、无刷直流电机（BLDC）控制器、通用/专用变频器、交直流逆变器及数控电源等方面得到了广泛的应用。

10．合理使用位操作、文件包含与条件编译命令，会使程序变得简洁明了，便于阅读、修改、移植和调试，也有利于模块化程序设计，能提高代码的可读性。

问题与训练

1-1　嵌入式系统是如何定义的？

1-2　嵌入式系统具有哪些特点？

1-3　ARM Cortex-M0 处理器由哪几个部分组成？

1-4　简述 ARM Cortex-M0 处理器的特点及应用。

1-5　基于 Cortex-M0 的 LK32T102 单片机开发板是由哪几个部分组成的？

1-6　LK32T102 单片机最小系统电路包括哪几个部分？

1-7　简述新建基于 Cortex-M0 的 LK32T102 单片机工程模板的步骤。

1-8　请使用基于 Cortex-M0 的 LK32T102 单片机工程模板，完成控制 2 个 LED 交替闪烁的程序设计、运行与调试。

项目 2

跑马灯控制设计

项目导读

LED 跑马灯是广告灯源中的一种，它自身的色彩跳动能够快速抓住人们的眼球，可以用于招牌装饰、数目亮化、造型装饰、建筑亮化、房屋装饰等。有些汽车的转向灯也是跑马灯的形式，在转向车灯开关打开时，跑马灯以绚丽柔和的方式提醒其他车辆或行人，为打造文明礼貌的社会贡献着一份力量。本项目从 LED 循环点亮控制入手，首先让读者对 LK32T102 单片机的 I/O 口寄存器有初步了解；然后介绍 I/O 口操作的 define 宏定义和编写设备文件的方法。通过基于 define 宏定义的 LED 循环点亮控制和基于设备文件的声光跑马灯的设计与实现，让读者进一步掌握 I/O 口寄存器操作编程的方法和应用。

知识目标	1. 了解基于 Cortex-M0 的 LK32T102 单片机的 I/O 口寄存器 2. 掌握 LK32T102 单片机 I/O 口的设置与操作 3. 掌握嵌入式应用程序开发经常用到的 C 语言中的 define 宏定义 4. 会编写.c 文件和.h 头文件的设备文件
技能目标	培养阅读代码、编写功能代码的能力，能完成 LED、蜂鸣器等设备的文件的编写，能运用 C 语言中的 define 宏定义完成 LK32T102 单片机输出控制，实现对 LED、蜂鸣器控制的设计、运行与调试
素质目标	1. 培养精细的设计理念 2. 理解世界是有规律可循的，发展探索也要遵循规律
教学重点	1. 了解基于 Cortex-M0 的 LK32T102 单片机的 I/O 口寄存器 2. 掌握 C 语言中的 define 宏定义 3. 设备文件的编写
教学难点	I/O 口寄存器操作
建议学时	6 学时
推荐教学方法	从任务入手，通过 LED 循环点亮控制设计，让读者了解 LK32T102 单片机的 I/O 口寄存器，进而通过基于设备文件的声光跑马灯设计，熟悉 LED、蜂鸣器等设备的文件的编写方法
推荐学习方法	勤学勤练、动手操作是学好 LK32T102 单片机 I/O 口应用的关键，动手完成跑马灯控制，通过"边做边学"达到更好的学习效果

2.1 任务 4 LED 循环点亮控制

2.1.1 任务描述

如何控制 LED 循环点亮，关键在于如何控制 LK32T102 单片机 I/O 口（I/O 引脚）的输入和输出，这是掌握 LK32T102 单片机的第一步。

使基于 Cortex-M0 的 LK32T102 单片机的 PB0～PB7 引脚分别接 8 个 LED 的阴极，通过 C 语言程序控制 8 个 LED 循环点亮。

2.1.2 LED 循环点亮控制实现分析

1. LED 循环点亮功能分析

我们如何控制 LK32T102 单片机的 PB0～PB7 引脚输出高电平和低电平，实现 LED 循环点亮呢？由于 LED 循环点亮电路中的 LED 是采用共阳极接法，所以可通过引脚输出 0 和 1 来控制 LED 的点亮和熄灭。

例如，在 PB 口输出 0x0fffe（11111111_11111110B），使 PB0 引脚输出低电平 0，LED1 被点亮，代码如下：

```
PB -> OUT =0x0fffe;        //PB0 引脚输出低电平 0，其他位输出高电平 1
```

又如，在 PB 口输出 0x0ffef（11111111_11101111B），则 PB4 引脚输出低电平 0，LED5 被点亮，代码如下：

```
PB -> OUT =0x0ffef;        //PB4 引脚输出低电平 0，其他位输出高电平 1
```

2. 获得 LED 循环点亮控制码

LED 循环点亮的工作过程如下：

（1）点亮 LED1：GPIOB 口输出 0x0fffe，取反为 0x0001，初始控制码为 0x0001；

（2）点亮 LED2：GPIOB 口输出 0x0fffd，取反为 0x0002，控制码为 0x0002；

（3）点亮 LED3：GPIOB 口输出 0x0fffb，取反为 0x0004，控制码为 0x0004；

（4）点亮 LED4：GPIOB 口输出 0x0fff7，取反为 0x0008，控制码为 0x0008；

（5）点亮 LED5：GPIOB 口输出 0x0ffef，取反为 0x0010，控制码为 0x0010；

（6）点亮 LED6：GPIOB 口输出 0x0ffdf，取反为 0x0020，控制码为 0x0020；

（7）点亮 LED7：GPIOB 口输出 0x0ffbf，取反为 0x0040，控制码为 0x0040；

（8）点亮 LED8：GPIOB 口输出 0x0ff7f，取反为 0x0080，控制码为 0x0080；

（9）重复步骤（1），这样就可以实现 LED 循环点亮。

从以上分析可以看出，只要将控制码取反后从 PB 口输出，就能点亮相应的 LED。那么下一个控制码如何从上一个控制码处获得呢？

获得 LED 循环点亮控制码的方法是，先设置初始控制码为 0x0001；然后把控制码左移一位，即可获得下一个控制码，代码如下：

```
temp = 0x0001;            //设置初始控制码
……
temp = temp<<1;           //控制码左移一位，获得下一个控制码
```

3. LED 循环点亮过程

LED 循环点亮实现过程如下：

（1）设置初始控制码为 0x0001；

（2）将控制码取反后从 PB 口输出，点亮一个 LED；

（3）延时一段时间；

（4）将控制码左移一位，获得下一个控制码；

（5）重复步骤（2）～步骤（4）直至完成一次 8 个 LED 循环点亮；

（6）完成一次 8 个 LED 循环点亮后，从步骤（1）重新开始下一次 LED 循环点亮。

2.1.3　LED 循环点亮控制设计与实现

LED 循环点亮电路同任务 2 中的 LED 控制电路（见图 1-22），在项目 1 已经介绍过与其有关的各种操作，在此不再复述。

1．移植任务 3 工程

复制"任务 3　LED 闪烁控制"文件夹，然后修改文件夹名为"任务 4　LED 循环点亮控制"，USER 文件夹下的"M0_LED.uvprojx"工程名不用修改。

2．LED 循环点亮控制程序设计

在"任务 4　LED 循环点亮控制"文件夹中，根据任务描述，要求实现 LED 循环点亮控制，对主文件 main.c 进行修改，LED 循环点亮控制的代码如下：

```
#include <SC32F5832.h>
#include <GPIO.h>
uint16_t  temp, i;
void delay(unsigned int count)              //延时函数
{
    unsigned int i;
    for(;count!=0;count--)
    {
        i=5000;
        while(i--);
    }
}
int main()
{
    GPIO_AF_SEL(DIGITAL, PB, 0, 0);         //设置 PB0 引脚是数字通道和 GPIO 功能
    GPIO_AF_SEL(DIGITAL, PB, 1, 0);         //设置 PB1 引脚是数字通道和 GPIO 功能
    GPIO_AF_SEL(DIGITAL, PB, 2, 0);         //设置 PB2 引脚是数字通道和 GPIO 功能
    GPIO_AF_SEL(DIGITAL, PB, 3, 0);         //设置 PB3 引脚是数字通道和 GPIO 功能
    GPIO_AF_SEL(DIGITAL, PB, 4, 0);         //设置 PB4 引脚是数字通道和 GPIO 功能
    GPIO_AF_SEL(DIGITAL, PB, 5, 0);         //设置 PB5 引脚是数字通道和 GPIO 功能
    GPIO_AF_SEL(DIGITAL, PB, 6, 0);         //设置 PB6 引脚是数字通道和 GPIO 功能
    GPIO_AF_SEL(DIGITAL, PB, 7, 0);         //设置 PB7 引脚是数字通道和 GPIO 功能
    PB->OUTEN|=0x00ff;                      //PB0~PB7 引脚输出使能，即设置 PB0~PB7 引脚为输出引脚
    PB -> OUT = 0x00ff;                     //PB0~PB7 引脚输出高电平，LED1~LED8 熄灭
    while(1)
    {
        temp = 0x0001;                      //设置循环点亮的初始控制码 0x0001
        for(i=0;i<8;i++)
        {
            PB -> OUT = ~temp;              //将初始控制码 0x0001 取反从 PB 口输出，点亮一个 LED
```

```
                      delay(100);
                      temp = temp<<1;                    //控制码左移一位，获得下一个控制码
            }
        }
    }
```

代码说明：

（1）向 GPIO 口输出数据，是通过输出数据寄存器 OUT 来完成的。

（2）"PB -> OUT = ~temp;" 语句表示先将初始控制码 0x0001 取反（为 0x0fffe）后，从 PB 口输出，使得 PB0 引脚为低电平，点亮 LED1，其他位为高电平；然后延时一段时间；再让控制码左移一位，获得下一个控制码；最后对控制码取反后输出到 PB 口，这样就实现"LED 循环点亮"效果了。

（3）uint16_t 是在 stdint.h 头文件里面定义的，用 typedef 定义 unsigned short int 数据类型的别名是 uint16_t，代码如下：

```
typedef  unsigned short int  uint16_t;
```

用 uint16_t 代替 unsigned short int，可使编写程序更加方便。其他定义还有 uint8_t、int8_t 及 int16_t 等，读者可自行打开 stdint.h 头文件查看了解。

typedef 用于为现有数据类型创建一个新的名字（类型别名），简化变量的定义。

3．工程编译、运行与调试

（1）修改好主文件 main.c 后，我们就可以直接对工程进行编译了，生成"M0_ LED.hex"目标代码文件。若编译发生错误，要进行分析检查，直到编译正确。

（2）连接 J-Link 下载器和开发板，在 Keil μVision5 界面上单击快速访问工具栏中的 ▦ 按钮完成程序下载。

（3）启动开发板，观察 LED 是否被循环点亮，若运行结果与任务要求不一致，要对电路和程序进行分析检查，直到运行正确。

【技能训练 2-1】LED 双向循环点亮控制

在任务 4 中，是通过 C 语言程序控制 8 个 LED 循环点亮的。那么我们如何控制 LED 双向循环点亮呢？结合 LED 循环点亮控制，LED 双向循环点亮的实现过程如下：

【技能训练 2-1】LED
双向循环点亮控制

（1）设置正向循环点亮的初始控制码：0x0001；

（2）将控制码取反后从 PB 口输出，点亮一个 LED；

（3）延时一段时间；

（4）将控制码左移一位，获得下一个控制码；

（5）重复步骤（2）～步骤（4）；

（6）完成一次 8 个 LED 正向循环点亮后，设置反向循环点亮的初始控制码：0x0080；

（7）将控制码取反后从 PB 口输出，点亮一个 LED；

（8）延时一段时间；

（9）将控制码右移一位，获得下一个控制码；

（10）重复步骤（7）～步骤（9）；

（11）完成一次 8 个 LED 反向循环点亮后，从步骤（1）重新开始下一次 LED 双向循环点亮。

在这里，只给出 LED 双向循环点亮控制主函数的 while 语句循环体，代码如下（其他代码与任务 4 中的代码一样）：

```
......
while(1)
{
    temp = 0x0001;
    for(i=0;i<8;i++)
    {
        PB -> OUT = ~temp;
        delay(100);
        temp = temp<<1;
    }
    temp = 0x0080;
    for(i=0;i<8;i++)
    {
        PB -> OUT = ~temp;
        delay(100);
        temp = temp>>1;
    }
}
```

2.2 LK32T102 单片机的 I/O 口操作

LK32T102 单片机的
I/O 口操作

LK32T102 单片机的 I/O 口相对 51 单片机而言要复杂很多，使用起来也困难很多。LK32T102 单片机的每个 I/O 口都可以自由编程，I/O 口寄存器必须要按 32 位字被访问。

2.2.1 认识 LK32T102 单片机的 I/O 口寄存器

LK32T102 单片机的 I/O 口寄存器主要涉及引脚配置寄存器（CFGx）、引脚输出使能寄存器（OUTEN）、引脚设置寄存器（OUTSET）、引脚清除寄存器（OUTCLR）、引脚值翻转（引脚电平状态翻转）寄存器（OUTTGL）、输出数据寄存器（OUT）及输入数据寄存器（PIN）等。

1. 引脚配置寄存器

LK32T102 单片机可以通过 I/O 口引脚配置寄存器（CFGx）对 I/O 口的引脚进行配置，主要是配置 I/O 口引脚的上拉或下拉、驱动能力、推挽和开漏、输入反向、模拟和数字、斜率、输入滤波、复用功能、I/O 口配置保护等模式。引脚配置寄存器（CFGx）各位的描述如表 2-1 所示。

表 2-1 CFGx 各位的描述

位	31	30	29	28	27	26	25	24	23	22	21	20	19	18	17	16
符号	保留					CLKDIV[2:0]			保留						FILT[1:0]	
读写						RW	RW	RW							RW	RW
位	15	14	13	12	11	10	9	8	7	6	5	4	3	2	1	0
符号	INV	保留	OD	保留	保留	DRV	保留	SR	PUPD[1:0]		保留	AEN	保留	FUNC[2:0]		
读写	RW		RW			RW		RW	RW	RW		RW		RW	RW	RW

引脚配置寄存器（CFGx）中的 x 取值为 0～15，与 I/O 口的引脚号相对应，即每个引脚对

应一个引脚配置寄存器（CFG*x*）。CFG*x* 各位的描述如下：

（1）位[26：24]：滤波时钟分频选择位 CLKDIV。

000：GPIO 时钟；

001：GPIO 时钟 2 分频；

010：GPIO 时钟 3 分频；

011：GPIO 时钟 4 分频；

100：GPIO 时钟 5 分频；

101：GPIO 时钟 6 分频；

110：GPIO 时钟 7 分频；

111：保留。

（2）位[17：16]：输入滤波选择位 FILT。

00：输入不滤波；

01：输入采用 1 个时钟的滤波，不足 1 个时钟的脉冲被滤除；

10：输入采用 2 个时钟的滤波，不足 2 个时钟的脉冲被滤除；

11：输入采用 3 个时钟的滤波，不足 3 个时钟的脉冲被滤除。

（3）位 15：反向输入选择位 INV。

0：正向输入；1：反向输入。

（4）位 13：开漏模式使能位 OD。

0：开漏模式无效；1：开漏模式开启。

（5）位 10：驱动能力选择位 DRV。

0：选择低驱动电流；1：选择高驱动电流。

（6）位 8：输出斜率控制位 SR。

0：快速；1：慢速。

（7）位[7：6]：上拉/下拉电阻控制位 PUPD，复用作模拟功能时无效。

00：上拉及下拉无效；

01：下拉；

10：上拉；

11：repeater 模式，根据当前 PAD 的值自动设置上拉/下拉：如果当前 PAD 为高电平，则设置为上拉；如果当前 PAD 为低电平，则设置为下拉。

（8）位 4：模拟通道使能位 AEN。

0：模拟通道关闭；

1：模拟通道开启，此时 OUTEN（*x*）需要置为 0，FUNC 也需要置为 0。

（9）位[2：0]：复用功能选择位 FUNC。

000：选择功能 0，默认为 GPIO；

001：选择功能 1；

010：选择功能 2；

011：选择功能 3；

100：选择功能 4；

101：选择功能 5；

110：选择功能 6；

111：选择功能 7。

针对"位 4"的模拟通道使能位 AEN 和"位[2：0]"的复用功能选择位 FUNC，我们如何选择呢？在 GPIO.h 头文件中，宏定义了选择数字通道的 DIGITAL 宏名，也声明了 GPIO 引脚复用选择函数 GPIO_AF_SEL()的原型。代码如下：

```
#define  DIGITAL   (0<<4)
#define  ANALOGY   (1<<4)
extern void GPIO_AF_SEL(uint8_t AD,PA_Type* GPIOx,uint8_t gpiopin,uint8_t fun_num);
```

引脚复用选择函数 GPIO_AF_SEL()是在 GPIO.c 文件中的，代码如下：

```
void GPIO_AF_SEL(uint8_t AD, PA_Type* GPIOx, uint8_t gpiopin, uint8_t fun_num)
{
    uint32_t tmp;
    switch (gpiopin)
    {
        case 0x00:
            tmp=GPIOx->CFG0 &=0xfffffffe8ul;     //配置CFG0 位 4 为 0，位[2：0]清 0
            SYSREG->ACCESS_EN=0x05fa659aul;      //将 ACCESS_EN 置位，使得 CFGx 可以修改
            GPIOx->CFG0 =tmp|fun_num|AD;          //配置CFG0 位 4 和位[2：0]
            break;
        case 0x01:
            tmp=GPIOx->CFG1 &=0xfffffffe8ul;
            SYSREG->ACCESS_EN=0x05fa659aul;
            GPIOx->CFG1 =tmp|fun_num|AD;
            break;
        ......                                   //受篇幅限制，这里省略
        case 0x0f:
            tmp=GPIOx->CFG15 &=0xfffffffe8ul;
            SYSREG->ACCESS_EN=0x05fa659aul;
            GPIOx->CFG15 =tmp|fun_num|AD;
            break;
        default:
            break;
    }
}
```

GPIO_AF_SEL()函数代码说明如下：

（1）"tmp=GPIOx->CFG15 &=0xfffffffe8ul;"语句表示对引脚配置寄存器（CFGx）的第 4 位、第 2 位、第 1 位和第 0 位清 0，其他位保持不变。

（2）由于 CFGx 受访问使能寄存器（ACCESS_EN）保护，向访问使能寄存器写入 0x05fa659a，可将 ACCESS_EN 置位，就可以修改受保护的寄存器，32 个周期后该寄存器会自动清 0。"SYSREG->ACCESS_EN=0x05fa659aul;"语句就是将 ACCESS_EN 置位，使得 CFGx 可以修改。

（3）GPIO_AF_SEL()函数的参数含义。

第一个参数 AD：模拟通道使能，AD 可为 DIGITAL 或 ANALOGY。选择 DIGITAL 宏名，即 0 左移 4 位，表示对模拟通道使能位 AEN（位 4）清 0，选择数字通道；选择 ANALOGY 宏名，即 1 左移 4 位，表示对模拟通道使能位 AEN（位 4）置 1，选择模拟通道。

第二个参数 GPIOx：GPIO 口选择，GPIOx 可为 PA、PB 和 PC 中的任意一个。

第三个参数 gpiopin：引脚选择，gpiopin 的取值范围是 0～15。

第四个参数 fun_num：引脚复用功能选择，fun_num 的取值范围是 0~7。

例如，将 PB4 引脚设置为数字通道和 GPIO 功能，代码如下：

```
GPIO_AF_SEL(DIGITAL, PB, 4, 0);
```

又如，将 PA12 引脚设置为数字通道和 GPIO 功能，代码如下：

```
GPIO_AF_SEL(DIGITAL, PA, 12, 0);
```

关于 GPIO 引脚复用功能选择，将在后面进行详细介绍。

2．引脚输出使能寄存器

设置 I/O 引脚的输入输出方向是通过引脚输出使能寄存器（OUTEN）来完成的。OUTEN 是 1 个 32 位的寄存器，只用了低 16 位，高 16 位保留。该寄存器各位的描述如表 2-2 所示。

表 2-2　OUTEN 各位的描述

位	读写	符号	描述	复位值
31:16			保留	0x0000
15:0	RW	OE	GPIO 引脚 Pn_x 输出使能位。其中，n 的取值为 A、B、C，x 取值为 0~15。 　0 表示将 GPIO 引脚配置为输入；1 表示将 GPIO 配置为输出	0x0000

OUTEN 的低 16 位与 I/O 口的 16 个引脚一一对应。通过改写 OUTEN 某位上的值，即可设置与其对应引脚的输入输出方向。

例如，设置 PB8 引脚为输出，PA6 引脚为输入，代码如下：

```
PB->OUTEN|=(1<<8);              //设置 PB8 引脚为输出
PA->OUTEN&=~(1<<6);             //设置 PA6 引脚为输入
```

3．引脚设置寄存器

I/O 口某引脚输出高电平，是通过引脚设置寄存器（OUTSET）来完成的。OUTSET 是 1 个 32 位的寄存器，只用了低 16 位，高 16 位保留。该寄存器各位的描述如表 2-3 所示。

表 2-3　OUTSET 各位的描述

位	读写	符号	描述	复位值
31:16			保留	0x0000
15:0	RW	SET	GPIO 引脚 Pn_x 输出值。其中，n 的取值为 A、B、C，x 取值为 0~15。 写操作：0 表示对 GPIO 引脚输出电平无效；1 表示将 GPIO 引脚输出设为高电平。 读操作：读取 GPIO 引脚输出值	0x0000

OUTSET 的低 16 位与 I/O 口的 16 个引脚一一对应。通过改写 OUTSET 某位上的值，即可使得与其对应的引脚输出高电平。

例如，在 PB0~PB3 引脚输出高电平，代码如下：

```
PB -> OUTSET = (1 << 0);        //PB0 引脚输出高电平
PB -> OUTSET = (1 << 1);        //PB1 引脚输出高电平
PB -> OUTSET = (1 << 2);        //PB2 引脚输出高电平
PB -> OUTSET = (1 << 3);        //PB3 引脚输出高电平
```

4. 引脚清除寄存器

I/O 口某引脚输出低电平，是通过引脚清除寄存器（OUTCLR）来完成的。OUTCLR 是 1 个 32 位的寄存器，只用了低 16 位，高 16 位保留。该寄存器各位的描述如表 2-4 所示。

表 2-4   OUTCLR 各位的描述

位	读写	符号	描述	复位值
31:16			保留	0x0000
15:0	RW	CLR	GPIO 引脚 Pn_x 输出值。其中，n 的取值为 A、B、C，x 取值为 0～15。 写操作：0 表示对 GPIO 引脚输出电平无效；1 表示将 GPIO 引脚输出设为低电平。 读操作：读取 GPIO 引脚输出值	0x0000

OUTCLR 的低 16 位与 I/O 口的 16 个引脚一一对应。通过改写 OUTCLR 某位上的值，即可使得与其对应的引脚输出低电平。

例如，在 PA4～PA7 引脚输出低电平，代码如下：

```
PA -> OUTCLR = (1 << 4);        //PA4 引脚输出低电平
PA -> OUTCLR = (1 <<5);         //PA5 引脚输出低电平
PA -> OUTCLR= (1 << 6);         //PA6 引脚输出低电平
PA -> OUTCLR = (1 << 7);        //PA7 引脚输出低电平
```

5. 引脚值翻转寄存器

使 I/O 口某引脚值翻转是通过引脚值翻转寄存器（OUTTGL）来完成的。OUTTGL 是 1 个 32 位的寄存器，只用了低 16 位，高 16 位保留。该寄存器各位的描述如表 2-5 所示。

表 2-5   OUTTGL 各位的描述

位	读写	符号	描述	复位值
31:16			保留	0x0000
15:0	RW	TGL	GPIO 引脚 Pn_x 输出值。其中，n 的取值为 A、B、C，x 取值为 0～15。 写操作：0 表示对 GPIO 引脚输出电平无效；1 表示将 GPIO 引脚输出值翻转。 读操作：读取 GPIO 引脚输出值	0x0000

OUTTGL 的低 16 位与 I/O 口的 16 个引脚一一对应。通过改写 OUTTGL 某位上的值，即可使得与其对应的引脚值翻转，即 0 翻转为 1、1 翻转为 0。

例如，PA4 和 PA5 引脚值翻转，代码如下：

```
PA -> OUTTGL = (1 << 4);        //PA4 引脚值翻转
PA -> OUTTGL = (1 << 5);        //PA5 引脚值翻转
```

6. 输出数据寄存器

向 I/O 口输出数据是通过输出数据寄存器（OUT）来完成的。OUT 是 1 个 32 位的寄存器，只用了低 16 位，高 16 位保留。该寄存器各位的描述如表 2-6 所示。

表 2-6　OUT 各位的描述

位	读写	符号	描述	复位值
31:16			保留	0x0000
15:0	RW	OUT	GPIO 输出值。 0 表示在写操作时，GPIO 输出引脚设为低电平；在读操作时，GPIO 输出值为低电平。 1 表示在写操作时，GPIO 输出引脚设为高电平；在读操作时，GPIO 输出值为高电平	0x0000

OUT 的低 16 位与 I/O 口的 16 个引脚一一对应，通过 I/O 口的 OUT，即可实现数据输出。例如，在 PA 口的低 8 位输出低电平、高 8 位输出高电平，实现代码如下：

```
PA -> OUT = 0xff00;              //PA 口的低 8 位输出低电平、高 8 位输出高电平
```

7. 输入数据寄存器

从 I/O 口输入数据是通过输入数据寄存器（PIN）来完成的。PIN 是 1 个 32 位的寄存器，只用了低 16 位，高 16 位保留。该寄存器各位的描述如表 2-7 所示。

表 2-7　PIN 各位的描述

位	读写	符号	描述	复位值
31:16			保留	0x0000
15:0	RW	PIN	读取 GPIO 引脚值。 0 表示引脚为低电平；1 表示引脚为高电平	0x0000

PIN 的低 16 位与 I/O 口的 16 个引脚一一对应，通过 I/O 口的 PIN，即可实现数据输入。例如，读取 PB 口 16 个引脚值，实现代码如下：

```
temp = PB -> PIN;               //读取 PB 口 16 个引脚值
```

2.2.2　C 语言中的 define 宏定义

C 语言源程序中允许用一个标识符来表示一个字符串，称为宏定义，简称宏。被定义为宏的标识符称为宏名。在编译预处理时，对程序中所有出现的宏名，都用宏定义中的字符串去代换，这称为宏替换或宏展开。宏定义是由源程序中的宏定义命令完成的，宏替换是由预处理程序自动完成的。

define 宏定义是 C 语言中的预处理命令，分为无参宏定义和带参宏定义 2 种。

1. 无参宏定义

无参宏的宏名后不带参数。其定义的一般形式为：

```
#define 标识符 字符串
```

"#"表示这是一条预处理命令（以#开头的均为预处理命令），define 是定义"标识符"为"字符串"的宏名，字符串可以是常数、表达式及格式串等。例如：

```
#define PI 3.1415926
```

定义标识符 PI 的值为 3.1415926。
又如：

```
#define LED1_ON PB_OUT_LOW(0)
```

定义标识符 LED1_ON 的值为 PB_OUT_LOW(0)。这样，我们就可以通过 LED1_ON 对 PB0 引脚进行操作了，如：

```
LED1_ON;
```

这条语句使得 PB0 引脚输出低电平。

2. 带参宏定义

C 语言允许宏带有参数。在宏定义中的参数称为形式参数（形参），在宏调用中的参数称为实际参数（实参）。

对带参数的宏，在调用中，不仅要进行宏展开，而且要用实参去代换形参。带参宏定义的一般形式为：

```
#define  宏名(形参表)  字符串
```

例如：

```
#define  ON_LED(x)  PB_OUT_LOW(x)
```

其中 x 是形参。

在字符串中含有各个形参，带参宏调用的一般形式为：

```
宏名(实参表);
```

例如：

```
ON_LED(4);
```

在宏调用时，用实参 4 去代替形参 x，经预处理宏展开后的语句为：

```
PB_OUT_LOW(4);
```

这条语句使得 PB4 引脚输出低电平。

2.2.3 I/O 口寄存器操作的 define 宏定义

在这里，主要介绍如何在基于 Cortex-M0 的 LK32T102 单片机应用程序开发中使用 define 宏定义。I/O 口寄存器的 define 宏定义主要涉及设置输入输出方向、引脚输出高电平、引脚输出低电平、引脚电平翻转（引脚电平状态翻转）、I/O 口输出数据及读取 I/O 口引脚数据等指令。LK32T102 单片机 I/O 口寄存器的 define 宏定义在 GPIO.h 头文件中。

1. 为什么要大量使用 define 宏定义

当我们从 51 单片机开发转入基于 Cortex-M0 的 LK32T102 单片机开发时，由于习惯了 51 单片机的寄存器开发方式，突然要使用 LK32T102 单片机开发，会不知道如何下手。

在 51 单片机开发中，我们若想要控制某些 I/O 口的状态就会直接操作寄存器来实现，如：

```
P2=0x0fe;
```

在基于 Cortex-M0 的 LK32T102 单片机开发中，我们也可以直接操作寄存器来实现，如：

```
PB -> OUT = 0x00fe;
```

由于 LK32T102 单片机有数百个寄存器，对于初学者来说，若想很快掌握每个寄存器的用法，并能正确使用，是非常困难的。所以针对寄存器操作的问题，大量使用 define 宏定义是简单有效的办法。在大多数场合下，不需要知道操作的是哪个寄存器，只需要知道使用哪些宏定义的宏名即可。这些宏名不仅见名知意，还能提高源代码的可读性，为编程提供方便。

对于上面直接操作 LK32T102 单片机的 PB -> OUT 寄存器（能实现电平控制），我们可以使用 define 宏定义 "PB_OUT" 为 "PB -> OUT;" 的宏名，代码如下：

```
#define  PB_OUT  PB -> OUT;
```

这时，我们就不需要直接操作 PB -> OUT 寄存器了，只要知道如何使用宏名 PB_OUT 就可以了。另外，我们还能通过寄存器的宏名就知道这个宏名的功能是什么，该怎么使用。

2．设置输入输出方向的宏定义

设置 I/O 口某个引脚的输入输出方向，是通过改写 OUTEN 的对应位值来设置的，OUTEN 的低 16 位与 I/O 口的 16 个引脚一一对应。当 OUTEN 某位上的值为 0 时将其对应的引脚配置为输入，即输入使能；为 1 时将其对应的引脚配置为输出，即输出使能。

宏定义输入使能、输出使能的宏名，代码如下：

```
#define  PA_OUTEN  PA->OUTEN                         //设置 PA 口的输出使能
#define  PB_OUTEN  PB->OUTEN                         //设置 PB 口的输出使能
#define  PC_OUTEN  PC->OUTEN                         //设置 PC 口的输出使能
#define  PA_OUT_ENABLE(x)   PA->OUTEN|=(1<<x)        //设置 PA 口某个引脚的输出使能
#define  PB_OUT_ENABLE(x)   PB->OUTEN|=(1<<x)        //设置 PB 口某个引脚的输出使能
#define  PC_OUT_ENABLE(x)   PC->OUTEN|=(1<<x)        //设置 PC 口某个引脚的输出使能
#define  PA_OUT_DISABLE(x)  PA->OUTEN&=~(1<<x)       //设置 PA 口某个引脚的输入使能
#define  PB_OUT_DISABLE(x)  PB->OUTEN&=~(1<<x)       //设置 PB 口某个引脚的输入使能
#define  PC_OUT_DISABLE(x)  PC->OUTEN&=~(1<<x)       //设置 PC 口某个引脚的输入使能
```

其中 x 是 I/O 口的引脚序号，x 的取值为 0~15。例如，设置 PB8 引脚为输出，PA6 引脚为输入，代码如下：

```
PB_OUT_ENABLE(8);                                   //设置 PB8 引脚为输出
PA_OUT_DISABLE(6);                                  //设置 PA6 引脚为输入
```

3．引脚输出高电平的宏定义

要使得 I/O 口某个引脚输出高电平，可以通过改写引脚设置寄存器（OUTSET）的对应位值。改写为 1 时，可使得与其对应的引脚输出高电平；改写为 0 时，引脚输出电平无效。宏定义输出高电平的宏名，代码如下：

```
#define  PA_OUT_HIGH(x)  PA -> OUTSET = (1<<x)
#define  PB_OUT_HIGH(x)  PB -> OUTSET = (1<<x)
#define  PC_OUT_HIGH(x)  PC -> OUTSET = (1<<x)
```

例如，在 PB0~PB3 引脚输出高电平，代码如下：

```
PB_OUT_HIGH(0);                //PB0 引脚输出高电平
PB_OUT_HIGH(1);                //PB1 引脚输出高电平
PB_OUT_HIGH(2);                //PB2 引脚输出高电平
PB_OUT_HIGH(3);                //PB3 引脚输出高电平
```

4．引脚输出低电平的宏定义

要使得 I/O 口某个引脚输出低电平，可以通过改写引脚清除寄存器（OUTCLR）的对应位值。改写为 1 时，可使得与其对应的引脚输出低电平；改写为 0 时，引脚输出电平无效。宏定义输出低电平的宏名，代码如下：

```
#define  PA_OUT_LOW(x)  PA -> OUTCLR = (1<<x)
#define  PB_OUT_LOW(x)  PB -> OUTCLR = (1<<x)
#define  PC_OUT_LOW(x)  PC -> OUTCLR = (1<<x)
```

例如，在 PA4~PA7 引脚输出低电平，代码如下：

```
PA_OUT_LOW(4);                 //PA4 引脚输出低电平
PA_OUT_LOW(5);                 //PA5 引脚输出低电平
PA_OUT_LOW(6);                 //PA6 引脚输出低电平
PA_OUT_LOW(7);                 //PA7 引脚输出低电平
```

5. 引脚电平翻转的宏定义

要使得 I/O 口某个引脚输出的电平翻转，可以通过改写引脚值翻转寄存器（OUTTGL）的对应位值。改写为 1 时，可使得与其对应的引脚电平翻转；改写为 0 时，引脚电平翻转无效。宏定义引脚电平翻转的宏名，代码如下：

```
#define  PA_OUT_TOGGLE(x)  PA->OUTTGL = (1<<x)
#define  PB_OUT_TOGGLE(x)  PB->OUTTGL = (1<<x)
#define  PC_OUT_TOGGLE(x)  PC->OUTTGL = (1<<x)
```

例如，PA4 和 PA5 引脚值翻转的代码如下：

```
PA_OUT_TOGGLE(4);              //PA4 引脚值翻转，即 0 翻转为 1、1 翻转为 0
PA_OUT_TOGGLE(5);              //PA5 引脚值翻转
```

6. I/O 口输出数据的宏定义

通过输出数据寄存器（OUT）可以向 I/O 口输出数据，OUT 输出的低 16 位数据与 I/O 口的 16 个引脚一一对应。引脚值为 1 的引脚输出高电平；为 0 的引脚输出低电平。宏定义 I/O 口输出数据的宏名，代码如下：

```
#define  PA_OUT  PA->OUT
#define  PB_OUT  PB->OUT
#define  PC_OUT  PC->OUT
```

例如，在 PB 口的低 8 位输出低电平、高 8 位输出高电平，实现代码如下：

```
PB_OUT=0x0ff00;              //PB 口的低 8 位输出低电平、高 8 位输出高电平
```

7. 读取 I/O 口引脚数据的宏定义

通过输入数据寄存器（PIN）可以从 I/O 口读取输入的数据，PIN 输入的低 16 位数据与 I/O 口的 16 个引脚一一对应。读 1 时，引脚为高电平；读 0 时，引脚为低电平。宏定义 I/O 口输入数据的宏名，代码如下：

```
#define  PA_IN  PA->PIN
#define  PB_IN  PB->PIN
#define  PC_IN  PC->PIN
```

例如，读取 PA 口 16 个引脚值，实现代码如下：

```
temp = PA_IN;              //读取 PA 口 16 个引脚值
```

【技能训练 2-2】define 宏定义的应用

前面所述的 4 个任务都是通过 I/O 口寄存器来完成的，由于寄存器太多又不好记，使用起来非常困难，而且源代码的可读性也不好。所以我们如何使用简单有效的 define 宏定义，来完成 LED 循环点亮的设计呢？

【技能训练 2-2】define
宏定义的应用

1. 移植工程模板

复制"任务 4　LED 循环点亮控制"文件夹，然后修改文件夹名为"【技能训练 2-2】define 宏定义的应用"，USER 文件夹下的"M0_LED.uvprojx"工程名不用修改。

2. 程序设计

根据前面对 I/O 口寄存器操作的 define 宏定义的介绍，在任务 4 的基础上完成基于 define 宏定义的 LED 循环点亮设计。由图 1-22 可以看出，8 个 LED 是接在 LK32T102 单片机的 PB0～PB7 引脚上的，通过 PB 口寄存器操作的 define 宏定义，基于 define 宏定义的 LED 循环点亮控制的代码如下：

```
#include <SC32F5832.h>
#include <GPIO.h>
#define  PB_OUTEN  PB->OUTEN
#define  PB_OUT_ENABLE(x)  PB->OUTEN|=(1<<x)
#define  PB_OUT_HIGH(x)  PB -> OUTSET = (1<<x)
#define  PB_OUT_LOW(x)  PB -> OUTCLR = (1<<x)
#define  PB_OUT  PB -> OUT
uint16_t  temp,i;
void delay(unsigned int count)
{
    unsigned int i;
    for(;count!=0;count--)
    {
        i=5000;
        while(i--);
    }
}
int main()
{
    GPIO_AF_SEL(DIGITAL, PB, 0, 0);
    GPIO_AF_SEL(DIGITAL, PB, 1, 0);
    GPIO_AF_SEL(DIGITAL, PB, 2, 0);
    GPIO_AF_SEL(DIGITAL, PB, 3, 0);
    GPIO_AF_SEL(DIGITAL, PB, 4, 0);
    GPIO_AF_SEL(DIGITAL, PB, 5, 0);
    GPIO_AF_SEL(DIGITAL, PB, 6, 0);
    GPIO_AF_SEL(DIGITAL, PB, 7, 0);
    PB_OUTEN|=0x00ff;
    PB_OUT = 0x00ff;
    while(1)
    {
        temp = 0x0001;
        for(i=0;i<8;i++)
        {
            PB_OUT = ~temp;
            delay(100);
            temp = temp<<1;
        }
    }
}
```

基于 define 宏定义的 LED 循环点亮控制，还可以采用另外一种方法实现，代码如下：

```
#include <SC32F5832.h>
......                            //代码同前，省略
int main()
{
    ......
    while(1)
    {
        for(i=0;i<8;i++)
        {
            PB_OUT_LOW(i);
            delay(100);
```

```
                PB_OUT_HIGH(i);
                delay(100);
            }
        }
}
```

3．工程编译、运行与调试

（1）修改好主文件 main.c 后，我们就可以直接对工程进行编译了，生成"M0_ LED.hex"目标代码文件。若编译发生错误，要进行分析检查，直到编译正确。

（2）连接 J-Link 下载器和开发板，在 Keil μVision5 界面上单击快速访问工具栏中的 按钮完成程序下载。

（3）启动开发板，观察 LED 是否被循环点亮，若运行结果与任务要求不一致，要对电路和程序进行分析检查，直到运行正确。

2.3　任务5　跑马灯控制设计

任务 5　跑马灯控制设计

2.3.1　任务描述

在【技能训练 2-2】的基础上，编写 C 语言程序控制 LK32T102 单片机的 PB0～PB7 引脚，实现跑马灯的控制设计。跑马灯效果如下：

（1）一个一个点亮，直至全部点亮；

（2）一个一个熄灭，直至全部熄灭；

（3）循环上述过程。

2.3.2　跑马灯控制实现分析

跑马灯控制电路同任务 1 中的 LED 控制电路（见图 1-22），在这里我们通过编写程序，控制 LK32T102 单片机的 PB0～PB7 引脚电平的高低变化，也就是控制 8 个 LED 的点亮和熄灭，实现跑马灯效果。

1．LED 一个一个点亮，直至全部点亮

LED 一个一个点亮，直至全部点亮的效果实现过程如下：

LED1 点亮：PB 口输出初始控制码 0x0FFFE（11111111_11111110B）；

LED1 和 LED2 点亮：PB 口输出控制码 0x0FFFC（11111111_11111100B）；

LED 1、LED 2 和 LED 3 点亮：PB 口输出控制码 0x0FFF8（11111111_11111000B）；

……

8 个 LED 全部点亮：PB 口输出控制码 0x0FF00（11111111_00000000B）。

从以上过程可以看出，只要将控制码从 PB 口输出，就可以点亮相应的 LED。控制码左移一位，即可获得下一个控制码。

2．LED 一个一个熄灭，直至全部熄灭

LED 一个一个熄灭，直至全部熄灭的效果实现过程如下：

LED 8 熄灭：PB 口输出初始控制码 0x0FF80（11111111_10000000B）；

LED 8 和 LED 7 熄灭：PB 口输出控制码 0xFFC0（11111111_11000000B）；

LED 8、LED 7 和 LED 6 熄灭：PB 口输出控制码 0x0FFE0（11111111_11100000B）；

……

8 个 LED 全部熄灭：PB 口输出控制码 0x0FFFF（11111111_11111111B）。

从以上过程可以看出，只要将控制码从 PB 口输出，就可以熄灭相应的 LED。控制码右移一位并加上 0x8000，即可获得下一个控制码。

在这里，我们只需关注 PB0～PB7 这 8 个引脚就行了。

3．跑马灯实现过程

根据以上分析，跑马灯实现过程如下：

（1）设置 LED 一个一个点亮直至全部点亮的初始控制码：0x0FFFE；

（2）PB 口输出控制码，点亮相应的 LED；

（3）延时一段时间；

（4）控制码左移一位，获得下一个控制码；

（5）重复步骤（2）～步骤（4），直至完成一次 8 个 LED 全部点亮；

（6）设置 LED 一个一个熄灭直至全部熄灭的初始控制码：0x0FF80；

（7）PB 口输出控制码，熄灭相应的 LED；

（8）延时一段时间；

（9）控制码右移一位并加上 0x8000，获得下一个控制码；

（10）重复步骤（7）～步骤（9），直至完成一次 8 个 LED 全部熄灭；

（11）从步骤（1）重新开始。

2.3.3　跑马灯控制设计与实现

1．移植工程模板

复制"【技能训练 2-2】define 宏定义的应用"文件夹，然后修改文件夹名为"任务 5　跑马灯控制设计"，USER 文件夹下的"M0_LED.uvprojx"工程名不用修改。

2．跑马灯控制程序设计

在"任务 5　跑马灯控制设计"文件夹中，根据任务描述，要求实现跑马灯控制，对主文件 main.c 进行修改，跑马灯控制的代码如下：

```
#include <SC32F5832.h>
#include <GPIO.h>
#define  PB_OUTEN  PB->OUTEN
#define  PB_OUT_ENABLE(x)  PB->OUTEN|=(1<<x)
#define  PB_OUT_HIGH(x)  PB -> OUTSET = (1<<x)
#define  PB_OUT_LOW(x)  PB -> OUTCLR = (1<<x)
#define  PB_OUT  PB -> OUT
uint16_t temp,i;
void delay(unsigned int count)
{
    unsigned int i;
    for(;count!=0;count--)
    {
        i=5000;
        while(i--);
    }
```

```
    }
int main()
{
    GPIO_AF_SEL(DIGITAL, PB, 0, 0);
    GPIO_AF_SEL(DIGITAL, PB, 1, 0);
    GPIO_AF_SEL(DIGITAL, PB, 2, 0);
    GPIO_AF_SEL(DIGITAL, PB, 3, 0);
    GPIO_AF_SEL(DIGITAL, PB, 4, 0);
    GPIO_AF_SEL(DIGITAL, PB, 5, 0);
    GPIO_AF_SEL(DIGITAL, PB, 6, 0);
    GPIO_AF_SEL(DIGITAL, PB, 7, 0);
    PB_OUTEN|=0x00ff;
    PB_OUT = 0x00ff;
    while(1)
    {
        temp = 0x0FFFE;                //设置初始控制码
        for(i=0;i<8;i++)
        {
            PB_OUT = temp;             //向 PB 口输出点亮 LED 的控制码
            delay(100);                //延时一段时间
            temp = temp << 1;          //上一个控制码左移一位,获得下一个控制码
        }
        temp = 0x0FF80;                //设置初始控制码
        for(i=0;i<8;i++)
        {
            PB_OUT = temp;             //向 PB 口输出熄灭 LED 的控制码
            delay(100);                //延时一段时间
            temp = (temp >> 1) + 0x8000; //上一个控制码右移一位并加上 0x8000,获得下一个控制码
        }
    }
}
```

代码说明：

在 "temp = (temp>>1)+ 0x8000;" 语句中，为什么要加 0x8000 呢？

因为 temp 右移一位时，最高位移到次高位，最高位就会补 0。而 temp 右移一位后，加上 0x8000 可使 temp 的最高位置 1。

3. 工程编译、运行与调试

（1）修改好主文件 main.c 后，我们就可以直接对工程进行编译了，生成 "M0_LED.hex" 目标代码文件。若编译发生错误，要进行分析检查，直到编译正确。

（2）连接 J-Link 下载器和开发板，在 Keil μVision5 界面上单击快速访问工具栏中的 🔻 按钮完成程序下载。

（3）启动开发板，观察是否有跑马灯效果，若运行结果与任务要求不一致，要对电路和程序进行分析检查，直到运行正确。

2.3.4 Keil μVision5 代码编辑技巧

本节主要介绍在 Keil μVision5 中使用 Tab 键、快速定位函数/变量被定义的地方、快速打开头文件及查找替换等时编辑代码常用的方法，这些代码编辑技巧，能给我们的代码编辑带来很大的方便。

1. 使用 Tab 键

在很多编译器里，每按一下 Tab 键就会移动几个空格。

Keil μVision5 的 Tab 键支持块操作，和 C++的 Tab 键差不多，可以让一片代码整体右移固定的几位，也可以通过"Shift+Tab"键整体左移固定的几位。

如图 2-1 所示，while 语句的循环体、for 语句的语句体都没有采用缩进格式，这样的代码格式很不规范，而且也不容易阅读。

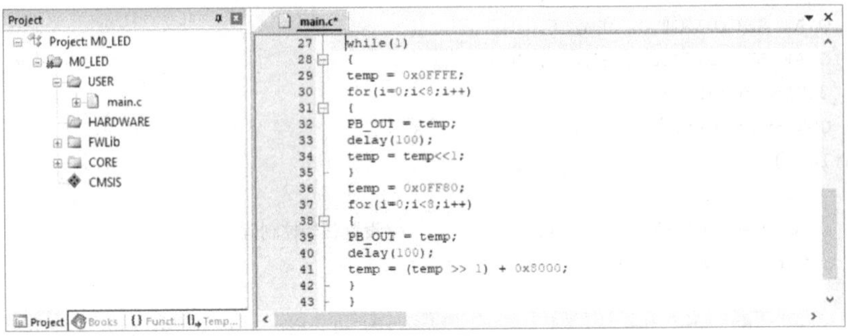

图 2-1　不规范的代码格式

对于这样的代码，我们可以利用 Tab 键的整体右移功能，快速修改为比较规范的代码格式。先选中一块代码，然后按 Tab 键，就可以看到选中的整块代码都右移了一定距离，如图 2-2 所示。

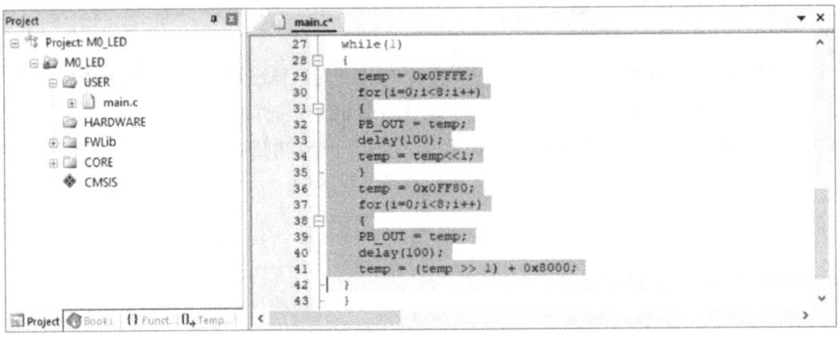

图 2-2　Tab 键的整体右移功能

接下来，选中其他不规范的代码块，按 Tab 键，重复此操作就可以很快使代码规范化，如图 2-3 所示。

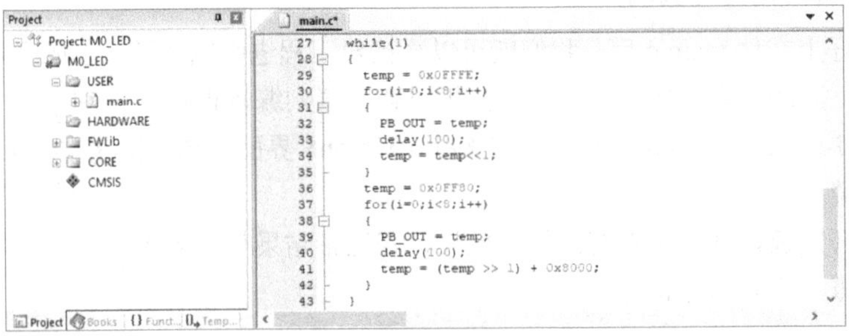

图 2-3　规范的代码格式

2. 快速定位函数/变量被定义的地方

在调试代码或编写代码时，有时需要查看某个函数是在什么地方被定义的、里面的内容是什么样的，有时还需要查看某个变量或数组是在什么地方被定义的。特别是在调试代码或看别人代码的时候，若编译器没有快速定位功能，就只能慢慢地找，代码量较少时还好，如果代码量大，那就要花很长时间来寻找。

Keil μVision5 提供了快速定位功能，只要把光标放到需要查看的函数或变量的名字上，然后右击，就会弹出一个快捷菜单栏，如图 2-4 所示。

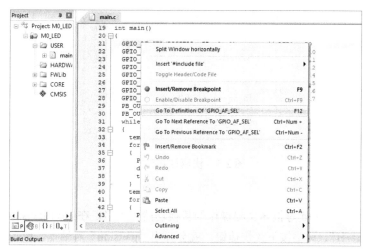

图 2-4　快速定位功能

在弹出的快捷菜单栏中找到"Go To Definition Of 'GPIO_AF_SEL'"这个菜单项，单击，就可以快速跳到 GPIO_AF_SEL 函数被定义的地方，如图 2-5 所示。

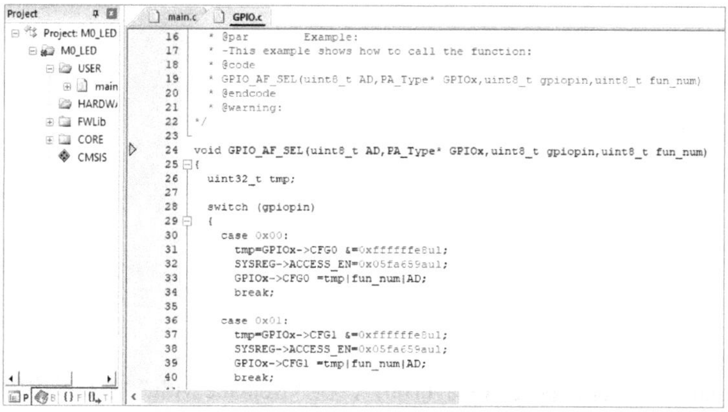

图 2-5　GPIO_AF_SEL 函数被定义的地方

对于变量，也可以按照这样的操作来快速定位这个变量被定义的地方，这大大缩短了查找代码的时间。另外，在弹出的快捷菜单栏里面，"Go To Next Reference To 'GPIO_AF_SEL'"选项和"Go To Previous Reference To 'GPIO_AF_SEL'"选项分别表示追踪到下一个和前一个使用该函数的位置。

利用快速定位的方法，定位到了函数/变量被定义/声明的地方，看完代码后，若想返回之前的代码继续看，此时只需单击快速访问工具栏中的 ← 按钮，就能快速返回之前的位置。

3. 快速打开头文件

将光标放到要打开的头文件上，右击，在弹出的快捷菜单栏中单击"Open document<GPIO.h>"（以 GPIO.h 为例），就可以快速打开这个文件了，如图 2-6 所示。

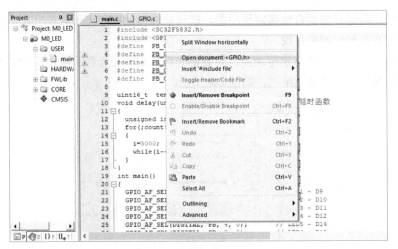

图 2-6   快速打开头文件

4. 查找替换

查找替换功能和 Word 等很多文档操作的替换功能差不多，在 Keil μVision5 里面查找替换的快捷键是"Ctrl+H"，只要按下该快捷键，就会弹出"μVision"对话框，单击"Replace"选项卡，如图 2-7 所示。

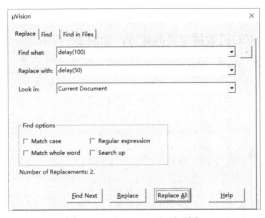

图 2-7   "Replace"选项卡

在"Find what"文本框中输入"delay(100)"，在"Replace with"文本框中输入"delay(50)"。此操作表示查找 delay(100)，并被 delay(50)替换。替换的功能是经常用的，它的用法与其他编辑工具或编译器中的用法基本是一样的。

 注意   查找替换功能不能跨文件进行查找替换。

5. 跨文件查找

Keil μVision5 还具有跨文件查找功能，首先双击要找的函数或变量名（以系统时钟初始化函数 LED_init 为例），然后单击快速访问工具栏中的 按钮，弹出"μVision"对话框，单击"Find in Files"选项卡，如图 2-8 所示。

在"Find what"下拉列表中选择"LED_init"，单击"Find All"按钮，Keil μVision5 就会找出所有含有"LED_init"字段的文件，并列出其所在的位置，如图 2-9 所示。

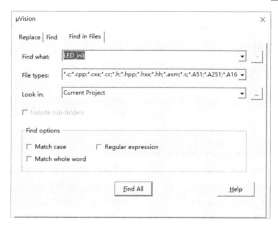

图 2-8 "Find in Files" 选项卡

图 2-9 跨文件查找"LED_init"

跨文件查找的方法可以很方便地查找各种函数和变量，还可以限定搜索范围，如只查找
".c"文件和".h"文件等。

2.4 任务6 基于设备文件的声光跑马灯设计

任务6 基于设备文件
的声光跑马灯设计

2.4.1 任务描述

在"任务5 跑马灯控制设计"的基础上完成基于设备文件的声光跑马灯设计。任务要求如下：

（1）将 LED、蜂鸣器及延时文件分类，分别写一个文件和一个头文件；

（2）实现任务5的跑马灯效果；

（3）声音按照跑马灯的节奏进行发声。

2.4.2 编写设备文件

在前面的任务中，主文件 main.c 内容太多，没有条理。这是因为 LED、蜂鸣器等外部设备
的初始化及其他相关代码都写在主文件中了。为了使主文件变得简洁明了，还具有规范性和可
读性，可以把这些外部设备分类，分别写一个文件和一个头文件，并保存在其对应的文件夹里。

这样就可以对前面任务的代码进行优化了。

1. 编写 LED 设备文件

（1）编写 LED.h 头文件，代码如下：

```
#ifndef __LED_H
#define __LED_H
#include <SC32F5832.h>
#include <GPIO.h>
/*********************点亮LED********************/
#define ON_LED(x)    PB_OUT_LOW(x)        //点亮指定的LED，x取值范围：0~7
#define LED1_ON      PB_OUT_LOW(0)        //PB0-D9。输出低电平，LED1点亮
#define LED2_ON      PB_OUT_LOW(1)        //PB1-D10。输出低电平，LED2点亮
#define LED3_ON      PB_OUT_LOW(2)        //PB2-D11。输出低电平，LED3点亮
#define LED4_ON      PB_OUT_LOW(3)        //PB3-D12。输出低电平，LED4点亮
#define LED5_ON      PB_OUT_LOW(4)        //PB4-D14。输出低电平，LED5点亮
#define LED6_ON      PB_OUT_LOW(5)        //PB5-D15。输出低电平，LED6点亮
#define LED7_ON      PB_OUT_LOW(6)        //PB6-D16。输出低电平，LED7点亮
#define LED8_ON      PB_OUT_LOW(7)        //PB7-D17。输出低电平，LED8点亮
/*********************熄灭LED********************/
#define OFF_LED(x)   PB_OUT_HIGH(x)       //熄灭指定的LED，x取值范围：0~7
#define LED1_OFF     PB_OUT_HIGH(0)       //PB0-D9。输出高电平，LED1熄灭
#define LED2_OFF     PB_OUT_HIGH(1)       //PB1-D10。输出高电平，LED2熄灭
#define LED3_OFF     PB_OUT_HIGH(2)       //PB2-D11。输出高电平，LED3熄灭
#define LED4_OFF     PB_OUT_HIGH(3)       //PB3-D12。输出高电平，LED4熄灭
#define LED5_OFF     PB_OUT_HIGH(4)       //PB4-D14。输出高电平，LED5熄灭
#define LED6_OFF     PB_OUT_HIGH(5)       //PB5-D15。输出高电平，LED6熄灭
#define LED7_OFF     PB_OUT_HIGH(6)       //PB6-D16。输出高电平，LED7熄灭
#define LED8_OFF     PB_OUT_HIGH(7)       //PB7-D17。输出高电平，LED8熄灭
void LED_init(void);                      //LED初始化
#endif
```

（2）编写 LED.c 文件，代码如下：

```
#include <SC32F5832.h>
#include <LED.h>
/*********************LED初始化********************/
void LED_init(void)
{
    //对PB口的PB0 ~PB7引脚进行初始化
    GPIO_AF_SEL(DIGITAL, PB, 0, 0);       // LED1 - D9
    GPIO_AF_SEL(DIGITAL, PB, 1, 0);       // LED2 - D10
    GPIO_AF_SEL(DIGITAL, PB, 2, 0);       // LED3 - D11
    GPIO_AF_SEL(DIGITAL, PB, 3, 0);       // LED4 - D12
    GPIO_AF_SEL(DIGITAL, PB, 4, 0);       // LED5 - D14
    GPIO_AF_SEL(DIGITAL, PB, 5, 0);       // LED6 - D15
    GPIO_AF_SEL(DIGITAL, PB, 6, 0);       // LED7 - D16
    GPIO_AF_SEL(DIGITAL, PB, 7, 0);       // LED8 - D17
    //PB口输出使能
    PB_OUT_ENABLE(0);
    PB_OUT_ENABLE(1);
    PB_OUT_ENABLE(2);
    PB_OUT_ENABLE(3);
    PB_OUT_ENABLE(4);
```

```
        PB_OUT_ENABLE(5);
        PB_OUT_ENABLE(6);
        PB_OUT_ENABLE(7);
        //熄灭所有 LED
        LED1_OFF;  LED2_OFF;  LED3_OFF;  LED4_OFF;
        LED5_OFF;  LED6_OFF;  LED7_OFF;  LED8_OFF;
    }
```

编写完成 LED.h 头文件和 LED.c 文件后，将其保存在 HARDWARE\LED 文件夹里面，作为 LED 设备文件，以供其他文件调用。

2. 编写蜂鸣器设备文件

（1）编写 BEEP.h 头文件，代码如下：

```
#ifndef __BEEP_H
#define __BEEP_H
#include <SC32F5832.h>
#include <GPIO.h>
#define BUZ_OFF    PA -> OUTSET |= (1 << 12)      //PA12 引脚输出高电平，关闭蜂鸣器
#define BUZ_ON     PA -> OUTCLR |= (1 << 12)      //PA12 引脚输出低电平，打开蜂鸣器
void BUZ_init(void);                              //蜂鸣器初始化
#endif
```

（2）编写 BEEP.c 文件，代码如下：

```
#include <SC32F5832.h>
#include "delay.h"
#include <LED.h>
#include <BEEP.h>
void BUZ_init(void)
{
    GPIO_AF_SEL(DIGITAL, PA, 12, 0);    //设置蜂鸣器所接的 PA12 引脚为 GPIO
    PA_OUT_ENABLE(12);                  //使能蜂鸣器接口（PA12 引脚）为输出
    BUZ_OFF;                            //关闭蜂鸣器
}
```

编写完成 BEEP.h 头文件和 BEEP.c 文件后，将其保存在 HARDWARE\BEEP 文件夹里面，作为蜂鸣器设备文件，以供其他文件调用。

3. 编写延时文件

（1）编写 delay.h 头文件，代码如下：

```
#ifndef __DELAY_H
#define __DELAY_H
void delay( unsigned int count );
#endif
```

（2）编写 delay.c 文件，代码如下：

```
#include "delay.h"
void delay(unsigned int count)                  //延时函数
{
    unsigned int i;
    for(;count!=0;count--)
    {
        i=5000;
        while(i--);
    }
}
```

编写完成 delay.h 头文件和 delay.c 文件后，将其保存在 HARDWARE\delay 文件夹里面，作为延时文件，以供其他文件调用。

2.4.3　基于设备文件的声光跑马灯设计与实现

1．移植任务 5 工程

复制"任务 5　跑马灯控制设计"文件夹，然后修改文件夹名为"任务 6　基于设备文件的声光跑马灯设计"，USER 文件夹下的"M0_ LED.uvprojx"工程名不用修改。

2．编写主文件

在"任务 6　基于设备文件的声光跑马灯设计"文件夹中，根据任务描述，要求实现基于设备文件的声光跑马灯设计，对主文件 main.c 进行修改，代码如下：

```
#include <SC32F5832.h>
#include <LED.h>
#include <FMQ.h>
#include "delay.h"
uint16_t temp,i;
int main()
{
    LED_init();                       //LED 初始化
    BUZ_init();
    while(1)
    {
        temp = 0x0FFFE;               //依次全部点亮的初始控制码
        for(i=0;i<8;i++)
        {
            PB -> OUT = temp;         //将控制码输出到 PB 口，依次点亮 LED
            BUZ_ON;
            delay(50);                //延时一段时间
            temp = temp<<1;           //本次控制码左移一位，获得下一个控制码
            BUZ_OFF;
            delay(50);
        }
        temp = 0x0FF80;               //8 个 LED 依次熄灭的初始控制码
        for(i=0;i<8;i++)
        {
            PB -> OUT = temp;         //将控制码输出到 PB 口，控制 LED 熄灭
            BUZ_ON;
            delay(50);                //延时一段时间
            temp=(temp>>1)+0x8000;    //本次控制码右移一位并加上 0x8000，获得下一个控制码
            BUZ_OFF;
            delay(50);
        }
    }
}
```

3．将设备驱动文件添加到 HARDWARE 组

（1）将 HARDWARE\LED 文件夹里面的 LED.c 文件添加到 HARDWARE 组中，如图 2-10 所示。

（2）将 HARDWARE\BEEP 文件夹里面的 BEEP.c 文件添加到 HARDWARE 组中，如图 2-11 所示。

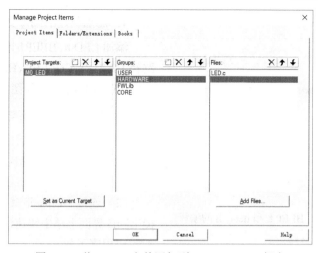

图 2-10　将 LED.c 文件添加到 HARDWARE 组中

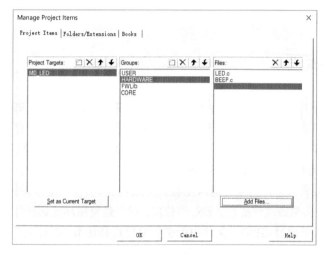

图 2-11　将 BEEP.c 文件添加到 HARDWARE 组中

（3）将 HARDWARE\delay 文件夹里面的 delay.c 文件添加到 HARDWARE 组中，如图 2-12 所示。

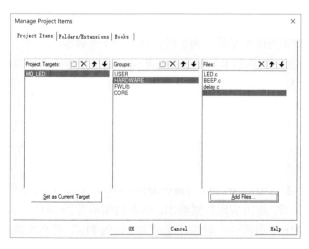

图 2-12　将 delay.c 文件添加到 HARDWARE 组中

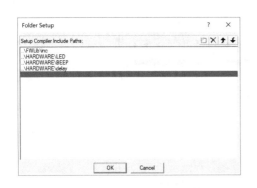

图 2-13　添加 LED.h、BEEP.h 和 delay.h 的编译
文件路径

4．添加新建的编译文件路径

添加 LED.h、BEEP.h 和 delay.h 的编译文件
路径 HARDWARE\LED、HARDWARE\BEEP 和
HARDWARE\delay，如图 2-13 所示。

5．工程编译、运行与调试

（1）完成工程配置后，对工程进行编译，生
成"M0_LED.hex"目标代码文件。若编译发生
错误，要进行分析检查，直到编译正确。

（2）连接 J-Link 下载器和开发板，在 Keil
μVision5 界面上单击快速访问工具栏中的 按
钮完成程序下载。

（3）启动开发板，观察是否实现声光跑马灯效果，若运行结果与任务要求不一致，要对电
路和程序进行分析检查，直到运行正确。

关键知识点梳理

1．LK32T102 单片机的 I/O 口寄存器主要涉及引脚配置寄存器、引脚设置寄存器、引脚输
出使能寄存器、引脚清除寄存器、引脚值翻转（引脚电平状态翻转）寄存器、输出数据寄存器
及输入数据寄存器等。每个 I/O 口都可以自由编程，I/O 口寄存器必须要按 32 位字被访问。

2．引脚配置寄存器（CFG*x*）主要是配置 I/O 口引脚的上拉或下拉、驱动能力、推挽和开
漏、输入反向、模拟和数字、斜率、输入滤波、复用功能、I/O 口配置保护等模式。

其中"位 4"是模拟通道使能位 AEN，"位[2：0]"是复用功能选择位 FUNC。模拟通道使
能和复用功能选择，是通过 GPIO.c 文件中的引脚复用选择函数 GPIO_AF_SEL() 来选择的。

3．引脚输出使能寄存器（OUTEN）设置 I/O 引脚的输入输出方向，OUTEN 的低 16 位与
I/O 口的 16 个引脚一一对应。通过改写 OUTEN 某位上的值，即可设置与其对应引脚的输入输
出方向，为 0 时，将 GPIO 引脚配置为输入；为 1 时，将 GPIO 引脚配置为输出。

4．引脚设置寄存器（OUTSET）使 I/O 口某引脚输出高电平，OUTSET 的低 16 位与 I/O 口
的 16 个引脚一一对应。通过改写 OUTSET 某位上的值，即可使得与其对应的引脚输出高电平，
为 0 时，对 GPIO 引脚输出电平无效；为 1 时，在 GPIO 引脚输出高电平。

5．引脚清除寄存器（OUTCLR）使 I/O 口某引脚输出低电平，OUTCLR 的低 16 位与 I/O
口的 16 个引脚一一对应。通过改写 OUTCLR 某位上的值，即可使得与其对应的引脚输出低电
平，为 0 时，对 GPIO 引脚输出电平无效；为 1 时，在 GPIO 引脚输出低电平。

6．引脚值翻转寄存器（OUTTGL）使 I/O 口某引脚值翻转，OUTTGL 的低 16 位与 I/O 口
的 16 个引脚一一对应。通过改写 OUTTGL 某位上的值，即可使得与其对应的引脚值翻转，为
0 时，对 GPIO 引脚输出电平无效；为 1 时，将 GPIO 引脚值翻转。

7．输出数据寄存器（OUT）向 I/O 口输出数据，OUT 的低 16 位与 I/O 口的 16 个引脚一一
对应，通过 I/O 口的 OUT，即可实现数据输出；输入数据寄存器（PIN）从 I/O 口输入数据，PIN
的低 16 位与 I/O 口的 16 个引脚一一对应，通过 I/O 口的 PIN，即可实现数据输入。

8．C 语言源程序中允许用一个标识符来表示一个字符串，称为宏定义，简称宏。被定义为

宏的标识符称为宏名。在编译预处理时，对程序中所有出现的宏名，都用宏定义中的字符串去代换，这称为宏替换或宏展开。宏定义是由源程序中的宏定义命令完成的，宏替换是由预处理程序自动完成的。define 宏定义分为带参宏定义和无参宏定义 2 种：

（1）无参宏的宏名后不带参数。其定义的一般形式为：

```
#define  标识符  字符串
```

define 是定义"标识符"为"字符串"的宏名，字符串可以是常数、表达式及格式串等。

（2）在宏定义中的参数称为形式参数，在宏调用中的参数称为实际参数。对带参数的宏，在调用中，不仅要进行宏展开，而且要用实参去代换形参。带参宏定义的一般形式为：

```
#define  宏名(形参表)  字符串
```

9．大量使用 define 宏定义是使主文件变简洁的简单有效的办法。把 LED、蜂鸣器等外部设备分类，分别写一个文件和一个头文件，并保存在其对应的文件夹里，以供其他文件调用，不仅能使主文件变得简洁明了，而且可以提高源代码的规范性、可读性，为编程提供方便。

10．在开发板上，8 个 LED 分别接基于 Cortex-M0 的 LK32T102 单片机的 PB0～PB7 引脚，采用共阳极接法，可以通过引脚输出 0 和 1 来控制 LED 的点亮和熄灭。控制 8 个 LED 点亮的关键就是获得初始控制码，以及下一个控制码如何从上一个控制码处获得。控制码获得方法如下：

（1）8 个 LED 循环点亮的初始控制码是 0x0001；控制码左移一位，即可获得下一个控制码。

（2）8 个 LED 一个一个点亮直至全部点亮的初始控制码是 0x0FFFE；控制码左移一位，即可获得下一个控制码。

（3）8 个 LED 一个一个熄灭直至全部熄灭的初始控制码是 0x0FF80；控制码右移一位并加上 0x8000，即可获得下一个控制码。

问题与训练

2-1　LK32T102 单片机的 I/O 口寄存器主要涉及哪些寄存器？

2-2　LK32T102 单片机的 I/O 口引脚可以配置为哪些模式？

2-3　若要把 PB5 引脚设置为输出，需要使用哪个寄存器？怎么设置？

2-4　若要在 PB 口的 PB0～PB3 引脚输出高电平、PB4～PB7 引脚输出低电平，需要使用什么寄存器？怎么实现？至少使用两种方式来实现。

2-5　请在"任务 4　LED 循环点亮控制"的基础上，分别使用两种方式实现与任务 4 方向相反的 LED 循环点亮控制。

2-6　请在"任务 6　基于设备文件的声光跑马灯设计"的基础上，增加如下 2 个跑马灯效果：

（1）8 个 LED 两个两个点亮直至全部点亮，即先点亮 LED1 和 LED2，然后点亮 LED3 和 LED4，再……

（2）LED1、LED3、LED5、LED7 和 LED2、LED4、LED6、LED8 交替点亮 3 次。即先点亮 LED1、LED3、LED5、LED7，并保持一段时间后熄灭；然后点亮 LED2、LED4、LED6、LED8，也保持一段时间后熄灭；交替点亮 3 次。

项目 3

嵌入式电子产品显示控制

项目导读

数码管是一种以发光二极管为基本单元的半导体发光器件。在我们日常生活中，电子秤、电子数码钟等用来显示质量、温度、日期、时间等的电子产品都是利用数码管实现的，智能小车上搭载数码管，时刻显示电源电量，让使用者随时了解电源使用情况。本项目从数码管显示入手，首先让读者对 LK32T102 单片机显示控制有初步了解，然后介绍数码管的内部结构和字形编码，以及数码管的静态显示和动态扫描显示。通过数码管静态显示、数码管动态扫描显示和 OLED 显示设计，让读者进一步了解数码管显示、OLED 显示的应用。

知识目标	1. 了解数码管和 OLED 的显示原理 2. 掌握数码管和 OLED 的显示方法 3. 掌握 C 语言数组及其在数码管显示和 OLED 显示中的应用 4. 掌握数码管静态显示和 OLED 显示的电路和程序设计
技能目标	能应用 C 语言程序完成数码管静态显示、数码管动态扫描显示和 OLED 显示控制，实现对数码管显示和液晶显示控制的设计、运行及调试
素质目标	1. 强化数字化意识，提升定量分析问题的能力 2. 提升分析程序、设计程序、编写程序的能力 3. 提升精益求精设计电路的能力
教学重点	1. 数码管的共阴极和共阳极结构及字形编码 2. OLED 显示的基本指令 3. 数码管显示和 OLED 显示电路及程序设计的方法
教学难点	数码管静态显示和动态扫描显示的工作过程，OLED 的显示方法
建议学时	6 学时
推荐教学方法	从任务入手，通过数码管静态显示控制设计，让读者了解数码管的结构和显示原理，进而通过数码管动态扫描显示和 OLED 显示控制设计，熟悉数码管、OLED 等设备的文件的编写
推荐学习方法	勤学勤练、动手操作是学好嵌入式电子产品显示控制的关键，动手完成数码管显示、OLED 显示控制，通过"边做边学"达到更好的学习效果

3.1 任务 7 数码管循环显示 0~9

3.1.1 任务描述

任务 7 数码管循环显示 0~9

将基于 Cortex-M0 的 LK32T102 单片机的 PB8~PB15 引脚依次连接到一个共阴极数码管的 a~g 七个位段控制引脚上，数码管的公共端由驱动模块控制，编写 C 语言程序使数码管循环显示 0~9 十个数字。

3.1.2 认识数码管

在嵌入式电子产品中，显示器是人机交流的重要组成部分。嵌入式电子产品常用的显示器有数码管（也称 LED 数码管）和液晶显示器两种，这两种显示器价格低廉、体积小、功耗低、可靠性好，因此被广泛使用。本节只讲述数码管的有关内容。

1. 数码管的结构和工作原理

数码管内部由 8 个 LED（又称位段）组成，其中有 7 个条形 LED 和 1 个小圆点 LED，当 LED 导通时，相应的线段或点发光，这些 LED 排成一定图形，常用来显示数字 0~9、字符 A~F（其中 b、d 显示为小写字母，以与 8、0 区别），以及 H、L、P、U、y、r、符号 "—" 及小数点 "." 等。单个数码管的引脚结构如图 3-1（a）所示。

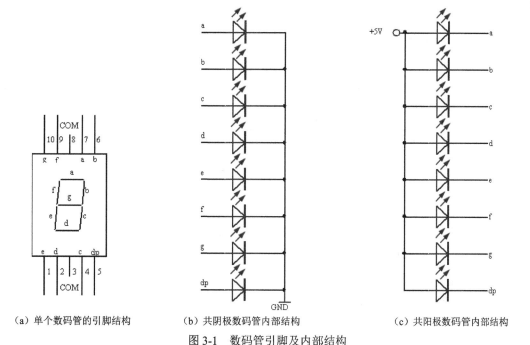

（a）单个数码管的引脚结构　　（b）共阴极数码管内部结构　　（c）共阳极数码管内部结构

图 3-1　数码管引脚及内部结构

数码管的内部结构有共阴极和共阳极两种。

（1）共阴极数码管内部结构如图 3-1（b）所示，把所有 LED 的阴极作为公共端（COM 端）连起来，接低电平（通常接地），通过控制每一个 LED 的阳极电平来使其发光或熄灭，阳极为高电平则 LED 发光，为低电平则 LED 熄灭。如当显示数字 0 时，a、b、c、d、e、f 端接高电平，其他各端接地。

（2）共阳极数码管内部结构如图 3-1（c）所示，把所有 LED 的阳极作为公共端（COM 端）

连起来，接高电平（如+5V），通过控制每一个 LED 的阴极电平来使其发光或熄灭，当阴极为低电平时 LED 发光，为高电平时 LED 熄灭。

2. 数码管的字形编码

要使数码管上显示某个字符，必须在它的 8 个位段上加上相应的电平组合，即一个 8 位数据，这个数据就是该字符的字形编码（又称段码）。通常位段的编码规则如图 3-2 所示。

D7	D6	D5	D4	D3	D2	D1	D0
dp	g	f	e	d	c	b	a

图 3-2　数码管位段的编码规则

共阴极数码管和共阳极数码管的字形编码是不同的，两种数码管的字形编码表如表 3-1 所示。

表 3-1　数码管字形编码表

显示字符	共阴极数码管字形编码	共阳极数码管字形编码	显示字符	共阴极数码管字形编码	共阳极数码管字形编码
0	3FH	C0H	d	5EH	A1H
1	06H	F9H	E	79H	86H
2	5BH	A4H	F	71H	8EH
3	4FH	B0H	H	76H	89H
4	66H	99H	L	38H	C7H
5	6DH	92H	P	73H	8CH
6	7DH	82H	U	3EH	C1H
7	07H	F8H	y	6EH	91H
8	7FH	80H	r	31H	CEH
9	6FH	90H	—	40H	BFH
A	77H	88H	.	80	7FH
b	7CH	83H	8.	FFH	00H
C	39H	C6H	灭	00H	FFH

从字形编码表我们可以看到，对于同一个字符，共阴极数码管和共阳极数码管的字形编码互为反码。例如，字符"0"的共阴极字形编码是 3FH，二进制形式是 0011_1111B；其共阳极字形编码是 C0H，二进制形式是 1100_0000B，恰好是 0011_1111B 的反码。

3. 数码管的显示方式

数码管有静态显示和动态扫描显示两种显示方式。

（1）静态显示。静态显示是指数码管显示某一字符时，相应的 LED 恒定导通或恒定截止。这种显示方式中的各个数码管相互独立，公共端恒定接地（共阴极）或+5V（共阳极）。每个数码管的 8 个位段分别与一个 8 位 I/O 口相连。I/O 口只要有段码输出，数码管就显示给定字符，并保持不变，直到 I/O 口输出新的段码。

（2）动态扫描显示。动态扫描显示是一种轮流点亮各个数码管的显示方式，即在某一时段，只选中一个数码管的位选端，并送出相应的段码，在下一时段按顺序选中另外一个数码管，并送出相应的段码。依此规律循环下去，即可使各个数码管间断地分别显示出相应的字符。

3.1.3　数码管循环显示 0~9 的设计与实现

1．数码管显示电路设计

根据任务描述，数码管显示电路是由基于 Cortex-M0 的 LK32T102 单片机、数码管显示模块及驱动控制模块组成的，如图 3-3 所示。

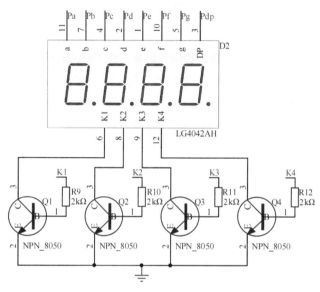

图 3-3　数码管显示电路

在图 3-3 中，数码管显示模块由 4 个共阴极数码管构成，数码管的 a~g 七个位段引脚依次连接到 LK32T102 单片机的 PB8~PB15 引脚上；驱动控制模块由 4 个 NPN 三极管的共发射极电路组成，K1~K4 用来驱动控制数码管的公共端。

当 NPN 三极管的基极为高电平 1 时，三极管导通，数码管的公共端接地（低电平 0），数码管显示；当 NPN 三极管的基极为低电平 0 时，三极管截止，数码管的公共端与地断开（高电平 1），数码管熄灭。根据任务描述，只使用一个数码管循环显示 0~9 十个数字，在这里我们选择 K1 控制的数码管，其公共端经三极管基极的控制端 K1 接+5V 电源（接高电平）。

2．数码管显示实现分析

数码管显示电路设计完成以后，我们还不能看到数码管上显示数字，还需要编写程序通过控制 LK32T102 单片机 PB8~PB15 引脚电平的高低变化来控制数码管，使其内部的不同位段点亮，以显示出需要的字符。

数码管显示电路中采用的是共阴极数码管，其公共端经控制端 K1 接+5V 电源，这样我们可以通过控制每一个 LED 的阳极电平来使其发光或熄灭，阳极为高电平 LED 发光，为低电平则 LED 熄灭。相应地，我们也可以在字形编码表中查找到共阴极数码管的 0~9 十个字符的字形编码，然后通过 PB8~PB15 引脚输出。例如，在 PB8~PB15 引脚输出 0x7F（二进制形式是 0111_1111B），则数码管显示"8"，此时，除小数点外的位段均被点亮。

由于显示的数字 0~9 的字形编码没有规律可循，只能采用查表的方式来完成我们想要显示的内容，所以我们需要按照数字 0~9 的顺序，把每个数字的字形编码排好。建立表格的代码如下：

```
uint8_t table[] = {0x3f,0x06,0x5b,0x4f,0x66,0x6d,0x7d,0x07,0x7f,0x6f};
```

这个表格是通过定义数组来完成的，表格建立好后，只要依次查表即可得到字形编码并输出，达到预想的效果。

3. 移植任务 6 工程

复制"任务 6　基于设备文件的声光跑马灯设计"文件夹，然后修改文件夹名为"任务 7　数码管循环显示 0~9"，将 USER 文件夹下的"M0_LED.uvprojx"工程名修改为"SMG.uvprojx"。

4. 数码管显示程序设计

在设计数码管显示程序时，主要编写数码管设备文件 SMG.h 和 SMG.c，以及修改主文件 main.c。

（1）编写数码管设备文件。

编写 SMG.h 头文件，代码如下：

```
#ifndef __SMG_H
#define __SMG_H
#include <SC32F5832.h>
#include <GPIO.h>
#define  PB_OUTEN  PB->OUTEN
#define  PB_OUT  PB -> OUT
void SMG_init(void);                    //蜂鸣器初始化
#endif
```

编写 SMG.c 文件，代码如下：

```
#include <SC32F5832.h>
#include "delay.h"
#include <SMG.h>
void BUZ_init(void)
{
    GPIO_AF_SEL(DIGITAL, PB, 8, 0);      //SMG_a
    GPIO_AF_SEL(DIGITAL, PB, 9, 0);      //SMG_b
    GPIO_AF_SEL(DIGITAL, PB, 10, 0);     //SMG_c
    GPIO_AF_SEL(DIGITAL, PB, 11, 0);     //SMG_d
    GPIO_AF_SEL(DIGITAL, PB, 12, 0);     //SMG_e
    GPIO_AF_SEL(DIGITAL, PB, 13, 0);     //SMG_f
    GPIO_AF_SEL(DIGITAL, PB, 14, 0);     //SMG_g
    GPIO_AF_SEL(DIGITAL, PB, 15, 0);     //SMG_dp
    PB_OUTEN |= 0x0ff00;          //设置PB8~PB15引脚为输出，PB0~PB7引脚保持不变
    PB_OUT &= 0x00ff;             //PB8~PB15引脚输出低电平，数码管熄灭；PB0~PB7引脚电平保持不变
}
```

编写完成 SMG.h 头文件和 SMG.c 文件后，将其保存在 HARDWARE\SMG 文件夹里面，作为数码管设备文件，以供其他文件调用。

（2）修改主文件 main.c。

在"任务 7　数码管循环显示 0~9"文件夹中，根据任务要求实现数码管循环显示 0~9，对主文件 main.c 进行修改，数码管循环显示 0~9 的代码如下：

```
#include <SC32F5832.h>
#include <GPIO.h>
#include <SMG.h>
#include "delay.h"
uint8_t  table[] = {0x3f,0x06,0x5b,0x4f,0x66,0x6d,0x7d,0x07,0x7f,0x6f};
int main()
```

```
    {
        uint16_t i;
        SMG_init();                            //数码管初始化，即对数码管所接的引脚进行设置
        while(1)
        {
            for(i=0;i<10;i++)
            {
                PB_OUT |= table[i]<<8;         //数码管显示数字 i
                delay(10);                     //数字显示保持一段时间
                PB_OUT &= 0x00ff;              //数码管熄灭
                delay(10);
            }
        }
    }
```

5. 工程配置与编译

（1）先把 "Project Targets" 栏中的 "M0_LED" 修改为 "SMG"，然后将 HARDWARE\SMG 文件夹里面的 SMG.c 文件添加到 HARDWARE 组中，如图 3-4 所示。

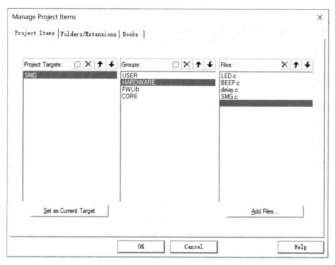

图 3-4　将 SMG.c 文件添加到 HARDWARE 组中

（2）添加新建的编译文件路径 HARDWARE\SMG，如图 3-5 所示。

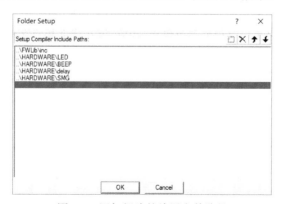

图 3-5　添加新建的编译文件路径

（3）完成工程配置后，对工程进行编译，生成"SMG.hex"目标代码文件。若编译发生错误，要进行分析检查，直到编译正确。

6. 程序下载与调试

（1）连接 J-Link 下载器和开发板，在 Keil μVision5 界面上单击快速访问工具栏中的 ⛏ 按钮完成程序下载。

（2）启动开发板，观察数码管是否循环显示 0～9，若运行结果与任务要求不一致，要对电路和程序进行分析检查，直到运行正确。

3.1.4 C 语言数组

LED 数码管无论是采用静态显示还是采用动态扫描显示，都要定义 0～9 十个数字的字符编码表，代码如下：

```
uint8_t  table[] = {0x3f,0x06,0x5b,0x4f,0x66,0x6d,0x7d,0x07,0x7f,0x6f};
```

这个程序中运用到数组。数组是 C 语言的一种构造数据类型，数组必须由具有相同数据类型的元素构成，这些数据的类型就是数组的基本类型，若数组中的所有元素都是整型，则该数组称为整型数组；若数组中的所有元素都是字符型，则该数组称为字符数组。

数组有一维数组、二维数组等，常用的是一维数组、二维数组和字符数组。

1. 一维数组

1）一维数组的定义方式

在 C 语言中数组必须先定义，后使用。一维数组的定义方式为：

```
类型说明符  数组名[常量表达式];
```

类型说明符是任意一种标准数据类型或构造数据类型，是数组中各个元素的数据类型；数组名是用户定义的数组标识符；方括号中的常量表达式表示数据元素的个数，也称为数组的长度。例如：

```
int a[9];          //定义整型数组 a，有 9 个元素，下标从 0 到 8
float b[5];        //定义实型数组 b，有 5 个元素，下标从 0 到 4
char ch[10];       //定义字符数组 ch，有 10 个元素，下标从 0 到 9
```

定义数组时，要注意以下几点：

（1）数组的类型是指构成数组的元素的类型。对于同一个数组，其所有元素的数据类型都是相同的。

（2）数组名的书写规则应符合标识符的命名规则，并且不能与其他变量同名。

（3）常量表达式可以是符号常量或常量表达式，但是不能包含变量，即不能对数组的大小做动态定义。

以下的定义是合法的：

```
#define N 6
……
int a[3+6],b[3+N];
```

但以下的定义是非法的：

```
int x;
scanf("%d",&x);
int a[x];
```

2）一维数组元素的引用

定义好数组后，数组元素引用的一般形式为：

数组名[下标]

下标表示元素在数组中的顺序号，所以又称为下标变量。一维数组元素的引用说明如下：

（1）通常下标只能为整型常量或整型表达式。例如：

```
int x[9],i=3,j=4;
```

x[0]、x[i+j]、x[i++]分别代表数组的第 0 个、第 7 个和第 3 个元素。

（2）如果下标是实数，C 语言编译器会自动将它转换为整型，即舍弃小数部分。

（3）在 C 语言中规定不能一次引用整个数组，只能逐个地引用数组元素。例如，输出有 9 个元素的数组，必须使用循环语句逐个输出各个数组变量：

```
for(i=0; i<9; i++)
printf("%d",x[i]);
```

而不能用一个语句输出整个数组。下面的写法是错误的：

```
printf("%d",x);
```

3）一维数组的初始化

在定义数组时，可以对数组进行初始化，即对其赋予初值，可以用以下方法来实现：

（1）在定义数组时，对数组的全部元素赋予初值。例如：

```
int a[5]={1,2,3,4,5};
```

（2）只对数组的部分元素初始化。例如：

```
int a[5]={1,2};
```

上面定义的 a 数组共有 5 个元素，但只对前两个元素赋予初值，因此 a[0]和 a[1]的值分别是 1 和 2，而后面 3 个元素的值全是 0。

（3）在定义数组时，对数组元素的全部元素不赋初值，则数组元素的值均被初始化为 0。

（4）在定义时，可以不指明数组元素的个数，而根据赋值部分由编译器自动确定。例如：

```
uint8_t BitTab[]={0x7F,0xBF,0xDF,0xEF,0xF7,0xFB};
```

这相当于定义了一个 BitTab[6]数组。

2. 二维数组

（1）二维数组定义的一般形式是：

类型说明符 数组名[常量表达式 1][常量表达式 2];

其中，常量表达式 1 表示第一维（行）下标的长度，常量表达式 2 表示第二维（列）下标的长度。例如：

```
int table[3][4];
```

定义 table 为一个 3 行 4 列的整型数组，该数组的数组元素共有 3×4 个。在 C 语言中，二维数组是按行存储的。即先存放第 0 行，再存放第 1 行，最后存放第 2 行。

（2）二维数组元素的引用形式为：

数组名[下标 1][下标 2]

其中，下标的规定和一维数组下标的规定相同，即下标一般为整型常量或整型表达式，若为实型变量，要先进行类型转换。例如：

```
int  table[4][5];
```

table[4][5]表示 table 数组中第 4 行第 5 列的元素。

（3）二维数组初始化与一维数组初始化类似。可以按行分开赋值，也可以按行连续赋值。

① 按行分开对二维数组赋初值。例如：

```
int table[4][3]={{1, 2, 3},{4, 5, 6},{7, 8, 9},{10, 11, 12}};
```

这种方法是用第 1 个花括号内的数给第 1 行元素赋值，用第 2 个花括号内的数给第 2 行元素赋值，依次类推，即按行分开赋值。

② 按行连续赋值。例如：

```
int table[4][3]={ 1, 2, 3, 4, 5, 6, 7, 8, 9, 10, 11, 12};
```

这两种赋初值的效果相同，但比较起来看，第一种方法比较好，其界限清楚且直观；第二种方法如果数据很多就会容易遗漏，不易检查。

3. 字符数组

用来存放字符的数组称为字符数组。字符数组的定义、初始化、元素的引用等与前述一维数组的操作方法是一样的。这里不再赘述。

C 语言允许用字符串的方式对数组进行初始化赋值。例如：

```
char ch[]={'C',' ','p','r','o','g','r','a','m'};
```

可写为：

```
char ch[]={"C program"};
```

或写为：

```
char ch[]="C program";
```

用字符串方式赋值比用字符逐个赋值要多占 1 字节，用于存放字符串结束标志'\0'.

【技能训练 3-1】数码管循环显示 9～0

在任务 7 的基础上，如何实现数码管循环显示 9～0 呢？

数码管循环显示 9～0 的电路与任务 7 的电路一样，但本程序和任务 7
的程序相比，需要修改以下代码：

【技能训练 3-1】数码
管循环显示 9～0

```
uint16_t i;
......
    for(i=0;i<10;i++)
```

将其修改为：

```
int16_t i;
......
    for(i=9;i>=0;i--)
```

修改后的 i，如果不是声明为有符号整型的数据类型，for 语句就会进入死循环。

3.2 任务 8 数码管动态扫描显示设计

任务 8 数码管动态扫
描显示设计

3.2.1 任务描述

图 3-6 数码管显示"4321"

数码管显示模块由 4 个共阴极数码管构成，使用基于 Cortex-M0 的 LK32T102 单片机，PB8～PB15 引脚输出显示段码，PA2～PA5 引脚输出片选信号，经驱动控制模块的 K1～K4 分别控制 4 个数码管的公共端。通过动态扫描程序使数码管显示"4321"，如图 3-6 所示。

3.2.2　数码管动态扫描显示实现分析

1. 数码管动态扫描显示电路分析

在多位数码管显示时，为了降低成本和功耗，会采用动态扫描显示方式，数码管动态扫描显示电路的设计方法如下：

（1）将数码管所有位的相同段选端都并接起来，由一个 I/O 口的引脚控制（在本任务中采用的是 PB 口的 PB8～PB15 引脚），如数码管的所有"a"段都并接在 PB8 引脚上。

（2）各数码管的公共端（COM 端）用作位选端，分别接另一个 I/O 口的引脚（在本任务中采用的是 PA 口的 PA2～PA5 引脚）。

数码管动态扫描显示电路的段选端是并接的（公用的），并由位选端分别控制各数码管进行显示。

与静态显示方式相比，当显示位数较多时，采用动态扫描显示方式可以节省 I/O 口资源，硬件电路也较简单；但其稳定性不如静态显示方式；而且由于 CPU 要轮番扫描，将占用更多的 CPU 时间。

2. 数码管动态扫描显示程序分析

由于段选端是公用的，要让各数码管显示不同的字符，就必须采用扫描方式，即动态扫描显示方式。

动态扫描采用分时的方法，是轮流点亮各数码管的显示方式，它在某一时间段，只让其中一位数码管的位选端（COM 端）有效，并送出相应的段码。数码管动态扫描过程如下：

（1）从段选线上送出段码，再控制位选端，字符就显示在指定数码管上。其他数码管的位选端都无效，数码管都处于熄灭状态。持续 1.5ms，然后关闭所有显示。定义 0～9 十个数字的字形编码（段码）表和定义控制数码管位选端的位码表，代码如下：

```
uint8_t table[] = {0x3f,0x06,0x5b,0x4f,0x66,0x6d,0x7d,0x07,0x7f,0x6f};
uint8_t bit[] = {0x04,0x08,0x10,0x20};
```

（2）送出新的段码，按照上述过程又显示在另一位数码管上，直到每一位数码管都显示完为止。

数码管动态扫描显示其实就是轮流点亮数码管，但由于人的视觉暂留现象，因此当每个数码管点亮的时间小到一定程度时，人就感觉不到字符的移动或闪烁，觉得每位数码管都一直在显示，达到一种稳定的视觉效果。

3.2.3　数码管动态扫描显示设计与实现

1. 数码管动态扫描显示电路连接

根据图 3-3 所示的电路，使用杜邦线先将数码管的 a～g 和 dp 八个位段引脚依次连接到 LK32T102 单片机的 PB8～PB15 引脚上，然后将 PA2～PA5 引脚依次连接到驱动控制模块的 K1～K4（Q1～Q4），如图 3-7 所示。

图 3-7　数码管显示电路连接

2. 移植任务 7 工程

复制"任务 7　数码管循环显示 0～9"文件夹，然后修改文件夹名为"任务 8　数码管动态扫描显示设计"，USER 文件夹下的工程名不用修改。

3. 数码管动态扫描显示程序设计

在设计数码管动态扫描显示程序时，主要修改数码管设备文件 SMG.h 和 SMG.c 及主文件 main.c。

（1）修改数码管设备文件。

修改 SMG.h 头文件，代码如下：

```
#ifndef __SMG_H
#define __SMG_H
......                                    //这段代码在前面已经给出，下同
#define  PA_OUTEN  PA->OUTEN
#define  PA_OUT  PA -> OUT
......
#endif
```

修改 SMG.c 文件，代码如下：

```
#include <SC32F5832.h>
#include "delay.h"
#include <SMG.h>
void BUZ_init(void)
{
    ......
    GPIO_AF_SEL(DIGITAL, PA, 2, 0);        //K1
    GPIO_AF_SEL(DIGITAL, PA, 3, 0);        //K2
    GPIO_AF_SEL(DIGITAL, PA, 4, 0);        //K3
    GPIO_AF_SEL(DIGITAL, PA, 5, 0);        //K4
    ......
    PA_OUTEN |= 0x000f<<2;        //设置 PA2~PA5 引脚为输出，PA 口其他引脚保持不变
    PA_OUT &= ~(0x000f<<2);       //PA2~PA5 引脚输出高电平，数码管熄灭；PA 口其他引脚电平保持不变
}
```

修改完成 SMG.h 头文件和 SMG.c 文件后，将其保存在 HARDWARE\SMG 文件夹里面，作为数码管设备文件，以供其他文件调用。

（2）修改主文件 main.c。

在"任务 8　数码管动态扫描显示设计"文件夹中，根据任务要求实现数码管动态扫描显示，对主文件 main.c 进行修改，数码管动态扫描显示的代码如下：

```
#include <SC32F5832.h>
......
uint8_t  table[] = {0x3f,0x06,0x5b,0x4f,0x66,0x6d,0x7d,0x07,0x7f,0x6f};
uint8_t  bit[] = {0x04,0x08,0x10,0x20};
int main()
{
    uint16_t  i;
    SMG_init();                       //数码管初始化，即对数码管所接的引脚进行设置
    while(1)
    {
        for(i=0;i<4;i++)
        {
            PB_OUT |= table[i+1]<<8;    //数码管显示数字（i+1）
            PA_OUT = bit[i];           //输出段码，指定的数码管显示数字（i+1）
            delay(1);                  //数字显示保持一段时间
            PB_OUT &= 0x00ff;          //数码管熄灭一段时间
        }
```

```
    }
  }
```

（3）工程编译。

完成程序设计后，对工程进行编译，生成"SMG.hex"目标代码文件。若编译发生错误，要进行分析检查，直到编译正确。

4．程序下载与调试

（1）连接 J-Link 下载器和开发板，在 Keil μVision5 界面上单击快速访问工具栏中的 按钮完成程序下载。

（2）启动开发板，观察数码管是否显示"4321"，若运行结果与任务要求不一致，要对电路和程序进行分析检查，直到运行正确。

【技能训练 3-2】共阳极数码管动态扫描显示设计

任务 8 是由 4 个共阴极数码管构成的数码管动态扫描显示电路，在这里如何使用 4 个共阳极数码管，实现数码管动态扫描显示"4321"呢？

【技能训练 3-2】共阳 LED 数码管动态扫描显示设计

1．共阳极数码管动态扫描显示电路设计

共阳极数码管动态扫描显示电路与任务 8 中的数码管动态扫描显示电路基本一样，只要用 4 个共阳极数码管替换 4 个共阴极数码管，即可完成电路设计。

2．共阳极数码管动态扫描显示程序设计

共阳极数码管是把所有 LED 的阳极作为公共端（COM 端）连起来，当公共端为高电平 1 时，通过控制每一个 LED 的阴极电平来使其发光或熄灭，阴极为低电平 LED 发光，为高电平则熄灭。

由此可以看出，共阴极数码管和共阳极数码管的字形编码是不同的，它们的字形编码互为反码。例如，字符"0"的共阴极字形编码是 3FH，二进制形式是 0011_1111B；其共阳极字形编码是 C0H，二进制形式是 1100_0000B，恰好是 0011_1111B 的反码。

本程序设计与任务 8 的共阴极数码管动态扫描显示设计相比，需要修改以下 3 条语句：

（1）重新定义 0～9 十个数字的字形编码表。

在任务 8 中，定义 0～9 十个数字的字形编码表的语句是：

```
uint8_t table[] = {0x3f,0x06,0x5b,0x4f,0x66,0x6d,0x7d,0x07,0x7f,0x6f};
```

由于共阴极数码管和共阳极数码管的字形编码互为反码，因此共阳极数码管定义 0～9 十个数字的字形编码表的语句是：

```
uint8_t table[] = {0xC0,0xF9,0xA4,0xB0,0x99,0x92,0x82,0xF8,0x80,0x90};
```

（2）重新定义 4 个控制数码管位选端的位码表。

在任务 8 中，定义控制数码管位选端的位码表的语句是：

```
uint8_t bit[] = {0x04,0x08,0x10,0x20};
```

本程序设计修改为：

```
uint8_t bit[] = {0xfb,0xf7,0xef,0xdf};
```

（3）修改熄灭所有数码管的语句。

在任务 8 中，熄灭所有数码管的语句是：

```
PB_OUT &= 0x00ff;                    //数码管熄灭
```

本程序设计修改为：

```
PB_OUT &= 0xff00;                    //数码管熄灭
```

3.3 OLED 显示屏

OLED 显示屏

OLED 显示作为一种新型的屏幕显示技术，使 OLED 显示屏具有自发光、视角广、亮度高、对比度高、功耗低、反应速度快、薄而轻及不使用背光等优点，广泛应用于手机、数码摄像机、DVD 播放机、个人数字助理（PDA）、笔记本电脑、汽车音响及电视等，OLED 显示屏具有很大的发展空间。

3.3.1 认识 0.96 英寸 OLED 显示屏

OLED 显示屏的发光单元是有机发光二极管，简称 OLED。单色屏的一个像素就是一个发光二极管，OLED 是"自发光"，像素本身就是光源。

1. OLED 显示屏接口

通常 OLED 显示屏接口有 3 线 SPI 接口、4 线 SPI 接口和 IIC 接口。本书中介绍的 OLED 显示屏的驱动芯片是 SSD1306，芯片是封装在显示屏背面玻璃基板上的，不能直接看到。该 OLED 显示屏的分辨率是 128px×64px、屏幕尺寸是 0.96 英寸、显示颜色是单色、采用的是 4 线 SPI 接口，如图 3-8 所示。

图 3-8　0.96 英寸 OLED 显示屏

OLED 显示屏的上 1/4 部分为黄色、屏幕的下 3/4 部分为蓝色（由于本书为黑白印刷，故显示不明显），而且是固定区域显示固定颜色，颜色和显示区域均不能修改，但其仍属于单色屏。0.96 英寸 OLED 显示屏的 SPI 接口定义如表 3-2 所示。

表 3-2　0.96 英寸 OLED 显示屏的 SPI 接口定义

引脚名称	引脚描述
GND	电源地
VCC	电源正（3~5.5V）
D0	在 SPI 通信中提供时钟信号
D1	在 SPI 通信中为数据引脚
RES	用来复位（低电平有效）OLED 显示屏
DC	用来选择数据或指令，当 DC =0 时，选择指令；当 DC =1 时，选择数据
CS	片选信号（低电平有效），0 表示片选选择；1 表示取消片选

2. OLED 显示屏的基本指令

OLED 显示屏可以设置对比度、显示开关、电荷泵、页地址及列地址等，OLED 显示屏的基本指令如表 3-3 所示。

表 3-3　OLED 显示屏的基本指令

序号	指令	各位描述								功能	说明
	HEX	D7	D6	D5	D4	D3	D2	D1	D0		
0	81	1	0	0	0	0	0	0	1	设置对比度	A 的值越大屏幕越亮，A 的范围为 0x00～0xFF
	A[7:0]	A7	A6	A5	A4	A3	A2	A1	A0		
1	AE/AF	1	0	1	0	1	1	1	X0	设置显示开关	X0=0，关闭显示 X0=1，开启显示
2	8D	1	0	0	0	1	1	0	1	设置电荷泵	A2=0，关闭电荷泵 A2=1，开启电荷泵
	A[7:0]	*	*	0	1	0	A2	0	0		
3	B0～B7	1	0	1	1	0	X2	X1	X0	设置页地址	X[2:0]=0～7 对应页 0～7
4	00～0F	0	0	0	0	X3	X2	X1	X0	设置列地址低 4 位	设置 8 位起始列地址的低 4 位
5	10～1F	0	0	0	1	X3	X2	X1	X0	设置列地址高 4 位	设置 8 位起始列地址的高 4 位

根据表 3-3 对 OLED 显示屏的基本指令说明如下：

（1）指令 0X81：设置对比度。包含 2 字节，第 1 字节为命令，随后发送的第 2 字节为要设置的对比度的值，这个值设置得越大屏幕就越亮。

（2）指令 0XAE/0XAF：0XAE 为关闭显示命令；0XAF 为开启显示命令。

（3）指令 0X8D：包含 2 字节，第 1 字节为命令，第 2 字节为设置值，第 2 字节表示电荷泵的开关状态，该位为 1 时开启电荷泵，为 0 时关闭电荷泵。在模块初始化的时候，电荷泵必须要开启，否则是看不到屏幕显示的。

（4）指令 0XB0～0XB7：用于设置页地址，其低 3 位的值对应着 GRAM 的页地址。

（5）指令 0X00～0X0F：用于设置显示时的起始列地址低 4 位。

（6）指令 0X10～0X1F：用于设置显示时的起始列地址高 4 位。

3．GDDRAM 与 OLED 显示屏的关系

OLED 显示屏的分辨率是 128px×64px，即像素点阵是 128 列、64 行。

（1）GDDRAM 的作用。

GDDRAM 用于存储显示数据，在把数据写入 RAM 时，还要向 SSD1306 发送相应的显示命令，驱动芯片会按指令要求自动进行逐帧扫描显示。存储在 RAM 中的显示数据与 OLED 显示屏的 128×64 像素点阵一一对应，1 个像素对应 1 个存储位（bit）。

（2）GDDRAM 的逻辑结构。

GDDRAM 的大小为 128×64 位，其逻辑存储结构是按页来组织的，从 PAGE0（页 0）到 PAGE7（页 7）共 8 页。

也就是说，整个显示区域（存储空间）被划分成 8 个"页"，每页 8 行、128 列，每页对应 128 字节，每字节是按竖向排列的，低位 D0 在上，高位 D7 在下。GDDRAM 的逻辑结构示意图如图 3-9 所示。

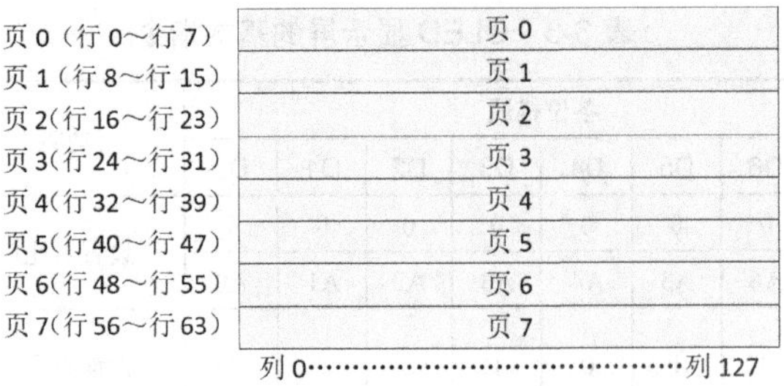

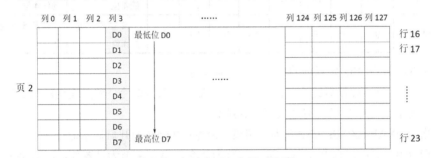

图 3-9　GDDRAM 的逻辑结构示意图

"页"的划分是为了方便显示字符图形，1 页 8 个像素的高度，2 页合起来就是 16 个像素的高度，正好可显示一个 16×16 的像素点阵汉字。这样写数据会很方便，若要显示一个 16×16 的汉字，就需要在 2 页上分别写 16 字节。

例如，输出数据字节到 GDDRAM 的页 2 列 3 位置的示意图如图 3-10 所示。

图 3-10　页 2 列 3 位置示意图

（3）OLED 显示屏的像素空间。

OLED 显示屏的像素空间与 GDDRAM 的逻辑结构一样，在整个屏幕（像素空间）的水平方向上划分为 8 页、每页在垂直方向上按像素划分为 128 列。

由于每页的每列有 8 个像素，因此可以通过一个十六进制数（也就是 1 字节，8 位）来控制，每位控制 1 个像素。这样就能通过存储寄存器的每个存储位的 0 和 1，来控制（映射）1 个像素点的点亮和熄灭。例如，如果想在左上角显示 1 个亮点，则需发送 0x01（十六进制的 1）到数据地址即可。

3.3.2　OLED 显示的关键函数

OLED 显示的关键函数主要有写字节函数 OLED_WR_Byte()、设置显示坐标函数 OLED_Set_Pos()、开显示函数 OLED_Display_On()、关显示函数 OLED_Display_Off()、清屏函数 OLED_Clear()及初始化函数 OLED_Init()。

1. 写字节函数 OLED_WR_Byte()

OLED_WR_Byte()函数的功能是向 OLED 显示屏写入 1 字节。当函数的参数 cmd 为"0"时，表示写入的是命令；为"1"时，表示写入的是数据。函数代码如下：

```
void OLED_WR_Byte(uint8_t dat,uint8_t cmd)
{
    uint8_t i;
    if(cmd)                     //如果 cmd 为"1"，PA7 引脚输出高电平；否则 PA7 引脚输出低电平
    {
        OLED_DC_Set();          //PA7 引脚输出高电平，使得 DC=1，表示写入的是数据
```

```
        }
        else
        {
            OLED_DC_Clr();              //PA7 引脚输出低电平，使得 DC=0，表示写入的是命令
        }
        OLED_CS_Clr();                  //PA4 引脚输出低电平，片选信号 CS 有效
        for(i=0;i<8;i++)                //1 字节有 8 位，循环 8 次，每次输出 1 位
        {
            OLED_SCLK_Clr();            //PA5 引脚输出低电平，时钟信号 D0 为低电平
            if(dat&0x80)                //每次输出的数据，都是字节的最高位
            {
                OLED_SDIN_Set();        //如果最高位为 "1"，PA6 引脚输出高电平，数据引脚 D1 为高电平
            }
            else
            {
                OLED_SDIN_Clr();        //否则 PA6 引脚输出低电平，数据引脚 D1 为低电平
            }
            OLED_SCLK_Set();            //PA5 引脚输出高电平，时钟信号 D0 为高电平，该位数据写入 OLED
            dat<<=1;                    //dat 左移 1 位，使得下一位要输出的数据左移到最高位
        }
        OLED_CS_Set();                  //1 字节输出完成后，PA4 引脚输出高电平，片选信号 CS 无效
        OLED_DC_Set();
    }
```

从写入 1 字节代码中可以看出，1 字节有 8 位，每次只能输出 1 位，输出的顺序是从高位到低位；每完成 1 位数据 SDIN（D1 引脚）输出，时钟信号 SCLK（D0 引脚）都要从低电平变到高电平。写入 1 字节的时序如图 3-11 所示。

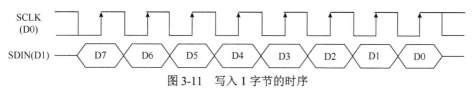

图 3-11 写入 1 字节的时序

2. 设置显示坐标函数 OLED_Set_Pos()

OLED_Set_Pos()函数的功能是设置 OLED 显示屏显示的坐标，函数代码如下：

```
void OLED_Set_Pos(unsigned char x, unsigned char y)
{
    OLED_WR_Byte(0xb0+y,OLED_CMD);                  //设置页地址，y 取值为 0~7，见表 3-3
    OLED_WR_Byte(((x&0xf0)>>4)|0x10,OLED_CMD);      //设置列地址高 4 位
    OLED_WR_Byte((x&0x0f)|0x01,OLED_CMD);           //设置列地址低 4 位
}
```

代码中的宏名 "OLED_CMD" 是在 OLED.h 头文件中定义的，代码如下：

```
#define  OLED_CMD  0                    //写命令
#define  OLED_DATA 1                    //写数据
```

3. 开显示函数 OLED_Display_On()

OLED_Display_On()函数的功能是开启 OLED 显示屏显示，函数代码如下：

```
void OLED_Display_On(void)
{
    OLED_WR_Byte(0X8D,OLED_CMD);        //设置电荷泵（DC-DC 转换器）开关命令
    OLED_WR_Byte(0X14,OLED_CMD);        //打开电荷泵
```

```
    OLED_WR_Byte(0XAF,OLED_CMD);          //开启 OLED 显示屏显示
}
```

其中，电荷泵是一种直流-直流转换器（也称 DC-DC 转换器），是利用电容器作为储能元件的，多半用来产生比输入电压大的输出电压，或者产生负的输出电压。电荷泵电路的效率很高，约为 90%～95%，而且电路也相对简单。

4．关显示函数 OLED_Display_Off()

OLED_Display_Off()函数的功能是关闭 OLED 显示屏显示，函数代码如下：

```
void OLED_Display_Off(void)
{
    OLED_WR_Byte(0X8D,OLED_CMD);          //设置电荷泵（DC-DC 转换器）开关命令
    OLED_WR_Byte(0X10,OLED_CMD);          //关闭电荷泵
    OLED_WR_Byte(0XAE,OLED_CMD);          //关闭 OLED 显示屏显示
}
```

5．清屏函数 OLED_Clear()

OLED_Clear()函数的功能是对 OLED 显示屏进行清屏，使得整个屏幕是黑色的，函数代码如下：

```
void OLED_Clear(void)
{
    uint8_t i,n;
    for(i=0;i<8;i++)                      //分页清屏，i 取值为 0~7，共有 8 页
    {
        OLED_WR_Byte (0xb0+i,OLED_CMD);   //设置页地址（0xb0~0xb7）
        OLED_WR_Byte (0x00,OLED_CMD);     //设置显示位置——列低地址
        OLED_WR_Byte (0x10,OLED_CMD);     //设置显示位置——列高地址
        for(n=0;n<128;n++)  OLED_WR_Byte(0,OLED_DATA);
    }
}
```

6．初始化函数 OLED_Init()

OLED_Init()函数的功能是对 OLED 显示屏接口使用到的 PA4～PA8 引脚进行使能和功能初始化、对 OLED 显示屏进行初始化等，函数代码如下：

```
void OLED_Init(void)
{
    /****OLED 显示屏接口所接的 PA4~PA8 引脚使能****/
    PA_OUT_ENABLE(4);
    PA_OUT_ENABLE(5);
    PA_OUT_ENABLE(6);
    PA_OUT_ENABLE(7);
    PA_OUT_ENABLE(8);
    /***************OLED 显示屏复位 ***************/
    OLED_RST_Set();
    delay_ms(100);
    OLED_RST_Clr();
    delay_ms(100);
    OLED_RST_Set();
    /***************OLED 显示屏功能初始化***************/
    OLED_WR_Byte(0xAE,OLED_CMD);          //关闭 OLED 显示屏显示
    OLED_WR_Byte(0x00,OLED_CMD);          //设置 8 位起始列地址的低 4 位
```

```
OLED_WR_Byte(0x10,OLED_CMD);          //设置 8 位起始列地址的高 4 位
OLED_WR_Byte(0x40,OLED_CMD);
//设置显示开始行地址,设置映射 RAM 显示开始行地址（0x00~0x3F）,0x40 对应 RAM 的 0x00
OLED_WR_Byte(0x81,OLED_CMD);          //设置对比度命令,下一字节就是要设置的对比度的值
OLED_WR_Byte(0xCF,OLED_CMD);          //其值有 256 级对比度,从 0x00 到 0xFF,值越大屏幕就越亮
OLED_WR_Byte(0xA1,OLED_CMD);          //显示列地址为左右反置,0xA1 是正常,0xA0 是列显示次序反向
OLED_WR_Byte(0xC8,OLED_CMD);          //显示行地址为上下反置,0xC8 是正常,0xC0 是行扫描次序反向
OLED_WR_Byte(0xA6,OLED_CMD);          //0xA6 是正常显示,"1"点亮;0xA7 是反白显示,"0"点亮
OLED_WR_Byte(0xA8,OLED_CMD);          //设置扫描多少行命令。可设置为 15~63,对应可扫描 16~64 行
OLED_WR_Byte(0x3f,OLED_CMD);          //设置共扫描 64 行,即可扫描 0~63 行
OLED_WR_Byte(0xD3,OLED_CMD);          //设置显示行（垂直）偏移命令,下一字节是显示偏移多少行
OLED_WR_Byte(0x00,OLED_CMD);          //显示偏移为 0,即从行 0 开始。取值范围是 0x00~0x3F（0~63）
OLED_WR_Byte(0xD5,OLED_CMD);          //设置显示的振荡频率及分频因子（分别有 16 级）
OLED_WR_Byte(0x80,OLED_CMD);          //设置帧频为 100Hz
OLED_WR_Byte(0xD9,OLED_CMD);          //设置重充电周期（有 16 级）
OLED_WR_Byte(0xF1,OLED_CMD);          //设置 15 个充电周期及 1 个放电周期
OLED_WR_Byte(0xDA,OLED_CMD);          //设置 COM 电极（公共电极/行电极）硬件配置
OLED_WR_Byte(0x12,OLED_CMD);          //按替换方式配置 COM 电极,数据一奇一偶交替上屏,显示正常
OLED_WR_Byte(0xDB,OLED_CMD);          //设置 Vcomh 反向截止电压（有 3 级）
OLED_WR_Byte(0x40,OLED_CMD);
//设置显示开始行地址,设置映射 RAM 显示开始行地址（0x00~0x3F）,0x40 对应 RAM 的 0x00
OLED_WR_Byte(0x20,OLED_CMD);          //设置内存地址模式,下一字节是设置模式（0x00/0x01/0x02）
OLED_WR_Byte(0x02,OLED_CMD);          //0x00 横向地址模式;0x01 纵向地址模式;0x02 页地址模式
OLED_WR_Byte(0x8D,OLED_CMD);          //设置电荷泵（DC-DC 转换器）开关
OLED_WR_Byte(0x14,OLED_CMD);          //0x10 是关闭电荷泵,0x14 是打开电荷泵
OLED_WR_Byte(0xA4,OLED_CMD);          //0xA4 是正常显示,0xA5 是点亮全部像素（可用以测试全屏像素）
OLED_WR_Byte(0xA6,OLED_CMD);          //0xA6 是正常显示,"1"点亮;0xA7 是反白显示,"0"点亮
OLED_WR_Byte(0xAF,OLED_CMD);          //开启显示屏
OLED_WR_Byte(0xAF,OLED_CMD);          //开启显示
OLED_Clear();                         //清屏
OLED_Set_Pos(0,0);                    //设置显示坐标:x=0、y=0
}
```

3.3.3　如何提取 OLED 显示字符的点阵数据

如何让字符显示在 OLED 显示屏上呢？若要显示字符,首先要有字符的点阵数据。我们可以使用 OLED 字模提取软件来提取各种字符的点阵数据（包括汉字点阵数据的提取）,通常这个过程称为取模。

本书采用"字模提取"软件提取各种字符的点阵数据（字符的字模提取）,步骤如下:

1. 设置字体类型及大小

运行字模提取软件后,单击"参数设置"按钮,如图 3-12 所示。

单击"文字输入区字体选择"按钮,弹出"字体"对话框,如图 3-13 所示。在"字体"列表框中选择"宋体",在"大小"列表框中选择"12"。

2. 设置取模方式

设置好字体后,单击"其他选项"按钮,弹出"选项"对话框,如图 3-14 所示,单击"纵向取模"单选按钮,勾选"字节倒序"复选框。

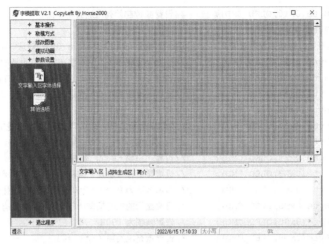

图 3-12　参数设置

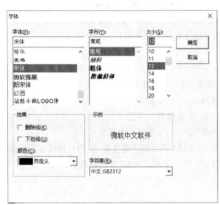

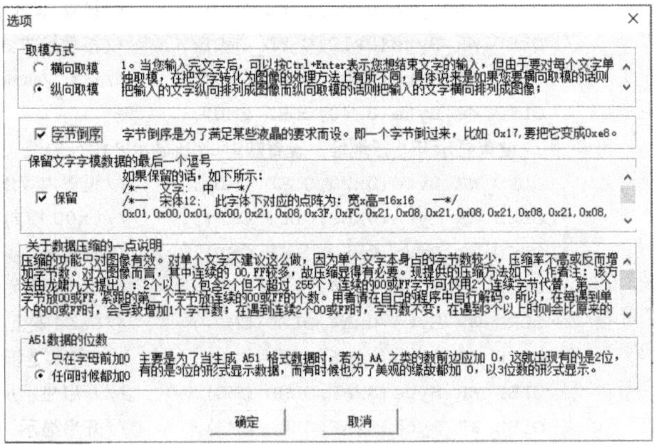

图 3-13　"字体"对话框

图 3-14　"选项"对话框

3. 输入字符

设置好取模方式后，直接在"文字输入区"选项卡下方输入所要显示的各种字符（包括汉字）。比如输入"朗迅科技"，然后按下"Ctrl+Enter"组合键，就会在窗口中显示输入的汉字，如图 3-15 所示。

图 3-15　输入"朗迅科技"

4．提取字模数据

输入好字符后，单击"取模方式"→"C51格式"按钮，就会在"点阵生成区"选项卡下方显示汉字"朗迅科技"的字模数据，如图3-16所示。

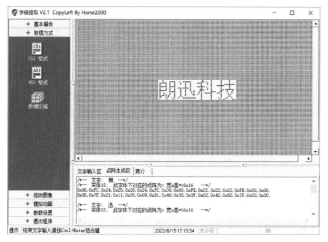

图3-16 显示汉字"朗迅科技"的字模数据

3.4 任务9 OLED显示设计

任务9 OLED显示设计

3.4.1 任务描述

OLED显示系统由0.96英寸OLED显示屏和基于Cortex-M0的LK32T102单片机构成。LED1指示灯不断闪烁，表示程序正常运行，OLED显示屏居中显示字符及汉字，显示格式要求如下：

（1）第1行显示：杭州朗迅科技（16列×16行）；

（2）第2行显示：2022（8列×16行）；

（3）第3行显示：Luntek（8列×16行）；

（4）显示布局要合理、美观。

3.4.2 OLED显示实现分析

1．OLED显示一个字符

函数 OLED_ShowChar(uint8_t x,uint8_t y,uint8_t chr)的功能是在指定的位置上显示一个字符，其中x的取值范围是0～127、y的取值范围是0～63。显示一个字符的代码如下：

```
void OLED_ShowChar(uint8_t x,uint8_t y,uint8_t chr)
{
    unsigned char c=0,i=0;
    c=chr-' ';                      //得到要显示字符的ASCII字符偏移量
    if(x>Max_Column-1)              //列的显示范围是0~127，判断显示列是否超过列的显示范围
    {
        x=0;                        //如果x大于127（超出显示屏显示范围），从第0列开始显示
        y=y+2;                      //由于显示1行字符需占2页，所以y=y+2才能显示下一行字符
    }
    if(SIZE ==16)                   //判断字符是16号字（8列×16行）还是12号字（6列×8行）
```

```
    {
        OLED_Set_Pos(x,y);                //根据 x 和 y 的值，设置显示 16 号字的坐标
        for(i=0;i<8;i++)
            OLED_WR_Byte(F8X16[c*16+i],OLED_DATA);      //显示字符的上半字（8 列×上 8 行）
        OLED_Set_Pos(x,y+1);              //设置 OLED 显示下一页（y+1）的坐标
        for(i=0;i<8;i++)
            OLED_WR_Byte(F8X16[c*16+i+8],OLED_DATA);   //显示字符的下半字（8 列×下 8 行）
    }
    else
    {
        OLED_Set_Pos(x,y+1);              //根据 x 和 y 的值，设置显示 12 号字的坐标，在下一页（y+1）显示
        for(i=0;i<6;i++)                  //12 号字是 6 列×8 行，从第 0 列扫描到第 5 列
            OLED_WR_Byte(F6x8[c][i],OLED_DATA);   //c 是显示字符相对空格符的偏移量，i 是列号
    }
}
```

代码说明如下：

（1）通过宏定义"#define Max_Column 128"，宏名 Max_Column 为 128。

（2）ASCII 常用字符集共有 95 个，从空格符开始。"c=chr-' ';"语句表示将显示字符的 ASCII 码值减去空格符的 ASCII 码值，获得相对空格符的偏移量。

（3）在"OLED_WR_Byte(F8X16[c*16+i],OLED_DATA);"语句中，F8X16[]是存放 ASCII 常用字符集的点阵数据（共 95 个，从空格符开始）一维数组；由于显示字符是 16 号字，即 8 列×16 行（2 字节），共有 16 字节，所以每个显示字符的起始列是 c*16；"c*16+i"是从每个显示字符的起始列开始，逐列扫描显示（从第 0 列扫描到第 7 列）；通过宏定义"#define OLED_DATA 1"，宏名 OLED_DATA 为 1，表示是写数据。

（4）在"OLED_WR_Byte(F6x8[c][i],OLED_DATA);"语句中，F6x8[c][i]是存放 12 号字的 ASCII 常用字符集的点阵数据（共 95 个，从空格符开始）二维数组，12 号字的显示字符是 6 列×8 行（1 字节），共有 6 字节。

2. OLED 显示一个字符串

函数 OLED_ShowString(uint8_t x,uint8_t y,uint8_t *chr)的功能是在指定的位置上显示一个字符串，代码如下：

```
void OLED_ShowString(uint8_t x,uint8_t y,uint8_t *chr)
{
    unsigned char j=0;
    while (chr[j]!='\0')          //字符串以'\0'符号为结束符，若 chr[j]为'\0'，则字符串显示结束
    {
        OLED_ShowChar(x,y,chr[j]); //chr[0]是字符串第 1 个字符，chr[1]是字符串第 2 个字符，以此类推
        x+=8;                      //获得下一个显示字符的起始列，16 号字是 8 列×16 行
        if(x>120){x=0;y+=2;}
        j++;                       //获得字符串中下一个要显示的字符
    }
}
```

3. OLED 显示数字

函数 OLED_ShowNum(uint8_t x,uint8_t y,uint32_t num,uint8_t len,uint8_t size)的功能是在指定的位置上显示 2 个以上的数字，代码如下：

```
void OLED_ShowNum(uint8_t x,uint8_t y,uint32_t num,uint8_t len,uint8_t size)
{
```

```
        uint8_t t,temp;
        uint8_t enshow=0;
        for(t=0;t<len;t++)                          //有几个数字就循环几次，每次循环只显示1个数字
        {
            temp=(num/oled_pow(10,len-t-1))%10;     //拆分数字，以便数字一个一个地显示
            if(enshow==0&&t<(len-1))
            {
                if(temp==0)
                {
                    OLED_ShowChar(x+(size/2)*t,y,' ');     //如果第1个数字是0，就显示空格
                    continue;                              //结束本次 for 循环，进入下一次循环
                }
                else
                    enshow=1;                              //如果第1个数字不是0，设置 enshow 为1
            }
            OLED_ShowChar(x+(size/2)*t,y,temp+'0');//先将数字转换为字符，然后在指定位置显示出来
        }
    }
```

代码说明如下：

（1）函数参数 x 和 y 是显示的起始坐标、len 是数字的个数、size 是字体的大小（字号）、num 是数值（范围是 0～4294967295）。

（2）"(num/oled_pow(10,len-t-1))%10" 表达式表示从若干数字中拆分出 1 个数字，"/" 是整除运算符、"%" 是求余运算符。

其中，函数 oled_pow(uint8_t m,uint8_t n) 的功能是计算 m^n（m^n）的值，计算结果作为函数的返回值，代码如下：

```
uint32_t oled_pow(uint8_t m,uint8_t n)
{
    uint32_t result=1;
    while(n--)
        result*=m;
    return result;
}
```

代码说明如下：

① "n--" 是先判断 n 是否为 0，若 n 不为 0，执行循环体，否则退出循环；然后 n 自减 1。

② "result*=m;" 语句表示对 m 进行累乘运算，累乘的次数是 n。如计算 10^2（10^2）的值，第 1 次循环进行 1×10=10 的计算，第 2 次循环进行 10×10=100 的计算。

（3）"x+(size/2)*t,y" 是确定显示数字的起始位置。如显示的字体是 16 号字，那么显示第 1 个数字的起始位置是 "x+(16/2)*0,y"，显示第 2 个数字的起始位置是 "x+(16/2)*1,y"，以此类推。

（4）"temp+'0'" 表示将数字转换为字符，如若想显示数字 2，就要先通过 "2+'0'" 把数字 2 转换为字符 "2"，然后才能在指定位置显示出来。

4．OLED 显示汉字

函数 OLED_ShowCHinese(uint8_t x,uint8_t y,uint8_t no) 的功能是在指定的位置上显示汉字，代码如下：

```
void OLED_ShowCHinese(uint8_t x,uint8_t y,uint8_t no)
{
    uint8_t t,adder=0;
```

```
        OLED_Set_Pos(x,y);
        for(t=0;t<16;t++)
        {
            OLED_WR_Byte(Hzk[2*no][t],OLED_DATA);
            adder+=1;
        }
        OLED_Set_Pos(x,y+1);
        for(t=0;t<16;t++)
        {
            OLED_WR_Byte(Hzk[2*no+1][t],OLED_DATA);
            adder+=1;
        }
    }
```

代码说明如下：

（1）函数参数 x 和 y 是显示的起始坐标、no 是若干汉字存放在二维数组 Hzk[][]中的序号，序号从 0 开始。

（2）汉字是 16 号字，即 16 列×16 行（1 行有 2 字节），共有 32 字节。汉字显示过程是先显示汉字的上半字 16 列×8 行（1 页 8 行），然后显示汉字的下半字 16 列×8 行（在下一页 8 行中显示）。也就是说，显示一个汉字需要 2 页（16 行）。

（3）"OLED_WR_Byte(Hzk[2*no][t],OLED_DATA);"语句表示显示汉字的上半字，"2*no"是显示汉字上半字存放在二维数组 Hzk[][]中的偶数行号，取值是 0、2、4、6……。

（4）"OLED_WR_Byte(Hzk[2*no+1][t],OLED_DATA);"语句表示显示汉字的下半字，"2*no+1"是显示汉字下半字存放在二维数组 Hzk[][]中的奇数行号，取值是 1、3、5、7……。

汉字存放在二维数组 Hzk[][]中，代码如下：

```
char Hzk[][16]={
{0x10,0x10,0xD0,0xFF,0x90,0x10,0x08,0xC8,0x49,0x4E,0x48,0xC8,0x08,0x08,0x00,0x00},
//"杭"上半字, no=0
{0x04,0x03,0x00,0xFF,0x00,0x83,0x60,0x1F,0x00,0x00,0x00,0x3F,0x40,0x40,0x78,0x00},
//"杭"下半字
{0x00,0xE0,0x00,0xFF,0x00,0x20,0xC0,0x00,0xFE,0x00,0x20,0xC0,0x00,0xFF,0x00,0x00},
//"州"上半字, no=1
{0x81,0x40,0x30,0x0F,0x00,0x00,0x00,0x00,0x3F,0x00,0x00,0x00,0x00,0xFF,0x00,0x00},
//"州"下半字
{0x00,0xFC,0x24,0x25,0x26,0x24,0xFC,0x00,0x00,0xFE,0x22,0x22,0x22,0xFE,0x00,0x00},
//"朗"上半字, no=2
{0x00,0x7F,0x21,0x11,0x15,0x09,0xB1,0x40,0x30,0x0F,0x02,0x42,0x82,0x7F,0x00,0x00},
//"朗"下半字
{0x40,0x42,0xCC,0x00,0x42,0x42,0xFE,0x42,0x42,0x02,0xFE,0x00,0x00,0x00,0x00,0x00},
//"迅"上半字, no=3
{0x40,0x20,0x1F,0x20,0x40,0x40,0x5F,0x40,0x40,0x40,0x41,0x46,0x48,0x5F,0x40,0x00},
//"迅"下半字
{0x24,0x24,0xA4,0xFE,0xA3,0x22,0x00,0x22,0xCC,0x00,0x00,0xFF,0x00,0x00,0x00,0x00},
//"科"上半字, no=4
{0x08,0x06,0x01,0xFF,0x00,0x01,0x04,0x04,0x04,0x04,0x04,0xFF,0x02,0x02,0x02,0x00},
//"科"下半字
{0x10,0x10,0x10,0xFF,0x10,0x90,0x08,0x88,0x88,0x88,0xFF,0x88,0x88,0x88,0x08,0x00},
//"技"上半字, no=5
{0x04,0x44,0x82,0x7F,0x01,0x80,0x80,0x40,0x43,0x2C,0x10,0x28,0x46,0x81,0x80,0x00},
//"技"下半字
```

```
    ......
    }
```

5. OLED 显示图片

函数 OLED_DrawBMP()的功能是在指定起始点坐标和结束点坐标的区域内显示 BMP 图片，代码如下：

```
void OLED_DrawBMP(unsigned char x0, unsigned char y0,unsigned char x1, unsigned char
y1,unsigned char BMP[])
{
    unsigned int j=0;
    unsigned char x,y;
    for(y=y0;y<y1;y++)                      //每显示完1页就进入下一页显示，直到显示完最后1页
    {
        OLED_Set_Pos(x0,y);                 //设置每页显示的起始点坐标
        for(x=x0;x<x1;x++)
        {
            OLED_WR_Byte(BMP[j++],OLED_DATA);   //从 x0 到 x1 逐列扫描，显示每页 BMP 图片
        }
    }
}
```

代码说明如下：

（1）函数参数 x0 和 y0 是显示 BMP 图片的起始点坐标、x1 和 y1 是显示 BMP 图片的结束点坐标、一维数组 BMP[]是存放 BMP 图片的点阵数据。

（2）x 的范围为 0～127，y 为页的范围 0～7；BMP 图片是 128×64 点阵数据，最大有 1024 字节，一维数组 BMP[]的下标取值范围是 0～1023。

3.4.3 OLED 显示设计与实现

1. OLED 显示电路

根据任务描述，OLED 显示电路由基于 Cortex-M0 的 LK32T102 单片机和屏幕尺寸为 0.96 英寸的 OLED 显示屏组成，如图 3-17 所示。

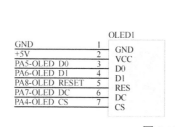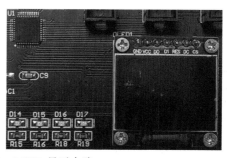

图 3-17 OLED 显示电路

在图 3-17 中，OLED 显示屏采用的是 4 线 SPI 接口，OLED 显示屏的片选引脚 CS、时钟引脚 D0、数据引脚 D1、数据指令选择引脚 DC 和复位引脚 RES，依次连接到 LK32T102 单片机的 PA4～PA8 引脚上。

2. 移植工程模板

复制"任务 8 数码管动态扫描显示设计"文件夹，然后修改文件夹名为"任务 9 OLED

显示设计"，将 USER 文件夹下的工程名"SMG.uvprojx"修改为"M0_OLED.uvprojx"。

3. 编写 OLED 设备文件

OLED 设备文件主要有 OLED 设备驱动文件 OLED.c、OLED 设备头文件 OLED.h 及存放字符点阵数据的头文件 oledfont.h。

（1）编写头文件 oledfont.h。

ASCII 常用字符集共有 95 个，从空格符开始，字符集如下：

!"#$%&'()*+,-/0123456789:;<=>?@ABCDEFGHIJKLMNOPQRSTUVWXYZ[\]^_`abcdefghijklmnopqrstuvwxyz{|}~.

汉字共有 18 个（包括"☆"和"★"），汉字如下：

杭州朗迅科技开发测试☆★警告注意电压

ASCII 常用字符集分别提取 16 号字（8 列×16 行）和 12 号字（6 列×8 行）的点阵数据，汉字提取 16 号字（16 列×16 行）的点阵数据。参考 3.3.3 节内容完成字符点阵数据提取后，将其保存在 oledfont.h 头文件中。oledfont.h 头文件的代码如下：

```
#ifndef __OLEDFONT_H
#define __OLEDFONT_H
/**********************************6*8 的点阵*********************************/
const unsigned char F6x8[][6] = {
0x00, 0x00, 0x00, 0x00, 0x00, 0x00,         //空格符 sp
0x00, 0x00, 0x00, 0x2f, 0x00, 0x00,         // !
0x00, 0x00, 0x07, 0x00, 0x07, 0x00,         // "
......
0x00, 0x3E, 0x51, 0x49, 0x45, 0x3E,         // 0
0x00, 0x00, 0x42, 0x7F, 0x40, 0x00,         // 1
0x00, 0x42, 0x61, 0x51, 0x49, 0x46,         // 2
......
0x00, 0x7C, 0x12, 0x11, 0x12, 0x7C,         // A
0x00, 0x7F, 0x49, 0x49, 0x49, 0x36,         // B
0x00, 0x3E, 0x41, 0x41, 0x41, 0x22,         // C
......
0x00, 0x20, 0x54, 0x54, 0x54, 0x78,         // a
0x00, 0x7F, 0x48, 0x44, 0x44, 0x38,         // b
0x00, 0x38, 0x44, 0x44, 0x44, 0x20,         // c
......
};
/*****************************8*16 的点阵*****************************/
const unsigned char F8X16[]={
0x00,0x00,0x00,0x00,0x00,0x00,0x00,0x00,0x00,0x00,0x00,0x00,0x00,0x00,0x00,0x00,
//空格符，0
0x00,0x00,0x00,0xF8,0x00,0x00,0x00,0x00,0x00,0x00,0x00,0x33,0x30,0x00,0x00,0x00,
//!, 1
0x00,0x10,0x0C,0x06,0x10,0x0C,0x06,0x00,0x00,0x00,0x00,0x00,0x00,0x00,0x00,0x00,
//", 2
......
0x00,0xE0,0x10,0x08,0x08,0x10,0xE0,0x00,0x00,0x0F,0x10,0x20,0x20,0x10,0x0F,0x00,
//0, 15
0x00,0x10,0x10,0xF8,0x00,0x00,0x00,0x00,0x20,0x20,0x3F,0x20,0x20,0x00,0x00,
//1, 16
0x00,0x70,0x08,0x08,0x08,0x88,0x70,0x00,0x00,0x30,0x28,0x24,0x22,0x21,0x30,0x00,
//2, 17
......
```

```
0x00,0x00,0xC0,0x38,0xE0,0x00,0x00,0x00,0x20,0x3C,0x23,0x02,0x02,0x27,0x38,0x20,
//A, 32
0x08,0xF8,0x88,0x88,0x88,0x70,0x00,0x00,0x20,0x3F,0x20,0x20,0x20,0x11,0x0E,0x00,
//B, 33
0xC0,0x30,0x08,0x08,0x08,0x08,0x38,0x00,0x07,0x18,0x20,0x20,0x20,0x10,0x08,0x00,
//C, 34
......
0x00,0x00,0x80,0x80,0x80,0x80,0x00,0x00,0x00,0x19,0x24,0x22,0x22,0x22,0x3F,0x20,
//a, 64
0x08,0xF8,0x00,0x80,0x80,0x00,0x00,0x00,0x00,0x3F,0x11,0x20,0x20,0x11,0x0E,0x00,
//b, 65
0x00,0x00,0x00,0x80,0x80,0x80,0x00,0x00,0x00,0x0E,0x11,0x20,0x20,0x20,0x11,0x00,
//c, 66
......
};
/*************************************16*16的点阵*********************************/
//取模软件：zimo221 参数设置：纵向取模、字节倒序；取模方式：C51
char Hzk[][16]={
{0x10,0x10,0xD0,0xFF,0x90,0x10,0x08,0xC8,0x49,0x4E,0x48,0xC8,0x08,0x08,0x00,0x00},
// "杭" 上半字, no=0
{0x04,0x03,0x00,0xFF,0x00,0x83,0x60,0x1F,0x00,0x00,0x00,0x3F,0x40,0x40,0x78,0x00},
// "杭" 下半字
{0x00,0xE0,0x00,0xFF,0x00,0x20,0xC0,0x00,0xFE,0x00,0x20,0xC0,0x00,0xFF,0x00,0x00},
// "州" 上半字, no=1
{0x81,0x40,0x30,0x0F,0x00,0x00,0x00,0x00,0x3F,0x00,0x00,0x00,0x00,0xFF,0x00,0x00},
// "州" 下半字
{0x00,0xFC,0x24,0x25,0x26,0x24,0xFC,0x00,0x00,0xFE,0x22,0x22,0x22,0xFE,0x00,0x00},
// "朗" 上半字, no=2
{0x00,0x7F,0x21,0x11,0x15,0x09,0xB1,0x40,0x30,0x0F,0x02,0x42,0x82,0x7F,0x00,0x00},
// "朗" 下半字
{0x40,0x42,0xCC,0x00,0x42,0x42,0xFE,0x42,0x42,0x02,0xFE,0x00,0x00,0x00,0x00,0x00},
// "迅" 上半字, no=3
{0x40,0x20,0x1F,0x20,0x40,0x40,0x5F,0x40,0x40,0x40,0x41,0x46,0x48,0x5F,0x40,0x00},
// "迅" 下半字
{0x24,0x24,0xA4,0xFE,0xA3,0x22,0x00,0x22,0xCC,0x00,0x00,0xFF,0x00,0x00,0x00,0x00},
// "科" 上半字, no=4
{0x08,0x06,0x01,0xFF,0x00,0x01,0x04,0x04,0x04,0x04,0x04,0xFF,0x02,0x02,0x02,0x00},
// "科" 下半字
{0x10,0x10,0x10,0xFF,0x10,0x90,0x08,0x88,0x88,0x88,0xFF,0x88,0x88,0x88,0x08,0x00},
// "技" 上半字, no=5
{0x04,0x44,0x82,0x7F,0x01,0x80,0x80,0x40,0x43,0x2C,0x10,0x28,0x46,0x81,0x80,0x00},
// "技" 下半字
......
};
#endif
```

oledfont.h 头文件的详细代码见源程序。

（2）编写头文件 OLED.h，代码如下：

```
#ifndef __DRV_OLED_H
#define __DRV_OLED_H
#include <SC32F5832.h>
#include <DevInit.h>
#include "stdlib.h"
```

```
/***********************OLED模式设置***********************/
#define  OLED_MODE  0
#define  SIZE 16
#define  XLevelL  0x00
#define  XLevelH   0x10
#define  Max_Column 128
#define  Max_Row 64
#define  Brightness  0xFF
#define  X_WIDTH 128
#define  Y_WIDTH 64
/***********************OLED端口定义***********************/
#define  OLED_CS_Clr()    PA_OUT_LOW(4)          //CS
#define  OLED_CS_Set()    PA_OUT_HIGH(4)
#define  OLED_RST_Clr()   PA_OUT_LOW(8)          //RES
#define  OLED_RST_Set()   PA_OUT_HIGH(8)
#define  OLED_DC_Clr()    PA_OUT_LOW(7)          //DC
#define  OLED_DC_Set()    PA_OUT_HIGH(7)
#define  OLED_SCLK_Clr()  PA_OUT_LOW(5)          //D0
#define  OLED_SCLK_Set()  PA_OUT_HIGH(5)
#define  OLED_SDIN_Clr()  PA_OUT_LOW(6)          //D1
#define  OLED_SDIN_Set()  PA_OUT_HIGH(6)
#define  OLED_CMD  0                             //写命令
#define  OLED_DATA  1                            //写数据
/***********************OLED控制用函数***********************/
void OLED_FirstPage(void);
void OLED_Test_Task(void);
void OLED_WR_Byte(uint8_t dat,uint8_t cmd);
void OLED_Display_On(void);
void OLED_Display_Off(void);
void OLED_Init(void);
void OLED_Clear(void);
void OLED_DrawPoint(uint8_t x,uint8_t y,uint8_t t);
void OLED_Fill(uint8_t x1,uint8_t y1,uint8_t x2,uint8_t y2,uint8_t dot);
void OLED_ShowChar(uint8_t x,uint8_t y,uint8_t chr);
void OLED_ShowNum(uint8_t x,uint8_t y,uint32_t num,uint8_t len,uint8_t size);
void OLED_ShowString(uint8_t x,uint8_t y, uint8_t *p);
void OLED_Set_Pos(unsigned char x, unsigned char y);
void OLED_ShowCHinese(uint8_t x,uint8_t y,uint8_t no);
void OLED_DrawBMP(unsigned char x0, unsigned char y0,unsigned char x1, unsigned char
y1,unsigned char BMP[]);
#endif
```

（3）编写驱动文件 OLED.c，代码如下：

```
#include "OLED.h"
#include "stdlib.h"
#include "oledfont.h"
#include "delay.h"
#include "bmp.h"
/*******************OLED显存存放格式*******************
*        [0]0 1 2 3 ... 127      [1]0 1 2 3 ... 127        *
*        [2]0 1 2 3 ... 127      [3]0 1 2 3 ... 127        *
*        [4]0 1 2 3 ... 127      [5]0 1 2 3 ... 127        *
*        [6]0 1 2 3 ... 127      [7]0 1 2 3 ... 127        */
```

```
/*********************OLED 接线说明************************
**SC32F5832 -> OLED:    PA4  ->   CS              *
*                       PA5  ->   D0              *
*                       PA6  ->   D1              *
*                       PA7  ->   DC              *
*                       PA8  ->   Reset          */
/*********************OLED 显示函数********************/
void OLED_WR_Byte(uint8_t dat,uint8_t cmd)          //向 SSD1306 写入 1 字节
{
    ......                                          //函数已在前面介绍，代码省略，下同
}
void OLED_Set_Pos(unsigned char x, unsigned char y)  //设置 OLED 坐标
{
    ......
}
void OLED_Display_On(void)                          //开启 OLED 显示屏显示
{
    ......
}

void OLED_Display_Off(void)                         //关闭 OLED 显示屏显示
{
    ......
}
void OLED_Clear(void)                               //OLED 显示屏清屏
{
    ......
}
void OLED_ShowChar(uint8_t x,uint8_t y,uint8_t chr)  //在指定位置显示 1 个字符
{
    ......
}

uint32_t oled_pow(uint8_t m,uint8_t n)              //计算 m^n (m^n)
{
    ......
}
void OLED_ShowNum(uint8_t x,uint8_t y,uint32_t num,uint8_t len,uint8_t size)
//显示 2 个以上数字
{
    ......
}

void OLED_ShowString(uint8_t x,uint8_t y,uint8_t *chr)  //显示 1 个字符号串
{
    ......
}

void OLED_ShowCHinese(uint8_t x,uint8_t y,uint8_t no)  //显示 1 个汉字
{
    ......
}
```

```
/*****************OLED 显示 BMP 图片*****************/
void OLED_DrawBMP(unsigned char x0, unsigned char y0,unsigned char x1, unsigned char
y1,unsigned char BMP[])
{
    ......
}
void OLED_Init(void)                                    //初始化 OLED
{
    ......
}
```

编写完成 OLED.c、OLED.h 和 oledfont.h 3 个文件后，将其保存在 HARDWARE\OLED 文件夹内，作为 OLED 设备文件，以供其他文件调用。

4. 添加设备驱动文件到 HARDWARE 组

将 HARDWARE\OLED 文件夹里面的驱动文件 OLED.c 添加到 HARDWARE 组中，如图 3-18 所示。

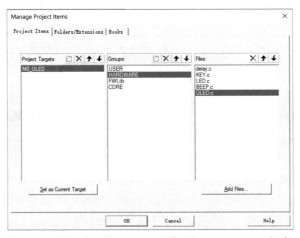

图 3-18　将驱动文件 OLED.c 添加到 HARDWARE 组中

5. 添加新建的编译文件路径

添加新建的编译文件路径 HARDWARE\OLED，如图 3-19 所示。

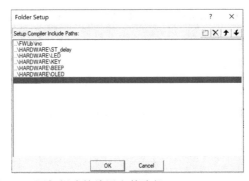

图 3-19　添加新建的编译文件路径 HARDWARE\OLED

6. OLED 显示程序设计

在"任务 9　OLED 显示设计"文件夹中，根据任务要求，实现 OLED 显示设计，需要对主文件 main.c 进行修改，OLED 显示设计的代码如下：

```c
#include <SC32F5832.h>
#include <DevInit.h>
#include "delay.h"
#include <GPIO.h>
#include <LED.h>
#include <BEEP.h>
#include <KEY.h>
#include <OLED.h>
int main()
{
    Device_Init();                              //系统初始化
    while(1)
    {
        OLED_ShowCHinese(9,0,0);                //杭
        OLED_ShowCHinese(27,0,1);               //州
        OLED_ShowCHinese(45,0,2);               //朗
        OLED_ShowCHinese(63,0,3);               //迅
        OLED_ShowCHinese(81,0,4);               //科
        OLED_ShowCHinese(99,0,5);               //技
        OLED_ShowNum(50, 3, 2022, 4, 16);
        OLED_ShowString(43, 6, (uint8_t *)"Luntek");
    }
}
```

7．工程编译、运行与调试

（1）修改好主文件 main.c 后，我们就可以直接对工程进行编译了，生成 "M0_OLED.hex" 目标代码文件。若编译发生错误，要进行分析检查，直到编译正确。

（2）连接 J-Link 下载器和开发板，在 Keil μVision5 界面上单击快速访问工具栏中的 按钮完成程序下载。

（3）启动开发板，观察 OLED 显示效果，若运行结果与任务要求不一致，要对电路和程序进行分析检查，直到运行正确。

关键知识点梳理

1．数码管内部由 8 个 LED（又称位段）组成，其中有 7 个条形 LED 和 1 个小圆点 LED，当 LED 导通时，相应的线段或点发光，这些 LED 排成一定图形，常用来显示数字 0～9、字符 A～F，以及 H、L、P、r、U、y、符号 "一" 及小数点 "." 等。

2．要在数码管上显示某个字符，必须在它的 8 个位段上加上相应的电平组合，即一个 8 位数据，这个数据就是该字符的字形编码。

3．数码管的内部结构有共阴极和共阳极两种结构。共阴极数码管的结构是把所有 LED 的阴极作为公共端（COM 端）连起来，接低电平（通常接地）；共阳极数码管的结构是把所有 LED 的阳极作为公共端（COM 端）连起来，接高电平（通常接电源，如+5V）。

4．数码管有静态显示和动态扫描显示两种方式。静态显示是指数码管显示某一字符时，相应的发光二极管恒定导通或恒定截止，这种显示方式的各个数码管相互独立；动态扫描显示是轮流点亮各个数码管的显示方式，即在某一时段，只选中一个数码管的位选端，并送出相应的

字形编码，在下一时段按顺序选通另外一个数码管，并送出相应的字形编码。依此规律循环下去，即可使各个数码管间断地分别显示出相应的字符。

5．OLED 显示屏的发光单元是有机发光二极管，简称 OLED。单色屏的一个像素就是一个发光二极管，OLED 是"自发光"，像素本身就是光源。

通常 OLED 显示屏接口有 3 线 SPI 接口、4 线 SPI 接口和 IIC 接口，采用 4 线 SPI 接口的 OLED 显示屏接口有电源地、电源正（3～5.5V）、在 SPI 通信中提供时钟信号的 D0、在 SPI 通信中传输数据的 D1、用来复位（低电平有效）OLED 显示屏的 RES、用来选择数据或指令的 DC 和片选信号（低电平有效）CS 等引脚。

6．OLED 显示屏的基本命令可以设置对比度、显示开关、电荷泵、页地址及列地址等。

7．OLED 显示屏的 GDDRAM 用于存储显示数据，其大小为 128×64 位，逻辑存储结构是按页来组织的，从 PAGE0（页 0）到 PAGE7（页 7）共为 8 页，每页 8 行、128 列，每页对应 128 字节，每字节按竖向排列，低位 D0 在上，高位 D7 在下。

8．OLED 显示的关键函数主要有写字节函数 OLED_WR_Byte()、设置显示坐标函数 OLED_Set_Pos()、开显示函数 OLED_Display_On()、关显示函数 OLED_Display_Off()、清屏函数 OLED_Clear()及初始化函数 OLED_Init()。

问题与训练

3-1　简述数码管的两种结构。

3-2　简述数码管的两种显示方式。

3-3　简述采用 4 线 SPI 的 OLED 显示屏接口的引脚功能。

3-4　OLED 显示屏的基本指令都有哪些功能？

3-5　OLED 显示的关键函数主要有哪些？

3-6　简述 OLED 显示屏的 GDDRAM 的作用。

3-7　简述 OLED 显示屏的 GDDRAM 的逻辑结构，以及其与 OLED 显示屏的对应关系。

3-8　在任务 8 中是通过动态扫描显示程序使数码管显示"4321"的，如何让数码管显示"1234"呢？

3-9　在任务 9 中，如何通过程序设计实现 OLED 显示屏切换 2 个显示信息屏？

项目 4

嵌入式键盘与中断控制

项目导读

中断是单片机或嵌入式开发中一个相当重要的概念，定时器、串口通信等外设都需要用到中断，中断使计算机系统具备应对突发事件的能力，提高了 CPU 的工作效率，及时响应紧急事件。本项目从按键控制设计入手，首先让读者对键盘有初步了解；然后通过矩阵键盘设计，介绍键盘结构、电路设计和按键识别方法；最后通过中断方式的按键控制设计，介绍 LK32T102 单片机外部中断的编程方法，让读者进一步了解键盘和外部中断的应用。

知识目标	1. 了解独立键盘和矩阵键盘的结构 2. 掌握键盘的接口电路和程序设计方法 3. 掌握 LK32T102 单片机外部中断的设置 4. 掌握外部中断的编程方法和中断服务程序的编写
技能目标	能完成独立键盘和矩阵键盘电路设计，能应用 C 语言完成对键盘的按键识别程序设计，实现中断方式的按键控制设计、运行及调试
素质目标	1. 启发创新思维，引导读者关注社会发展 2. 促进读者乐于奉献、勤奋学习 3. 培养勇敢肩负起时代赋予的历史重任的责任感 4. 养成优先处理重要紧急任务的做事习惯
教学重点	1. 独立键盘和矩阵键盘电路设计的方法 2. 按键延时去抖和按键识别的方法 3. LK32T102 单片机外部中断的设置
教学难点	行列反转法的矩阵键盘程序设计和外部中断初始化程序设计
建议学时	6 学时
推荐教学方法	从任务入手，通过按键控制设计，让学生了解嵌入式键盘结构，进而通过矩阵键盘和中断方式的按键控制设计，熟悉 LK32T102 单片机外部中断
推荐学习方法	勤学勤练、动手操作是学好嵌入式键盘和中断控制的关键，动手完成按键控制、矩阵键盘和中断控制，通过"边做边学"达到更好的学习效果

4.1 任务 10 按键控制设计

4.1.1 任务描述

在"任务 6 基于设备文件的声光跑马灯设计"基础上，编写 C 语言控制程序，实现按键控制 LED 和蜂鸣器。按键控制要求如下：

（1）按下按键 S2，控制 LED1（D9）的状态翻转，即亮的状态翻转为不亮、不亮的状态翻转为亮；

（2）按下按键 S3，控制蜂鸣器的状态翻转，即响的状态翻转为不响、不响的状态翻转为响；

（3）按下按键 S4，控制 LED3（D11）和 LED4（D12）的状态同时翻转；

（4）按下按键 S5，控制 LED5（D13）、LED6（D14）和 LED7（D15）的状态同时翻转。

4.1.2 认识嵌入式键盘

在嵌入式电子产品中，键盘（按键）是人机交流不可缺少的输入设备，用于向嵌入式电子产品输入数据或控制信息。

1. 按键

键盘由一组规则排列的按键开关组成，一个按键实际上是一个开关元件。按键的主要功能是把机械上的通断转换为电气控制电路中的逻辑关系（1 和 0），如图 4-1 所示。

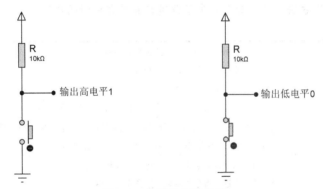

图 4-1 按键的主要功能

按照按键的结构原理，按键可以分为以下两类：

（1）触点式开关按键。如机械式开关、导电橡胶式开关等。

（2）无触点开关按键。如电气式按键、磁感应按键等。

前者造价低，后者寿命长。这里我们主要介绍单片机中常用的触点式开关按键。

2. 键盘分类

按照键盘的接口原理，键盘可以分为以下两类：

（1）编码键盘。编码键盘主要用硬件来实现对按键的识别，硬件结构复杂。

（2）非编码键盘。非编码键盘主要由软件来实现对按键的定义与识别，硬件结构简单，但软件编程量大。

这两类键盘的主要区别是识别键符及给出相应键码的方法。非编码键盘由于经济实用，较多地应用于单片机应用系统中，以下我们重点介绍非编码键盘。

3．非编码键盘

常见的非编码键盘有两种：独立键盘和矩阵键盘。

（1）独立键盘的结构简单，但占用的资源多。

（2）矩阵键盘的结构相对复杂些，但占用的资源较少。

因此，当单片机应用系统中只需少数几个功能按键时，可以采用独立键盘；而当需要较多按键时，则可以采用矩阵键盘。

4．键盘防抖动措施

机械式按键在被按下或被释放时，由于机械弹性作用的影响，通常伴随有一定时间的触点机械抖动，然后其触点才稳定下来。其抖动过程如图 4-2 所示，抖动时间的长短与开关的机械特性有关，一般为 5~10ms。

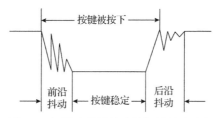

图 4-2　机械式按键触点的机械抖动过程

若有抖动，按键被按下会被错误地认为是多次操作。为了避免单片机多次处理按键的一次闭合，应采取措施消除抖动。

消除抖动常用的方法有硬件去抖和软件去抖。当按键数较少时，可采用硬件去抖；当按键数较多时，可采用软件去抖。

（1）硬件去抖。

硬件去抖是一种采用硬件滤波的方法。在硬件上可采用在按键的输出端加 R-S 触发器（双稳态触发器）或单稳态触发器构成去抖动电路。图 4-3 所示为一种由 R-S 触发器构成的去抖动电路。

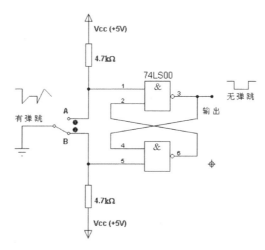

图 4-3　双稳态去抖动电路

图 4-3 中用两个与非门构成一个 R-S 触发器。当按键未被按下时，输出 1；当按键被按下时，输出 0。此时，即使按键因弹性抖动而产生瞬时断开（抖动跳开 B），只要按键不返回原始

状态 A，双稳态去抖动电路的状态就不会改变，输出一直保持为 0，不会产生抖动的波形。也就是说，即使 B 点的电压波形是抖动的，但经双稳态去抖动电路后，其输出仍为正规的矩形波。这一点可以通过分析 R-S 触发器的工作过程，很容易得到验证。

（2）软件去抖。

如果按键数较多，常用软件去抖的方法。在检测到有按键被按下时，执行一个 10ms 左右（具体时间应视所使用的按键进行调整）的延时程序后，再确认该按键的电平是否仍为保持闭合状态的电平，若仍为保持闭合状态的电平，则确认该按键处于闭合状态。同理，在检测到该按键被释放后，也应采用相同的步骤进行确认，从而可消除抖动的影响。软件去抖的流程如图 4-4 所示。

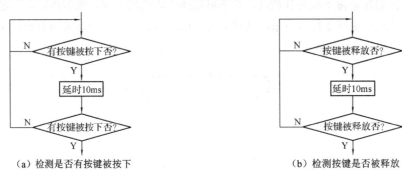

（a）检测是否有按键被按下   （b）检测按键是否被释放

图 4-4   软件去抖的流程

4.1.3   按键控制设计与实现

1．按键电路设计

根据任务描述，按键控制电路由基于 Cortex-M0 的 LK32T102 单片机、按键电路、LED 电路及蜂鸣器电路组成。其中 LED 电路和蜂鸣器电路分别在任务 2（见图 1-22）和【技能训练 1-1】（见图 1-30）中已经介绍，按键电路设计如图 4-5 所示。

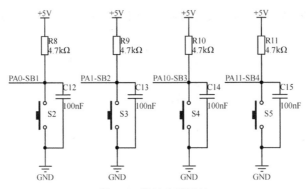

图 4-5   按键电路设计

在图 4-5 中，按键电路的 4 个按键是分别独立的，通常称为独立键盘。其特点是每个按键单独占用一根 I/O 线，每个按键的工作不会影响其他 I/O 线的状态。

4 个按键一端接地，另一端依次连接到 LK32T102 单片机的 PA0、PA1、PA10 和 PA11 引脚上，同时经上拉电阻接电源（+5V），其中上拉电阻保证了按键在断开时，I/O 线为高电平。

2．按键控制实现分析

（1）判断是否有按键被按下。

由图 4-5 可以看出，当按键 S2 被按下时，S2 闭合，使得 PA0 引脚经 S2 接地，被拉低为低电平，即 PA0 引脚为 0；当按键 S2 未被按下时，S2 断开，使得 PA0 引脚经上拉电阻接电源，被拉高为高电平，即 PA0 引脚为 1，按键 S3、S4 和 S5 同理。

根据以上分析，我们可以使用输入数据寄存器（PIN）来读取 PA0、PA1、PA10 及 PA11 的引脚值。为了方便编写程序，需要对按键 S2、S3、S4 和 S5 进行宏定义，代码如下：

```
#define S2  (PA -> PIN & (1<<0))     //读取按键 S2 的值，S2=1 表示未按下；S2=0 表示被按下
#define S3  (PA -> PIN & (1<<1))     //读取按键 S3 的值
#define S4  (PA -> PIN & (1<<10))    //读取按键 S4 的值
#define S5  (PA -> PIN & (1<<11))    //读取按键 S5 的值
```

由 S2、S3、S4 和 S5 宏名组成判断是否有按键被按下的表达式，表达式如下：

```
S2==0||S3==0||S4==0||S5==0
```

如果表达式为真，说明有按键被按下，否则无按键被按下。

（2）识别被按下的按键。

在判断出有按键被按下后，可以通过程序逐个检测 PA0、PA1、PA10 及 PA11 中的哪个引脚是 0，以便识别出是哪一个按键被按下，并返回需要的键值，按键 S2 的键值是 1，S3 的键值是 2，S4 的键值是 3，S5 的键值是 4。

（3）LED 控制。

在识别被按下的按键后，就可以通过 PB0、PB1、PB2 和 PB3 引脚输出控制信号，点亮或熄灭对应的 LED。由于 LED 阳极接高电平，所以在其阴极所接的引脚输出 0 时，LED 被点亮，反之熄灭。

（4）按键去抖。

在这里，按键去抖采用软件去抖的方法。当有按键被按下时，先调用一个延时 10ms 左右的延时函数，然后确认该按键是否还在被按下状态，若是则表示本次按键被按下不是由抖动造成的，否则就是由抖动造成的。

3.　移植任务 6 工程

复制"任务 6　基于设备文件的声光跑马灯设计"文件夹，然后修改文件夹名为"任务 10　按键控制设计"，将 USER 文件夹下的"M0_LED.uvprojx"工程名修改为"M0_KEY.uvprojx"。

4.　按键控制程序设计

在设计按键控制程序时，主要编写按键设备 KEY.h 头文件和 KEY.c 文件，以及修改主文件 main.c。

（1）编写 KEY.h 头文件，代码如下：

```
#ifndef __KEY_H
#define __KEY_H
#define S2  (PA -> PIN & (1<<0))   //读取按键 S2 的值，S2=1 表示按键未被按下；S2=0 表示按键被按下
#define S3  (PA -> PIN & (1<<1))      //读取按键 S3 的值
#define S4  (PA -> PIN & (1<<10))     //读取按键 S4 的值
#define S5  (PA -> PIN & (1<<11))     //读取按键 S5 的值
void KEY_Init(void);                  //主板按键初始化函数
uint8_t KEY_Scan(void);               //主板按键扫描
#endif
```

代码说明：

用 define 宏定义 S2 为(PA -> PIN & (1<<0))，这样的好处就是在读取 PA0 引脚的值时，可

直接使用 S2，S3、S4 和 S5 同理。

（2）编写 **KEY.c** 文件，代码如下：

```c
#include <SC32F5832.h>
#include <DevInit.h>
#include <KEY.h>
#include "delay.h"
#include <LED.h>
#include <BEEP.h>
void KEY_Init(void)                          //主板按键初始化函数
{
    GPIO_AF_SEL(DIGITAL, PA, 0, 0);          //按键 S2 接 PA0 引脚
    GPIO_AF_SEL(DIGITAL, PA, 1, 0);          //按键 S3 接 PA1 引脚
    GPIO_AF_SEL(DIGITAL, PA, 10, 0);         //按键 S4 接 PA10 引脚
    GPIO_AF_SEL(DIGITAL, PA, 11, 0);         //按键 S5 接 PA11 引脚
    GPIO_PUPD_SEL(PUPD_PU, PA, 0 );          //按键引脚配置为上拉
    GPIO_PUPD_SEL(PUPD_PU, PA, 1 );
    GPIO_PUPD_SEL(PUPD_PU, PA, 10 );
    GPIO_PUPD_SEL(PUPD_PU, PA, 11 );
    PA_OUT_DISABLE(0);                       //按键引脚配置为输入
    PA_OUT_DISABLE(1);
    PA_OUT_DISABLE(10);
    PA_OUT_DISABLE(11);
}
u8  KEY_Scan(void)                           //主板按键扫描函数，函数返回值是被按下按键的键值
{
    static u8 key_up=1;                      //按键状态标志。key_up=1 表示被释放，key_up=0 表示被按下
    if(key_up&&(S2==0||S3==0||S4==0||S5==0)) //判断是否有按键被按下。表达式若为真，表示有按键被按下
    {
        Delay(20);                           //延时去抖
        key_up=0;
        if(S2==0)                            //读取 S2 按键状态，判断 S2 按键是否被按下
        {
            return 1;                        //返回 S2 的键值 1
        }
        else if(S3==0)                       //读取 S3 按键状态，判断 S3 按键是否被按下
        {
            return 2;                        //返回 S3 的键值 2
        }
        else if(S4==0)                       //读取 S4 按键状态，判断 S4 按键是否被按下
        {
            return 3;                        //返回 S4 的键值 3
        }
        else if(S5==0)                       //读取 S5 按键状态，判断 S5 按键是否被按下
        {
            return 4;                        //返回 S5 的键值 4
        }
    }
    else if(S2==1&&S3==1&&S4==1&&S5==1)      //如果所有按键都被释放，按键状态标志 key_up 设置为 1
        key_up=1;
    return 0;                                //无按键被按下
}
```

其中，数据类型"u8"表示无符号字符类型，是在 Datatype.h 中定义的，代码如下：

```
typedef unsigned char u8;
```

编写完成 KEY.h 头文件和 KEY.c 文件后，将其保存在 HARDWARE\KEY 文件夹里面，作为按键设备文件，以供其他文件调用。

（3）编写主文件 main.c。

根据任务描述，对移植过来的主文件 main.c 进行修改，代码如下：

```c
#include <SC32F5832.h>
#include <DevInit.h>
#include "delay.h"
#include <GPIO.h>
#include <LED.h>
#include <BEEP.h>
#include <KEY.h>
u8 t;
int main()
{
    Device_Init();                    //系统初始化
    while(1)
    {
        t = KEY_Scan();               //得到被按下按键的键值
        if(t)
        {
            switch(t)                 //根据被按下按键的键值，执行相应功能模块
            {
                case 1:
                    LED_TGL(0);
                    break;
                case 2:
                    BUZ_TGL;
                    break;
                case 3:
                    LED_TGL(2);
                    LED_TGL(3);
                    break;
                case 4:
                    LED_TGL(4);
                    LED_TGL(5);
                    LED_TGL(6);
                    break;
            }
        }
        else  delay_ms(10);
    }
}
```

5. 工程配置与编译

（1）先把"Project Targets"栏中的"M0_LED"修改为"M0_KEY"，然后将 HARDWARE\KEY 文件夹里面的 KEY.c 文件添加到 HARDWARE 组中，如图 4-6 所示。

（2）添加 KEY.h 的编译文件路径 HARDWARE\KEY，如图 4-7 所示。

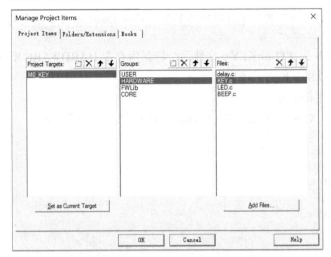

图 4-6   将 KEY.c 文件添加到 HARDWARE 组中

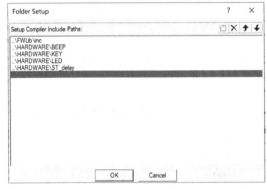

图 4-7   添加 KEY.h 的编译文件路径

（3）完成工程配置后，对工程进行编译，生成"M0_KEY.hex"目标代码文件。若编译发生错误，要进行分析检查，直到编译正确。

6．程序下载与调试

（1）连接 J-Link 下载器和开发板，在 Keil μVision5 界面上单击快速访问工具栏中的 按钮完成程序下载。

（2）启动开发板，观察按键控制，若运行结果与任务要求不一致，要对电路和程序进行分析检查，直到运行正确。

【技能训练 4-1】一键多功能控制设计

在"任务 10   按键控制设计"中，是通过 4 个按键来完成按键控制的。那么，我们如何实现一键多功能控制呢？通过按键 S2 实现 4 个功能控制的功能要求如下：

（1）第 1 次按下 S2，执行功能 1 模块代码：LED1 点亮，LED2、LED3 和 LED4 熄灭；

（2）第 2 次按下 S2，执行功能 2 模块代码：LED2 点亮，LED1、LED3 和 LED4 熄灭；

（3）第 3 次按下 S2，执行功能 3 模块代码：LED3 点亮，LED1、LED2 和 LED4 熄灭；

（4）第 4 次按下 S2，执行功能 4 模块代码：LED4 点亮，LED1、LED2 和 LED3 熄灭；

（5）重复步骤（1）～步骤（4）操作。

1. 一键多功能按键控制实现分析

在这里，只使用图 4-5 所示的接在 PA0 引脚上的按键 S2。

要通过一个按键来完成不同功能控制，我们可以给每个不同的功能模块使用不同的 ID 号标识，这样就使得每按下一次按键，ID 的值是不相同的，就很容易识别不同功能的身份了。

从上面的要求我们可以看出，LED1 到 LED4 的点亮是由按键来控制的，我们给 LED1 到 LED4 点亮的时段定义出不同的 ID 号，即当 LED1 点亮时，ID=1；当 LED2 点亮时，ID=2；当 LED3 点亮时，ID=3；当 LED4 点亮时，ID=4。很显然，只要每次按下按键，就分别给出不同的 ID 号，我们就能够完成上面的任务了。

2. 一键多功能控制程序设计

参考任务 10 的程序，实现 1 个按键能完成 4 个按键控制的 4 个功能，一键多功能控制程序代码如下：

```
......                                    //省略的代码与任务 10 的代码一样
#include <KEY.h>
u8 ID;
int main()
{
    Device_Init();                        //系统初始化
    while(1)
    {
        if(S2==0)
        {
            delay_ms(10);                 //延时，去抖动
            if(S2==0)                     //读取 S2 按键状态，判断 S2 按键是否被按下
            {
                ID++;                     //每按一次按键，ID 号标识加 1
                 if(ID==5)
                {
                    ID=1;
                }
                while(S2==0);             //等待按键被释放
            }
        }
        switch(ID)
        {
            case 1:
            LED1_ON;                      //LED1 点亮，LED2、LED3 和 LED4 熄灭
            LED2_OFF;LED3_OFF;LED4_OFF;
            break;
            case 2:
            LED2_ON;                      //LED2 点亮，LED1、LED3 和 LED4 熄灭
            LED1_OFF;LED3_OFF;LED4_OFF;
            break;
            case 3:
            LED3_ON;                      //LED3 点亮，LED1、LED2 和 LED4 熄灭
            LED1_OFF;LED2_OFF;LED4_OFF;
            break;
            case 4:
            LED4_ON;                      //LED4 点亮，LED1、LED2 和 LED3 熄灭
```

```
                    LED1_OFF;LED2_OFF;LED3_OFF;
                    break;
        }
    }
}
```

4.2　任务 11　矩阵键盘设计

4.2.1　任务描述

使用 LK32T102 单片机设计一个 4×4 矩阵键盘，16 个按键分别对应 0～9、A～D、*、#，如图 4-8（a）所示。

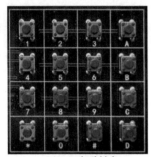

（a）4×4 矩阵键盘

（b）OLED 显示内容与格式

图 4-8　4×4 矩阵键盘与 OLED 显示

4×4 矩阵键盘实现功能如下：

（1）当有按键被按下时，OLED 显示被按下按键的对应字符；

（2）当无按键被按下时，OLED 显示不变；

（3）OLED 显示内容与格式如图 4-8（b）所示。

4.2.2　认识矩阵键盘

1．矩阵键盘的结构

在嵌入式电子产品中，当使用的按键较多时，通常采用矩阵键盘。矩阵键盘是由行线和列线组成的，按键位于行、列的交叉点上，其结构如图 4-9 所示。

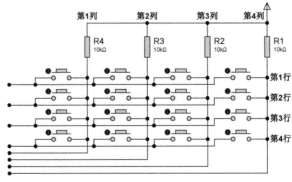

图 4-9　矩阵键盘的结构

由图 4-9 可知，一个 4×4 的行列结构，可以构成一个含有 16 个按键的键盘，节省了很多

I/O 口。按键开关的两端分别接行线和列线，列线通过上拉电阻接到 +5V 的电源上。

2．判断是否有按键被按下的方法

判断是否有按键被按下的方法是：

（1）向所有的行线输出高电平，向所有的列线输出低电平（不能为高电平，若为高电平，按键被按下与否都不会引起行线电平的变化）；

（2）将所有行线的电平状态读入；

（3）判断所有行线是否都保持高电平状态。

若无按键被按下，所有的行线仍保持高电平状态；若有按键被按下，行线中至少应有一条线为低电平。例如，在图 4-9 中，如果第 2 行与第 2 列交叉点的按键被按下，则第 2 行与第 2 列导通，第 2 行电平被拉低，读入的行信号就为低电平，表示有按键被按下。

然而当第 2 行为低电平时，能否肯定认为是第 2 行第 2 列交叉点的按键被按下呢？当然是不能的。因为第 2 行上的其他按键被按下，同样会使第 2 行为低电平。因此，要具体判断是哪个按键被按下还要进行按键识别。

3．识别按键的方法

识别按键的方法很多，主要有逐行扫描法（也称行列扫描法）和行列反转法两种矩阵键盘扫描方法。

1）逐行扫描法

逐行扫描法是最常见的按键识别的扫描方法，其方法是往列线上按顺序一列一列地送出低电平。

（1）给第 1 列送出低电平，其他列为高电平，读入的行线的电平状态就表明了第 1 列的 4 个按键的情况，若读入的行信号全为高电平，则表示无按键被按下；

（2）给第 2 列送出低电平，其他列为高电平，读入的行线的电平状态表明了该列上的 4 个按键的情况，若读入的行信号全为高电平，则表示无按键被按下；

（3）轮流给各列送出低电平，直至 4 列全部送完。再从第 1 列开始，依次循环。

采用逐行扫描法再来观察第 2 行与第 2 列交叉点的按键被按下时的判断过程，当第 2 列送出低电平时，读第 2 行为低电平，而当其他列送出低电平时，读第 2 行却为高电平，由此即可断定被按下的按键应是第 2 行与第 2 列交叉点的按键。

2）行列反转法

行列反转法的矩阵键盘扫描过程主要有以下两个步骤：

（1）先将列线全部设置为低电平 0、行线全部设置为高电平 1；然后将行线设置为输入线并读取行线数据，若行线全为高电平 1，则没有按键被按下，若有行线为低电平 0，则为被按下按键的所在行；

（2）将步骤（1）反过来，先将列线全部设置为高电平 1、行线全部设置为低电平 0；然后将列线设置为输入线并读取列线数据，若列线全为高电平 1，则没有按键被按下，若有列线为低电平 0，则为被按下按键的所在列。

这样我们就可以根据获得的行号和列号，来确定按键被按下的位置。

4．按键编码

由于矩阵键盘的按键较多，按键的位置又是由行号和列号唯一确定的，因此可以对按键进行编码，并把得到的编码称为键值。

根据以上分析，矩阵键盘有如下编程步骤：

（1）判断是否有按键被按下；

（2）若有，判断是哪一个按键被按下；

（3）查表或计算得到键值；

（4）根据键值转向不同的功能程序。

4.2.3 矩阵键盘设计与实现

1. 矩阵键盘电路设计

根据任务描述要求，矩阵键盘是由 LK32T102 单片机开发板、矩阵键盘模块及显示模块组成的。矩阵键盘电路如图 4-10 所示。

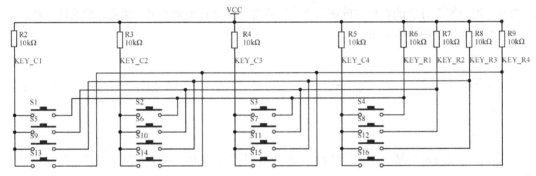

图 4-10　矩阵键盘电路

在图 4-10 中，4×4 矩阵键盘的行线依次连接到 LK32T102 单片机 PB 口的 PB8～PB11 引脚上，列线依次连接到 PB12～PB15 引脚上。矩阵键盘模块如图 4-11 所示。

图 4-11　矩阵键盘模块

2. 行列反转扫描实现分析

根据图 4-10 所示的矩阵键盘电路，4×4 矩阵键盘的程序设计关键是设计键盘扫描程序，本任务采用常见的行列反转法扫描。矩阵键盘的行列反转扫描程序包括以下内容：

（1）判断有无按键被按下。

方法：PB 口输出 0x0f00，即 PB12～PB15 引脚输出低电平、PB8～PB11 引脚输出高电平；然后读 PB 口，若高 8 位的低 4 位 PB8～PB11 引脚全为 1，则键盘上没有按键被按下，若 PB8～

PB11 引脚不全为 1，则有按键被按下。

（2）消除按键的抖动。

方法：当判断到键盘上有按键被按下后，先延时一段时间，再判断键盘的状态，若仍为有按键被按下状态，则认为有一个按键被按下，否则当作按键抖动来处理。

（3）保存按键的行号。

方法：消除按键的抖动后，仍有行线为低电平 0，该行线即为被按下按键的所在行，保存该按键所在的行号。

```
PB -> OUT |= 0x0f00;
......
row = ( PB -> PIN >> 8 ) & 0x0f;       //获取行号
```

（4）保存按键的列号。

方法：在获得被按下按键的所在行号后，根据行列反转法，在 PB 口输出 0xf000，即 PB8～PB11 引脚输出低电平、PB12～PB15 引脚输出高电平，读取列线数据，若有列线为低电平 0，则为被按下按键的所在列，保存该按键所在的列号。

```
PB -> OUT |= 0xf000;
......
col = PB -> PIN & 0xf0;                 //获取列号
```

（5）查表获得键值。

按键所在位置的行号和列号都是唯一的，根据图 4-10 所示，先建立每个按键的位置表格，建立按键位置表格的代码如下：

```
uint8_t colrow[] = {0xee,0xde,0xbe,0x7e,0xed,0xdd,0xbd,0x7d,0xeb,0xdb,0xbb,0x7b,0xe7,0xd7,0xb7,0x77};
```

为了与图 4-10 所示的按键位置一一对应，也可以写成：

```
uint8_t colrow[] = {0xee,0xde,0xbe,0x7e,          //第1行，第1列是0xee、第2列是0xde……
                    0xed,0xdd,0xbd,0x7d,          //第2行，第1列是0xed、第2列是0xdd……
                    0xeb,0xdb,0xbb,0x7b,          //第3行，第1列是0xeb、第2列是0xdb……
                    0xe7,0xd7,0xb7,0x77};         //第4行，第1列是0xe7、第2列是0xd7……
```

然后根据图 4-11 所示，建立每个按键的键值表格，建立键值表格的代码如下：

```
uint8_t key_val[] = {'1','2','3','A','4','5','6','B','7','8','9','C','*','0','#','D'};
```

为了与图 4-11 所示的键值一一对应，也可以写成：

```
uint8_t key_val[] = {'1','2','3','A',             //第1行，第1列是'1'、第2列是'2'……
                     '4','5','6','B',             //第2行，第1列是'4'、第2列是'5'……
                     '7','8','9','C',             //第3行，第1列是'7'、第2列是'8'……
                     '*','0','#','D'};            //第4行，第1列是'*'、第2列是'0'……
```

说明：在 colrow 数组中的每个按键位置都与 key_val 数组中的每个按键的键值是一一对应的。例如，在 colrow 数组中，按键位置"0xee"的下标是 0，其对应 key_val 数组下标为 0 的键值是 1。

求键值的方法是采用查表的方式，先对按键位置表格进行查表，获得按键所在位置（colrow 数组的下标）；然后根据按键所在位置（下标）直接获得按键的键值。

（6）根据键值转向不同的功能程序。

（7）判断闭合按键是否被释放。

由于按键闭合一次，只能进行一次功能操作，所以要等按键被释放后，才能根据键值执行相应的功能键操作。

3. 移植任务 9 工程

复制"任务 9　OLED 显示设计"文件夹，然后修改文件夹名为"任务 11　矩阵键盘设计"，将 USER 文件夹下的"M0_OLED.uvprojx"工程名修改为"Matrix_keyboard.uvprojx"。

4. 编写矩阵键盘设备文件

矩阵键盘设备文件主要有矩阵键盘设备驱动文件 keyboard4x4.c 和矩阵键盘设备头文件 keyboard4x4.h。

（1）编写 keyboard4x4.h 头文件。

keyboard4x4.h 头文件的代码如下：

```
#ifndef __KEYBOARD4X4_H
#define __KEYBOARD4X4_H
#include <SC32F5832.h>
#define  PORTB  PB -> PIN          //宏定义：读 PB 口引脚的电压
char scan_MatrixKey( void );
//void Key4x4(void);
#endif
```

（2）编写 keyboard4x4.c 文件。

keyboard4x4.c 文件的代码如下：

```
#include <SC32F5832.h>
#include <DevInit.h>
#include "keyboard4x4.h"
#include "LED.h"
#include "OLED.h"
uint8_t  colrow[] =
    {0xee,0xde,0xbe,0x7e,0xed,0xdd,0xbd,0x7d,0xeb,0xdb,0xbb,0x7b,0xe7,0xd7,0xb7,0x77};
                                   //按键的位置表
uint8_t  key_val[] = {'1','2','3','A','4','5','6','B','7','8','9','C','*','0','#','D'};
                                   //按键的键值表
char scan_MatrixKey( void )        //矩阵键盘扫描函数，采用反转扫描法（PB 口的高 8 位）
{
    uint8_t col;                   //保存列号
    uint8_t row;                   //保存行号
    uint8_t tmp;                   //临时变量
    static uint8_t key_count = 0;  //存放按键被矩阵键盘扫描函数 scan_MatrixKey()扫描的次数
    PB -> OUTEN |= 0XFF00;          //设置 PB 高 8 位为输出
    PB -> OUT &= 0X00FF;            //PB 口高 8 位清 0
    PB -> OUT |= 0XF000;            //初始值：PB 口高 8 位的低 4 位为低电平、高 4 位为高电平
    PB -> OUTEN &= 0X0FFF;          //设置 PB 口高 8 位的高 4 位为输入
    GPIO_PUPD_SEL(PUPD_PU, PB, 12 ); //设置 PB 口高 8 位的高 4 位为上拉输入
    GPIO_PUPD_SEL(PUPD_PU, PB, 13 );
    GPIO_PUPD_SEL(PUPD_PU, PB, 14 );
    GPIO_PUPD_SEL(PUPD_PU, PB, 15 );
    tmp = PORTB >> 8;              //读取 PB 口高 8 位的高 4 位（键盘的列数据），并右移 8 位
    if( tmp != 0XF0 )             //tmp 的高 4 位是列数据。若有按键被按下，其高 4 位有 1 位是 0
    {
        if( key_count < 2 )       //防止长时间按下按键。在长按时，持续自增导致计数变量溢出
        {
            key_count++;
        }
    }
    else
    {
```

```
                key_count = 0;                    //当产生按键抖动被抬起时，计数清 0
        }
        if( key_count == 2 )                      //若连续 2 次扫描按键均处于被按下状态，则认定按键确实被按下
        {
                column = tmp & 0XF0;              //获取列号
                PB -> OUTEN |= 0XFF00;           //设置 PB 口高 8 位为输出
                PB -> OUT &= 0X00FF;
                PB -> OUT |= 0X0F00;             //PB 口高 8 位的低 4 位为高电平、高 4 位为低电平
                PB -> OUTEN &= 0XF0FF;           //设置 PB 口高 8 位的低 4 位为输入
                GPIO_PUPD_SEL(PUPD_PU, PB, 8 );  //设置 PB 口高 8 位的低 4 位为上拉输入
                GPIO_PUPD_SEL(PUPD_PU, PB, 9 );
                GPIO_PUPD_SEL(PUPD_PU, PB, 10 );
                GPIO_PUPD_SEL(PUPD_PU, PB, 11 );
                row = ( PORTE >> 8 ) & 0X0F;     //获取行号，高 4 位 col、低 4 位 row
                for(i=0;i<16;i++)
                {
                        if(colrow[i]==(col | row)) //查表 colrow[]，如果表达式成立，i 即为键值表
key_val[]的位置
                        {
                                return key_val[i]; //有按键被按下，根据 i 查表，返回被按下按键的键值 key_val[i]
                        }
                }
        }
        if( ( PORTB & 0XFF00 ) == 0xF000 )        //若没有按键被按下或被释放，扫描次数清 0
        {
                key_count = 0;
        }
        return ' ';                               //无按键被按下，返回值为空
}
```

编写完成 keyboard4x4.h 头文件和 keyboard4x4.c 文件后，将其保存在 HARDWARE\keyboard4x4 文件夹里面，作为矩阵键盘设备文件，以供其他文件调用。

5. 矩阵键盘程序设计

在设计矩阵键盘程序时，主要修改存放字符点阵数据的头文件 oledfont.h 和主文件 main.c。

（1）修改头文件 oledfont.h。

根据任务描述要求，需要在 OLED 显示屏上显示"矩阵键盘测试、按键被按下、杭州朗迅科技公司"等汉字及"0~9、A~D、*、#"等字符。ASCII 常用字符集的点阵数据不需要提取，只要更换"按键被按下"等汉字的点阵数据即可，修改的 oledfont.h 头文件代码如下：

```
#ifndef __OLEDFONT_H
#define __OLEDFONT_H
……
/*********************************************16*16 的点阵********************************************/
//取模软件：zimo221；参数设置：纵向取模、字节倒序；取模方式：C51
char Hzk[][16]={
……
{0x00,0x00,0x18,0x16,0x10,0xD0,0xB8,0x97,0x90,0x90,0x90,0x92,0x94,0x10,0x00,0x00},
// "公"上半字，no=7
{0x01,0x00,0x20,0x70,0x28,0x26,0x21,0x20,0x20,0x24,0x38,0x60,0x00,0x01,0x01,0x00},
// "公"下半字
{0x00,0x10,0x12,0x92,0x92,0x92,0x92,0x92,0x92,0x12,0x12,0x02,0xFE,0x00,0x00,0x00},
```

```
// "司" 上半字, no=8
{0x00,0x00,0x00,0x3F,0x10,0x10,0x10,0x10,0x3F,0x00,0x40,0x80,0x7F,0x00,0x00,0x00},
// "司" 下半字
......
{0x02,0x02,0x02,0x02,0x02,0x02,0xFE,0x02,0x02,0x42,0x82,0x02,0x02,0x02,0x02,0x00},
// "下" 上半字, no=17
{0x00,0x00,0x00,0x00,0x00,0x00,0xFF,0x00,0x00,0x00,0x00,0x01,0x06,0x00,0x00,0x00},
// "下" 下半字
};
#endif
```

oledfont.h 头文件的详细代码见源程序。

（2）修改主文件 main.c。

在"任务 11　矩阵键盘设计"中，根据任务要求实现 4×4 矩阵键盘，对主文件 main.c 进行修改，4×4 矩阵键盘的代码如下：

```
#include <SC32F5832.h>
#include <DevInit.h>
#include "keyboard4x4.h"
#include "delay.h"
#include <LED.h>
#include <GPIO.h>
#include <OLED.h>
//#include "oledfont.h"
int main()
{
    uint8_t key=' ';
    Device_Init();
    OLED_ShowCHinese(9,0,9);                  //矩, Hzk[][]的第 9 行
    OLED_ShowCHinese(27,0,10);                //阵, 10
    OLED_ShowCHinese(45,0,11);                //键, 11
    OLED_ShowCHinese(63,0,12);                //盘, 12
    OLED_ShowCHinese(81,0,13);                //测, 13
    OLED_ShowCHinese(99,0,14);                //试, 14
    OLED_ShowCHinese(9,3,15);                 //按, 15
    OLED_ShowCHinese(27,3,11);                //键, 11
    OLED_ShowCHinese(63,3,16);                //被, 16
    OLED_ShowCHinese(81,3,15);                //按, 15
    OLED_ShowCHinese(99,3,17);                //下, 17
    OLED_ShowCHinese(9,6,0);                  //杭, 0
    OLED_ShowCHinese(27,6,1);                 //州, 1
    OLED_ShowCHinese(45,6,2);                 //朗, 2
    OLED_ShowCHinese(63,6,3);                 //迅, 3
    OLED_ShowCHinese(81,6,4);                 //科, 4
    OLED_ShowCHinese(99,6,5);                 //技, 5
    while(1)
    {
        key = scan_MatrixKey();               //矩阵键盘扫描函数, 其返回值为被按下按键的键值
        if(key!=' ')                          //无按键被按下, 返回值为空
            OLED_ShowChar(45,3,key);
        delay_ms(50);
    }
}
```

（3）工程编译。

完成程序设计后，对工程进行编译，生成"Matrix_keyboard.hex"目标代码文件。若编译发生错误，要进行分析检查，直到编译正确。

6. 程序下载与调试

（1）连接 J-Link 下载器和开发板，在 Keil μVision5 界面上单击快速访问工具栏中的 🔽 按钮完成程序下载。

（2）启动开发板，观察 4×4 矩阵键盘是否与任务要求一致，若与任务要求不一致，要对电路和程序进行分析检查，直到运行正确。4×4 矩阵键盘运行效果如图 4-12 所示。

图 4-12　4×4 矩阵键盘运行效果

4.3　任务 12　中断方式的按键控制设计

4.3.1　任务描述

中断方式的按键控制是在任务 10 中的按键控制电路的基础上，当无按键被按下时，CPU 正常工作，不执行按键识别程序；当有按键被按下时，产生中断申请，CPU 转去执行按键识别程序。其他功能与任务 10 中的功能一样。

4.3.2　认识 LK32T102 单片机中断

1. 中断

中断是 LK32T102 单片机的核心技术之一，要想用好 LK32T102 单片机，就必须掌握好中断。在任务 10 的按键控制中，无论是否有按键被按下，CPU 都要按时判断按键是否被按下，而嵌入式电子产品在工作时，并非经常需要按键输入。因此，CPU 经常处于空的判断状态，浪费了 CPU 的时间。为了提高 CPU 的工作效率，按键可以采用中断的工作方式：当无按键被按下时，CPU 正常工作，不执行按键识别控制程序；当有按键被按下时，产生中断，CPU 转去执行按键识别控制程序，然后返回。这样就充分实现了中断的实时处理功能，提高了 CPU 的工作效率。

那么，什么叫中断呢？

当 CPU 正在执行某个程序时，由计算机内部或外部的原因引起的紧急事件向 CPU 发出请求处理的信号，CPU 在允许的情况下响应请求处理信号，暂时停止正在执行的程序，保护好断点处的现场，转向执行一个用于处理该紧急事件的程序，处理完后又返回被中止的程序断点处，继续执行原程序，这一过程就称为中断。

在日常生活中，"中断"的现象也比较普遍。例如，某人正在打扫卫生，突然电话铃响了，他立即"中断"正在做的事（打扫卫生）转去接电话，接完电话，然后接着打扫卫生。在这里，接电话就是随机而又紧急的事件。

嵌套向量中断控制器（NVIC）是 Cortex-M0 内核的一部分，可以让 CPU 以最短的时间对中断做出反应。NVIC 有以下几个主要特征：

（1）较短的中断响应延迟；

（2）可处理系统异常和外设中断；

（3）支持 32 个中断向量（IRQ0～IRQ31）；

（4）有 4 种可编程的中断响应优先级别；

（5）可产生软件中断；

（6）可配置不可屏蔽中断（NMI）源。

2. LK32T102 单片机中断号

LK32T102 单片机的每一个中断，都对应一个中断号（IRQ 号）。中断号是在 SC32F5832.h 头文件中定义的，代码如下：

```
typedef enum {
    Reset_IRQn              = -15,      //中断号（IRQ 号）-15，复位
    NonMaskableInt_IRQn     = -14,      //中断号（IRQ 号）-14，不可屏蔽中断
    HardFault_IRQn          = -13,      //中断号（IRQ 号）-13，硬件错误中断
    SVCall_IRQn             = -5,       //中断号（IRQ 号）-5，系统调用中断
    PendSV_IRQn             = -2,       //中断号（IRQ 号）-2，可挂起的系统服务请求中断
    SysTick_IRQn            = -1,       //中断号（IRQ 号）-1，系统定时器中断
    UART0_IRQn              = 0,        //中断号（IRQ 号）0，串口 0 中断
    UART1_IRQn              = 1,        //中断号（IRQ 号）1，串口 1 中断
    SPI0_IRQn               = 3,        //中断号（IRQ 号）3，SPI0 中断
    ACMP_OPA_IRQn           = 5,        //中断号（IRQ 号）5，比较器运放中断
    TIMER0_IRQn             = 6,        //中断号（IRQ 号）6，定时器 0 中断
    TIM6_T0_IRQn            = 8,        //中断号（IRQ 号）8，定时器 6_T0 中断
    TIM6_T1_IRQn            = 9,        //中断号（IRQ 号）9，定时器 6_T1 中断
    DMA_IRQn                = 11,       //中断号（IRQ 号）11，DMA 中断
    COPROC_IRQn             = 12,       //中断号（IRQ 号）12，协处理中断
    IAP_IRQn                = 13,       //中断号（IRQ 号）13，IAP 中断
    WWDT_IRQn               = 14,       //中断号（IRQ 号）14，窗口看门狗中断
    IWDT_IRQn               = 15,       //中断号（IRQ 号）15，独立看门狗中断
    PA_IRQn                 = 16,       //中断号（IRQ 号）16，PA 口中断
    PB_IRQn                 = 17,       //中断号（IRQ 号）17，PB 口中断
    PC_IRQn                 = 18,       //中断号（IRQ 号）18，PC 口中断
    ADC0_IRQn               = 19,       //中断号（IRQ 号）19，ADC0 中断
    ADC1_IRQn               = 20,       //中断号（IRQ 号）20，ADC1 中断
    ADC2_IRQn               = 21,       //中断号（IRQ 号）21，ADC2 中断
    ADC_IRQn                = 22,       //中断号（IRQ 号）22，ADC 总中断
    PWM0_IRQn               = 23,       //中断号（IRQ 号）23，PWM0 中断
    PWM4_IRQn               = 25,       //中断号（IRQ 号）25，PWM4 中断
    PWM_IRQn                = 27,       //中断号（IRQ 号）27，PWM_COMB 中断
    ERU0_IRQn               = 28,       //中断号（IRQ 号）28，ERU（事件请求）中断输出 0
    ERU1_IRQn               = 29,       //中断号（IRQ 号）29，ERU 中断输出 1
    ERU2_IRQn               = 30,       //中断号（IRQ 号）30，ERU 中断输出 2
    ERU3_IRQn               = 31,       //中断号（IRQ 号）31，ERU 中断输出 3
} IRQn_Type;
```

3. 有关中断的寄存器

1）有关中断控制的寄存器

LK32T102 单片机主要有中断允许寄存器、中断禁止寄存器、中断挂起寄存器、清除中断挂起寄存器等有关中断控制的寄存器。有关中断控制的寄存器的描述如表 4-1 所示。

表 4-1　有关中断控制的寄存器的描述

寄存器	符号	描述	功能
中断允许寄存器 （ISER）	SETENA	IRQ0～IRQ31 中断允许位。 写：0＝无效；1＝允许中断 读：0＝中断禁止；1＝中断允许	用于允许中断设置，同时可返回当前允许中断设置
中断禁止寄存器 （ICER）	CLRENA	IRQ0～IRQ31 中断禁止位。 写：0＝无效；1＝禁止中断 读：0＝中断禁止；1＝中断允许	用于禁止中断，同时可返回当前允许中断设置
中断挂起寄存器 （ISPR）	SETPEND	IRQ0～IRQ31 中断挂起位。 写：0＝无效；1＝强制中断进入挂起状态 读：0＝没有中断挂起；1＝中断挂起	强制中断进入挂起状态，同时可返回当前中断挂起设置
清除中断挂起寄存器（ICPR）	CLRPEND	IRQ0～IRQ31 清除中断挂起控制位。 写：0＝无效；1＝清除该中断挂起状态 读：0＝该中断不在挂起状态； 1＝该中断处于挂起状态	用于清除中断的挂起状态或返回中断的挂起状态

说明如下：

（1）这些寄存器的复位值是 0x00。

（2）LK32T102 单片机支持 32 个中断向量，对应的中断号是 IRQ0～IRQ31。

（3）如果中断被允许，并且相应中断挂起被设置，NVIC 将会根据中断优先级触发中断；反之，中断被禁止，中断源只会改变中断挂起状态，而 NVIC 不会对中断源信号采取任何动作。

（4）如果一个中断发生了，却无法立即处理（比如 CPU 正在处理更高优先级的中断），这个中断请求将会被挂起，挂起状态被保存在一个寄存器中，如果 CPU 的当前优先级还没有降低到可以处理挂起的请求，并且没有手动清除挂起的状态，该状态将会一直保持合法。

2）中断优先级寄存器

中断优先级寄存器共有 8 个，分别为 IPR0～IPR7。中断优先级寄存器 IPR0～IPR7 提供给每个中断（IRQ0～IRQ31）2 位 4 种优先级设置。每一个寄存器包含 4 个中断的优先级，如图 4-13 所示。

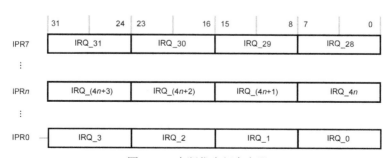

图 4-13　中断优先级寄存器

　　在图 4-13 中，n 的取值是 0～7，每个中断（IRQ0～IRQ31）占有 8 位（1 字节），如 IRQ0 中断占有 0～7 位。每个中断的优先级设置是放在字节的高 2 位（位 7 和位 6），共能设置 4 级优先级 0～3，数值越低，表示优先级越高。其中，字节的低 6 位（位 5～位 0）读为 0、写无效。

　　那么，如何计算每个中断（IRQ0～IRQ31）在哪一个寄存器（如何确定寄存器号）？以及在寄存器中哪一个位置呢？

　　（1）计算每个中断（IRQ0～IRQ31）在哪一个寄存器的方法：中断号对 4 整除；

　　（2）计算每个中断（IRQ0～IRQ31）在寄存器中哪一个位置的方法：中断号对 4 求余。

　　3）中断优先级配置和中断开/关控制

　　中断优先级配置和中断开/关控制主要涉及前面介绍的寄存器，其代码存放在 IRQ.c 文件中。IRQ.c 文件的代码如下：

```c
#include <SC32F5832.h>
/***************中断初始化，设置中断优先级，0 为最高****************/
void IRQ_Init()
{
    NVIC_ClearPendingIRQ(SysTick_IRQn);          //系统定时器中断 SysTick_IRQn 清除挂起
    NVIC_SetPriority(SysTick_IRQn,3);            //系统定时器中断 SysTick_IRQn 优先级设置为 3
    NVIC_ClearPendingIRQ(PWM0_IRQn);             //PWM0 中断 PWM0_IRQn 清除挂起
    NVIC_SetPriority(PWM0_IRQn,1);               //PWM0 中断 PWM0_IRQn 优先级设置为 1
    NVIC_ClearPendingIRQ(TIMER0_IRQn);           //定时器 0 中断 TIMER0_IRQn 清除挂起
    NVIC_SetPriority(TIMER0_IRQn,0);             //定时器 0 中断 TIMER0_IRQn 优先级设置为 0
    NVIC_ClearPendingIRQ(ADC_IRQn);              //ADC 总中断 ADC_IRQn 清除挂起
    NVIC_SetPriority(ADC_IRQn,1);                //ADC 总中断 ADC_IRQn 优先级设置为 1
    NVIC_ClearPendingIRQ(TIM6_T0_IRQn);          //定时器 6_T0 中断 TIM6_T0_IRQn 清除挂起
    NVIC_SetPriority(TIM6_T0_IRQn,2);            //定时器 6_T0 中断 TIM6_T0_IRQn 优先级设置为 2
    NVIC_ClearPendingIRQ(TIM6_T1_IRQn);          //定时器 6_T1 中断 TIM6_T1_IRQn 清除挂起
    NVIC_SetPriority(TIM6_T1_IRQn,2);            //定时器 6_T1 中断 TIM6_T1_IRQn 优先级设置为 2
    NVIC_ClearPendingIRQ(UART0_IRQn);            //串口 0 中断 UART0_IRQn 清除挂起
    NVIC_SetPriority(UART0_IRQn,3);              //串口 0 中断 UART0_IRQn 优先级设置为 3
    NVIC_ClearPendingIRQ(UART1_IRQn);            //串口 1 中断 UART1_IRQn 清除挂起
    NVIC_SetPriority(UART1_IRQn,3);              //串口 1 中断 UART1_IRQn 优先级设置为 3
    NVIC_ClearPendingIRQ(ACMP_OPA_IRQn);         //比较器运放中断 ACMP_OPA_IRQn 清除挂起
    NVIC_SetPriority(ACMP_OPA_IRQn,0);           //比较器运放中断 ACMP_OPA_IRQn 优先级设置为 0
    NVIC_ClearPendingIRQ(PA_IRQn);               //PA 口中断 PA_IRQn 清除挂起
    NVIC_SetPriority(PA_IRQn,0);                 //PA 口中断 PA_IRQn 优先级设置为 0
}
/**************************开中断*************************/
void IRQ_Enable()
{
    NVIC_EnableIRQ(SysTick_IRQn);                //开系统定时器中断 SysTick_IRQn
    NVIC_EnableIRQ(PWM0_IRQn);                   //开 PWM0 中断 PWM0_IRQn
    NVIC_EnableIRQ(TIMER0_IRQn);                 //开定时器 0 中断 TIMER0_IRQn
    NVIC_EnableIRQ(ADC_IRQn);                    //开 ADC 总中断 ADC_IRQn
    NVIC_EnableIRQ(TIM6_T0_IRQn);                //开定时器 6_T0 中断 TIM6_T0_IRQn
    NVIC_EnableIRQ(TIM6_T1_IRQn);                //开定时器 6_T1 中断 TIM6_T1_IRQn
    NVIC_EnableIRQ(UART0_IRQn);                  //开串口 0 中断 UART0_IRQn
    NVIC_EnableIRQ(PA_IRQn);                     //开 PA 口中断 PA_IRQn
    NVIC_EnableIRQ(PB_IRQn);                     //开 PB 口中断 PB_IRQn
    NVIC_EnableIRQ(PC_IRQn);                     //开 PC 口中断 PC_IRQn
    NVIC_EnableIRQ(UART1_IRQn);                  //开串口 1 中断 UART1_IRQn
```

```
        NVIC_EnableIRQ(ACMP_OPA_IRQn);                    //开比较器运放中断 ACMP_OPA_IRQn
    }
    /******************************关闭中断****************************/
    void IRQ_Disable()
    {
        NVIC_DisableIRQ(SysTick_IRQn);                    //关闭系统定时器中断 SysTick_IRQn
        NVIC_DisableIRQ(PWM0_IRQn);                       //关闭 PWM0 中断 PWM0_IRQn
        NVIC_DisableIRQ(TIMER0_IRQn);                     //关闭定时器 0 中断 TIMER0_IRQn
        NVIC_DisableIRQ(ADC_IRQn);                        //关闭 ADC 总中断 ADC_IRQn
        NVIC_DisableIRQ(TIM6_T0_IRQn);                    //关闭定时器 6_T0 中断 TIM6_T0_IRQn
        NVIC_DisableIRQ(TIM6_T1_IRQn);                    //关闭定时器 6_T1 中断 TIM6_T1_IRQn
        NVIC_DisableIRQ(UART0_IRQn);                      //关闭串口 0 中断 UART0_IRQn
        NVIC_DisableIRQ(UART1_IRQn);                      //关闭串口 1 中断 UART1_IRQn
        NVIC_DisableIRQ(ACMP_OPA_IRQn);                   //关闭比较器运放中断 ACMP_OPA_IRQn
        NVIC_DisableIRQ(PA_IRQn);                         //关闭 PA 口中断 PA_IRQn
        NVIC_DisableIRQ(PB_IRQn);                         //关闭 PB 口中断 PB_IRQn
        NVIC_DisableIRQ(PC_IRQn);                         //关闭 PC 口中断 PC_IRQn
    }
```

4. 外部中断

LK32T102 单片机的每一个 GPIO 引脚都可以作为外部中断的中断输入口，也就是每一个 GPIO 引脚都能配置成一个外部中断触发源，这点也是 LK32T102 单片机的强大之处。

LK32T102 单片机的 PA 口、PB 口和 PC 口对应的中断号分别为 IRQ16、IRQ17 和 IRQ18，也就是说，PA 口的引脚共同对应一个中断号 IRQ16、PB 口的引脚共同对应一个中断号 IRQ17、PC 口的引脚共同对应一个中断号 IRQ18。对于 LK32T102 单片机的外部中断配置，主要涉及 INTMASK、INTTYPE、INTBV、INTPOL 及 RIS 等寄存器。外部中断控制寄存器的描述如表 4-2 所示。

表 4-2　外部中断控制寄存器的描述

位	读写	寄存器	描述
31:16	—	—	保留
15:0	R/W	INTMASK	GPIO 引脚 Pn_x 中断屏蔽位。 0 表示不屏蔽引脚 Pn_x 上的中断；1 表示屏蔽引脚 Pn_x 上的中断
		INTTYPE	GPIO 引脚 Pn_x 中断类型选择位。 0 表示引脚 Pn_x 中断配置为电平中断；1 表示引脚 Pn_x 中断配置为边沿中断
		INTBV	GPIO 引脚 Pn_x 中断双沿触发使能位。 0 表示引脚 Pn_x 中断为单边沿触发，参照 INTPOL 寄存器说明； 1 表示引脚 Pn_x 中断为双边沿触发
		INTPOL	GPIO 引脚 Pn_x 中断极性选择位。 0 表示引脚 Pn_x 中断为下降沿或低电平触发； 1 表示引脚 Pn_x 中断为上升沿或高电平触发
		RIS	GPIO 引脚 Pn_x 的原始中断状态。 读操作，0 表示引脚 Pn_x 上无中断；1 表示引脚 Pn_x 上有中断。 写操作，0 表示无效；1 表示清除引脚 Pn_x 上的中断

其中，n 的取值为 A、B、C，x 的取值为 0～15，寄存器的低 16 位（15:0）与 GPIO 口引脚号一一对应。关于外部中断的配置，在 GPIO.h 头文件中都进行了宏定义，代码如下：

```
/**************************GPIO中断使能与去使能**************************/
#define  PA_INT_ENABLE(x)     PA->INTMASK&=~(1<<x)        //中断使能
#define  PB_INT_ENABLE(x)     PB->INTMASK&=~(1<<x)
#define  PC_INT_ENBALE(x)     PC->INTMASK&=~(1<<x)
#define  PA_INT_DISABLE(x)    PA->INTMASK|=(1<<x)         //中断屏蔽
#define  PB_INT_DISABLE(x)    PB->INTMASK|=(1<<x)
#define  PC_INT_DISBALE(x)    PC->INTMASK|=(1<<x)
/**************************GPIO引脚中断类型选择**************************/
#define  PA_INT_LEVEL(x)      PA->INTTYPE&=~(1<<x)        //配置为电平触发中断
#define  PB_INT_LEVEL(x)      PB->INTTYPE&=~(1<<x)
#define  PC_INT_LEVEL(x)      PC->INTTYPE&=~(1<<x)
#define  PA_INT_EDGE(x)       PA->INTTYPE|=(1<<x)         //配置为边沿触发中断
#define  PB_INT_EGDE(x)       PB->INTTYPE|=(1<<x)
#define  PC_INT_EGDE(x)       PC->INTTYPE|=(1<<x)
/**************************GPIO选择单/双边沿触发中断**************************/
#define  PA_INT_BE_ENABLE(x)  PA->INTBV|=(1<<x)           //双边沿触发
#define  PB_INT_BE_ENABLE(x)  PB->INTBV|=(1<<x)
#define  PC_INT_BE_ENABLE(x)  PC->INTBV|=(1<<x)
#define  PA_INT_BE_DISABLE(x) PA->INTBV&=~(1<<x)          //单边沿触发
#define  PB_INT_BE_DISABLE(x) PB->INTBV&=~(1<<x)
#define  PC_INT_BE_DISABLE(x) PC->INTBV&=~(1<<x)
/**************************GPIO中断触发极性选择**************************/
#define  PA_INT_POL_HIGH(x)   PA->INTPOL|=(1<<x)          //上升沿或高电平触发
#define  PB_INT_POL_HIGH(x)   PB->INTPOL|=(1<<x)
#define  PC_INT_POL_HIGH(x)   PC->INTPOL|=(1<<x)
#define  PA_INT_POL_LOW(x)    PA->INTPOL&=~(1<<x)         //下降沿或低电平触发
#define  PB_INT_POL_LOW(x)    PA->INTPOL&=~(1<<x)
#define  PC_INT_POL_LOW(x)    PA->INTPOL&=~(1<<x)
/**************************GPIO中断标志位清除**************************/
#define  PA_INT_FLAG_CLR(x)   PA->RIS=(1<<x)
#define  PB_INT_FLAG_CLR(x)   PB->RIS=(1<<x)
#define  PC_INT_FLAG_CLR(x)   PC->RIS=(1<<x)
```

例如，使用 PA 口的 PA0 引脚作为外部中断输入，PA0 配置为边沿中断、单边沿触发、下降沿触发。PA0 中断配置初始化，代码如下：

```
PA_INT_ENABLE(0);            //开启 PA0 中断
PA_INT_EDGE(0);              //配置为边沿中断
PA_INT_BE_DISABLE(0);        //配置为单边沿触发
PA_INT_POL_LOW(0);           //配置为下降沿触发
PA_INT_FLAG_CLR(0);          //清除中断标志
```

4.3.3 中断方式的按键控制设计与实现

根据任务描述，中断方式的按键控制电路与"任务 10 按键控制设计"电路一样，在这里就不做介绍了。

1．移植任务 10 工程

复制"任务 10 按键控制设计"文件夹，然后修改文件夹名为"任务 12 中断方式的按键控制设计"，将 USER 文件夹下的"M0_KEY.uvprojx"工程名修改为"M0_NVIC_KEY.uvprojx"。

2．编写按键中断代码

按键中断代码主要涉及按键中断初始化、中断初始化（优先级设置）、中断开/关控制及中断服务函数等代码。其中，中断初始化（优先级设置）和中断开/关控制代码在前面已经给出。

按键中断文件主要有按键中断设置文件 NVIC_KEY.c 和按键中断头文件 NVIC_KEY.h。

（1）编写按键中断初始化代码。

按键中断初始化代码包括按键中断设置文件 NVIC_KEY.c 和按键中断头文件 NVIC_KEY.h。编写按键中断头文件 NVIC_KEY.h，代码如下：

```
#ifndef __KEY_H
#define __KEY_H
#include <SC32F5832.h>
#include <GPIO.h>
#define S2  Read_PA_Bit(0)
#define S3  Read_PA_Bit(1)
#define S4  Read_PA_Bit(10)
#define S5  Read_PA_Bit(11)
void NVIC_KEY_init(void);
#endif
```

其中 Read_PA_Bit(x)是在 GPIO.h 头文件中宏定义的，用于读取指定的 GPIO 引脚电平状态，x 为引脚号（0~15）。代码如下：

```
#define  Read_PA_Bit(x)  (PA->PIN&(1<<x))
#define  Read_PB_Bit(x)  (PB->PIN&(1<<x))
#define  Read_PC_Bit(x)  (PC->PIN&(1<<x))
```

编写按键中断设置文件 NVIC_KEY.c，代码如下：

```
#include <SC32F5832.h>
#include <DevInit.h>
#include <NVIC_KEY.h>
#include "delay.h"
#include <LED.h>
#include <BEEP.h>
/*********************主板按键中断初始化*********************/
void NVIC_KEY_init(void)
{
    PA_INT_ENABLE(0);              //开启 PA0 引脚中断
    PA_INT_EDGE(0);                //配置为边沿中断
    PA_INT_BE_DISABLE(0);          //配置为单边沿触发
    PA_INT_POL_LOW(0);             //配置为下降沿触发
    PA_INT_FLAG_CLR(0);            //清除中断标志
    PA_INT_ENABLE(1);              //开启 PA1 引脚中断
    PA_INT_EDGE(1);                //配置为边沿中断
    PA_INT_BE_DISABLE(1);          //配置为单边沿触发
    PA_INT_POL_LOW(1);             //配置为下降沿触发
    PA_INT_FLAG_CLR(1);            //清除中断标志
    PA_INT_ENABLE(10);             //开启 PA10 引脚中断
    PA_INT_EDGE(10);               //配置为边沿中断
    PA_INT_BE_DISABLE(10);         //配置为单边沿触发
    PA_INT_POL_LOW(10);            //配置为下降沿触发
    PA_INT_FLAG_CLR(10);           //清除中断标志
    PA_INT_ENABLE(11);             //开启 PA11 引脚中断
    PA_INT_EDGE(11);               //配置为边沿中断
    PA_INT_BE_DISABLE(11);         //配置为单边沿触发
    PA_INT_POL_LOW(11);            //配置为下降沿触发
    PA_INT_FLAG_CLR(11);           //清除中断标志
}
```

编写完成 NVIC_KEY.c 文件和 NVIC_KEY.h 头文件后，将其保存在 HARDWARE\NVIC_KEY 文件夹里面，作为按键中断设置文件，以供其他文件调用。

（2）编写中断服务函数。

在 ISR.c 文件中，已经提供了 LK32T102 单片机各个中断的中断服务函数（空函数），即中断子程序的入口。在这里，我们只要在相应中断的中断服务函数里面，编写能实现相应中断的代码就可以了。按键控制的中断服务函数中的代码如下：

```
void GPIO0_IRQHandler()
{
    if(!S2)                             //判断按键 S2 是否被按下
    {
        LED_TGL(1);
    }
    if(!S3)                             //判断按键 S3 是否被按下
    {
        BUZ_TGL;
    }
    if(!S4)                             //判断按键 S4 是否被按下
    {
        LED_TGL(2);
        LED_TGL(3);
    }
    if(!S5)                             //判断按键 S5 是否被按下
    {
        LED_TGL(4);
        LED_TGL(5);
    }
    NVIC_ClearPendingIRQ(PA_IRQn);      //清除中断
    PA_INT_FLAG_CLR(0);                 //清除中断标志
    PA_INT_FLAG_CLR(1);                 //清除中断标志
    PA_INT_FLAG_CLR(10);                //清除中断标志
    PA_INT_FLAG_CLR(11);                //清除中断标志
}
```

说明：LK32T102 单片机的所有中断服务函数的函数名（入口），都已经在启动文件 startup_SC32F5832.s 中确定好了，不能修改。部分中断服务函数的函数名代码如下：

```
......
__Vectors       DCD     0x20001000;__initial_sp
                DCD     Reset_Handler           //复位的中断服务子程序入口
                DCD     NMI_Handler             //不可屏蔽的中断服务子程序入口
                ......
                DCD     GPIO0_IRQHandler        //中断号 16：PA 口的中断服务子程序入口
                DCD     GPIO1_IRQHandler        //中断号 17：PB 口的中断服务子程序入口
                DCD     GPIO2_IRQHandler        //中断号 18：PC 口的中断服务子程序入口
                DCD     ADC0_IRQHandler         //中断号 19：ADC0 的中断服务子程序入口
                ......
__Vectors_End
......
```

从这里可以看出，PA 口的所有引脚共用一个中断服务函数 GPIO0_IRQHandler()，PB 口和 PC 口的引脚也是这样。

（3）编写系统初始化文件。

系统初始化文件主要包括 DevInit.h 头文件和 DevInit.c 文件。编写 DevInit.h 头文件，代码如下：

```
#include <OPA.h>
#include <DMA.h>
#include <Coproc.h>
#include <IAP.h>
#include <Datatype.h>
Extern void IRQ_Init(void);
extern void IRQ_Disable(void);
extern void IRQ_Enable(void);
extern void GPIO_Init(void);
extern void PWM_Init(void);
extern void ADC_Init(void);
extern void T0_Init_PWM(uint32_t DB_CFG,uint32_t PRD);
extern void T0_Init_CAP(void);
extern void T0_PWM_MEASURE(void);
extern void T0_ENCODER_MODE(void);
extern void TIM6_T0_Init(void);
extern void TIM6_T1_Init(void);
extern void OPA0_Init(void);
extern void OPA1_Init(void);
extern void OPA2_Init(void);
extern void CMP0_Init(void);
extern void CP10_Init(void);
extern void CP11_Init(void);
extern void CP12_Init(void);
extern void Uart0_Init(void);
extern void Uart1_Init(void);
extern void Device_Init(void);
extern void Flash_nvr_protect(uint8_t sector,uint32_t startaddr,uint32_t endaddr);
#endif
```

编写 DevInit.c 文件，代码如下：

```
#include <SC32F5832.h>
#include <DevInit.h>
#include "delay.h"
#include "CLK.h"
#include <LED.h>
#include <NVIC_KEY.h>
#include <BEEP.h>
/************************系统初始化************************/
void Device_Init()
{
    IRQ_Init();              //中断初始化
    IRQ_Enable();            //开启中断
    NVIC_KEY_init();         //主板按键中断初始化
    SysCLK_Init();           //系统时钟初始化
    LED_init();              //LED 初始化
    BUZ_init();              //蜂鸣器初始化
}
```

3．将按键中断设置文件添加到 HARDWARE 组

将 HARDWARE\NVIC_KEY 文件夹里面的 NVIC_KEY.c 文件添加到 HARDWARE 组中，如图 4-14 所示。

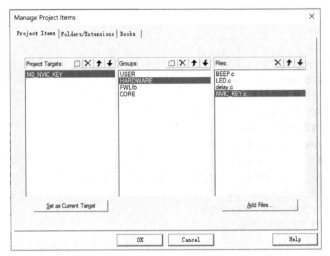

图 4-14　将 NVIC_KEY.c 文件添加到 HARDWARE 组中

4．添加新建的编译文件路径

添加 NVIC_KEY.h 的编译文件路径 HARDWARE\NVIC_KEY，如图 4-15 所示。

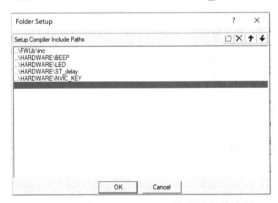

图 4-15　添加 NVIC_KEY.h 的编译文件路径

5．中断方式的按键控制程序设计

在"任务 12　中断方式的按键控制设计"文件夹中，根据任务要求实现中断方式的按键控制设计，对主文件 main.c 进行修改，中断方式的按键控制设计的代码如下：

```c
#include <SC32F5832.h>
#include <DevInit.h>
#include "delay.h"
#include <GPIO.h>
#include <LED.h>
#include <BEEP.h>
#include <NVIC_KEY.h>
int main()
{
    Device_Init();              //系统初始化
```

```
        while(1)
        {
            SysRun_LED();           //LED 闪烁，表示系统正在运行
        }
    }
```

6．工程编译、运行与调试

（1）修改好主文件 main.c 后，就可以直接对工程进行编译了，生成"M0_NVIC_KEY.hex"目标代码文件。若编译发生错误，要进行分析检查，直到编译正确。

（2）连接 J-Link 下载器和开发板，在 Keil μVision5 界面上单击快速访问工具栏中的 按钮完成程序下载。

（3）启动开发板，观察中断方式的按键控制效果，若运行结果与任务要求不一致，要对电路和程序进行分析检查，直到运行正确。

【技能训练 4-2】抢答器设计

在"任务 12　中断方式的按键控制设计"中，是将开发板上的 4 个按键作为外部中断源，通过按键被按下引起一个外部中断来完成控制的。那么，我们如何通过外部中断来完成抢答器设计呢？

开发板上只有 4 个按键，主持人使用"开始抢答"和"抢答复位"2 个按键，在这里只模拟 2 路抢答器。抢答器功能要求如下：

（1）主持人按下"开始抢答"按键 S2 后，允许抢答开始，同时允许抢答的 LED1 指示灯点亮；

（2）"抢答"按键被按下后，对应的 LED 点亮，同时蜂鸣器响（"抢答"按键 S4 和 S5 对分别应 LED3 和 LED4），并禁止其他抢答人抢答；

（3）主持人按下"抢答复位"按键 S3 后，对抢答器进行复位，同时抢答复位的 LED2 指示灯点亮。

1．抢答器设计分析

LED 和蜂鸣器电路在项目 1 中已经介绍，抢答器的按键电路与任务 10 中的按键电路一样，如图 4-5 所示。

抢答器的 2 个"抢答"按键分别接 PA10 和 PA11 引脚，只要"抢答"按键有 1 个抢答成功，就会按照功能要求执行抢答处理的中断服务程序。根据抢答器功能要求，编程思路如下：

（1）在主持人按下"开始抢答"按键之前，关闭中断（禁止抢答），熄灭抢答人的 LED3/LED4，并关闭蜂鸣器；

（2）主持人按下"开始抢答"按键 S2 后，打开中断（允许抢答），同时点亮允许抢答的 LED1 指示灯；

（3）"抢答"按键被按下后，执行按键的外部中断服务程序。在中断服务程序中，首先要关闭中断，禁止其他抢答人抢答，并打开蜂鸣器。然后判断是哪一个抢答人抢答成功，并点亮抢答成功对应的 LED3/LED4；

（4）主持人按下"抢答复位"按键 S3 后，关闭中断，对抢答器进行复位（包括关闭蜂鸣器），同时点亮抢答复位的 LED2 指示灯，抢答人的 LED3/LED4 继续点亮。

2. 抢答器程序设计

按照技能训练要求，我们只要修改主函数 main()和按键控制的中断服务函数即可，其他代码与任务 12 中的代码一样。

（1）修改抢答器的中断服务函数。

修改抢答器的中断服务函数，代码如下：

```
void GPIO0_IRQHandler()
{
    PA_INT_DISABLE(10);
    PA_INT_DISABLE(11);
    BUZ_ON;
    if(!S4)                                  //判断按键 S4 是否被按下
    {
        LED3_ON;
    }
    if(!S5)                                  //判断按键 S5 是否被按下
    {
        LED4_ON;
    }
}
```

（2）修改主函数。

修改主函数 main()，代码如下：

```
int main()
{
    Device_Init();                           //系统初始化
    PA_INT_DISABLE(0);
    PA_INT_DISABLE(1);
    PA_INT_DISABLE(10);
    PA_INT_DISABLE(11);
    while(1)
    {
        t = KEY_Scan();                      //获得主持人按下按键的键值
        if(t)
        {
            switch(t)
            {
                case 1:                      //按下开始按键
                    PA_INT_ENABLE(10);
                    PA_INT_ENABLE(11);
                    LED1_ON;
                    LED2_OFF; LED3_OFF; LED4_OFF;
                    break;
                case 2:                      //按下复位按键
                    BUZ_OFF;
                    LED1_OFF;
                    LED2_ON;
                    NVIC_ClearPendingIRQ(PA_IRQn);    //清除中断
                    PA_INT_FLAG_CLR(10);              //清除中断标志
                    PA_INT_FLAG_CLR(11);              //清除中断标志
                    break;
            }
```

```
            }
        else delay_ms(10);
        }
    }
```

关键知识点梳理

1. 键盘由一组规则排列的按键开关组成，一个按键实际上是一个开关元件。机械触点式开关按键的主要功能是把机械上的通断转换为电气控制电路中的逻辑关系（1 和 0）。

键盘通常分为独立键盘和矩阵键盘两种。

（1）独立键盘的结构简单，但占用的资源多；

（2）矩阵键盘的结构相对复杂些，但占用的资源较少。

2. 机械式按键在被按下或被释放时，由于机械弹性作用的影响，通常伴随有一定时间的触点机械抖动，然后其触点才稳定下来。

（1）抖动的时间一般为 5～10ms。

（2）使用机械式按键时应注意去抖。

消除抖动常用的方法有硬件去抖和软件去抖两种。当按键数较少时，可采用硬件去抖；当按键数较多时，采用软件去抖。

3. 独立键盘的特点是每个按键单独占用一根 I/O 线，每个按键的工作不会影响其他 I/O 线的状态。上拉电阻保证了按键在断开时，I/O 线有高电平。

4. 矩阵键盘

1）矩阵键盘的电路设计方法

矩阵键盘是由行线和列线组成的，按键位于行、列的交叉点上。按键开关的两端分别接行线和列线，列线通过上拉电阻接到+5V 的电源上。例如，一个 4×4 的行列结构，可以构成一个含有 16 个按键的键盘，节省了很多 I/O 口。

2）判断按键是否被按下的方法

（1）向所有的行线输出高电平，向所有的列线输出低电平（不能为高电平，若为高电平，按键被按下与否都不会引起行线电平的变化）；

（2）将所有行线的电平状态读入；

（3）判断所有行线是否都保持高电平状态。

若无按键被按下，所有的行线仍保持高电平状态；若有按键被按下，行线中至少应有一条线为低电平。

3）识别按键被按下的方法

识别按键的方法很多，主要有逐行扫描法（也称行列扫描法）和行列反转法两种矩阵键盘扫描方法。下面以 4×4 矩阵键盘的行列反转法识别步骤为例：

（1）先将列线全部设置为低电平 0、行线全部设置为高电平 1；然后将行线设置为输入线并读取行线数据，若行线全为高电平 1，则没有按键被按下，若有行线为低电平 0，则为被按下按键的所在行；

（2）将步骤（1）反过来，先将列线全部设置为高电平 1、行线全部设置为低电平 0；然后将列线设置为输入线并读取列线数据，若列线全为高电平 1，则没有按键被按下，若有列线为低电平 0，则为被按下按键的所在列。

这样我们就可以根据获得的行号和列号，来确定按键被按下的位置。

5. LK32T102 单片机的每一个中断，都对应一个中断号（IRQ 号）。嵌套向量中断控制器（NVIC）是 Cortex-M0 内核的一部分，可以让 CPU 以最短的时间对中断做出反应，NVIC 具有较短的中断响应延迟、可处理系统异常和外设中断、支持 32 个中断向量（IRQ0～IRQ31）、有 4 种可编程的中断响应优先级别、可产生软件中断及可配置不可屏蔽中断（NMI）源等主要特征。

6. LK32T102 单片机主要有中断允许寄存器、中断禁止寄存器、中断挂起寄存器、清除中断挂起寄存器等有关中断控制的寄存器。

7. LK32T102 单片机的每一个 GPIO 引脚都可以作为外部中断的中断输入口，也就是每一个 GPIO 引脚都能配置成一个外部中断触发源。PA 口、PB 口和 PC 口对应的中断号分别为 IRQ16、IRQ17 和 IRQ18，也就是说，PA 口的引脚共同对应一个中断号 IRQ16、PB 口的引脚共同对应一个中断号 IRQ17、PC 口的引脚共同对应一个中断号 IRQ18。

LK32T102 单片机的外部中断配置主要涉及 INTMASK、INTTYPE、INTBV、INTPOL 及 RIS 等寄存器。

8. 在 ISR.c 文件中，已经提供了 LK32T102 单片机各个中断的中断服务函数（空函数），即中断子程序的入口。只要在相应中断的中断服务函数里面，编写能实现相应中断的代码就可以了。

问题与训练

4-1 机械式按键组成的键盘，如何消除按键抖动？

4-2 独立键盘和矩阵键盘分别有什么特点？适用于什么场合？

4-3 简述矩阵键盘的电路设计方法。

4-4 简述判断矩阵键盘按键是否被按下的方法。

4-5 简述识别矩阵键盘按键被按下的方法及步骤。

4-6 简述嵌套向量中断控制器（NVIC）的主要特征。

4-7 LK32T102 单片机主要有哪些有关中断控制的寄存器？

4-8 LK32T102 单片机的外部中断配置主要涉及哪些寄存器？PA 口、PB 口和 PC 口对应的中断号分别是多少？

4-9 本着创新和勤奋学习的精神，试一试在【技能训练 4-2】的基础上完成中断方式的声光报警器设计。

项目 5

定时器应用设计

项目导读

生活中，有许多应用定时器的例子，如手表定时、电脑电视定时、工厂车间零件制作定时等。定时让我们的生活变得规律化，提高了办事效率。本项目从 1 秒钟的定时入手，首先让读者对单片机定时有初步了解，然后通过基于 SysTick 的 1 秒延时设计，讲解定时器的工作过程，解析 PWM 波的原理及采用定时器实现 PWM 波的过程，最后通过呼吸灯设计、超声波测距设计、基于数码管的秒表设计，让读者了解 LK32T102 单片机定时器的类型及其内部结构、工作模式和主要特征，从而掌握 LK32T102 单片机定时器的操作方法和编程方法。

知识目标	1. 了解定时器的概念 2. 掌握 LK32T102 单片机定时器的类型及其内部结构、工作模式和主要特征 3. 掌握 LK32T102 单片机定时器的操作方法 4. 掌握 PWM 的概念并能够使用 LK32T102 单片机控制 PWM 的占空比
技能目标	能完成基于 SysTick 的 1 秒延时设计、呼吸灯设计、超声波测距设计、基于数码管的秒表设计、基于 OLED 的秒表设计、运行及调试
素质目标	1. 培养严谨的开发流程和正确的编程思路 2. 培养分析问题和解决实际问题的能力 3. 培养创新思维能力 4. 养成珍惜时间、诚信守时的习惯，树立正确的时间观念
教学重点	1. SysTick 的工作原理 2. PWM 的基本应用 3. 超声波测距原理及程序设计 4. 基于数码管和 OLED 的秒表程序设计
教学难点	1. 超声波测距设计方法 2. 基于数码管和 OLED 的秒表程序设计方法
建议学时	12 学时
推荐教学方法	从任务入手，通过呼吸灯设计，让读者了解定时器的工作原理，进而通过超声波测距设计、秒表设计，让读者熟悉定时器的应用设计
推荐学习方法	勤学勤练、动手操作是学好嵌入式电子产品定时器控制的关键，动手完成基于数码管和 OLED 的秒表设计，通过"边做边学"达到更好的学习效果

5.1　任务 13　基于 SysTick 的 1 秒延时设计

5.1.1　任务描述

利用系统滴答定时器（SysTick）控制 LK32T102 单片机开发板上的 8 个 LED 循环点亮，点亮时间是 1s。

5.1.2　认识 SysTick 定时器

1．定时器的一般概念

人类对时间的计量需求很早就有了，最早使用的定时工具应该是沙漏或水漏。但在钟表诞生并发展成熟之后，人们开始尝试使用这种全新的计时工具来改进定时器，达到准确控制时间的目的。

定时器是一项重大发明，使相当多需要时间计量的工作变得简单许多。人们甚至将定时器用在军事方面，制成定时炸弹、定时雷管等。不少家用电器安装定时器来控制开关或工作时间。

可编程定时/计数器（简称定时器）是微控制器上标配的外设和功能模块。在嵌入式系统中，定时器可以完成以下功能：

（1）在多任务的分时系统中用来产生中断，从而实现任务的切换；

（2）周期性执行某个任务，如每隔固定时间完成一次 A/D 转换器的数据采集；

（3）延时一定时间执行某个任务，如控制交通信号灯变化；

（4）显示实时时间，如电子时钟；

（5）产生不同频率的波形，如智能音箱的发声控制系统；

（6）产生不同脉宽的波形，如驱动伺服电动机；

（7）测量脉冲的个数，如测量生产线上的转速；

（8）测量脉冲的宽度，如测量频率。

那么定时器是如何进行定时的呢？实际上是计算周期性事件发生的次数：太阳升起落下是一天、春夏秋冬一个轮回是一年……所以定时和计数本质是相同的，它们都是对一个输入脉冲进行计数，如果输入脉冲的频率一定，则记录一定个数的脉冲所需的时间也是一定的。例如，假设输入脉冲的频率为 8MHz，则计数 8×10^6 个周期的脉冲信号，耗时 1s，也就是说，每个周期计数加 1，从 0 开始计数到 8×10^6 需要 1s 的时间。

LK32T102 单片机有多个定时器：

（1）1 个 16 位定时器 0，有多达 4 个用于输入捕获/输出比较/PWM 或脉冲计数的通道和增量编码器输入；

（2）1 个 32 位定时器 6，包含两个独立的定时器；

（3）1 个 16 位带死区控制和紧急刹车，用于电机控制的 PWM 高级控制定时器；

（4）2 个看门狗定时器（独立型和窗口型）；

（5）系统时间定时器：24 位自减型计数器。

2．LK32T102 单片机时钟系统

LK32T102 单片机有 4 个时钟源，内部 RCH（高精度时钟源，16MHz）、内部 RCL（低精度时钟源，32kHz）、PLL（锁相环）及 OSCH（外部振荡），时钟框图如图 5-1 所示。

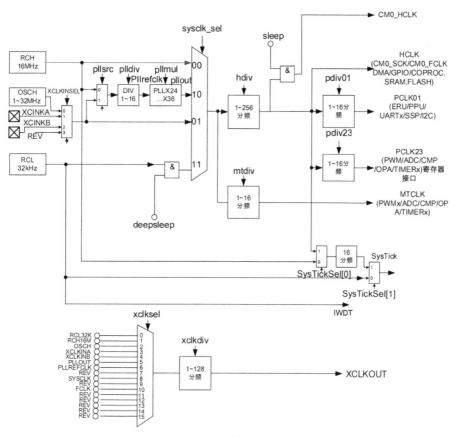

图 5-1　时钟框图

这 4 个时钟源均可以作为系统时钟源, 由用户根据自己的需要进行选择。内部 RCL 常开, 其余的 3 个时钟源均可以由软件控制, 但是禁止当系统工作在某一个时钟源下的时候, 关闭当前时钟源。当需要由一个时钟源切换到另外一个时钟源的时候, 需要先读取需要切换时钟源的稳定标志, 判断是否稳定, 若稳定方可切换。在时钟源切换的时候, 如果系统试图关闭一个正在工作的时钟源, 这是禁止的, 这个时候将会产生一个错误状态。

1）内部 RCL

内部 RCL 常开, 参与系统时钟源选择, 可以让系统工作在该时钟源下。

2）内部 RCH

系统复位后内部 RCH 默认打开, 并且该时钟源默认为系统时钟源。

硬件内置稳定标志: 内部 RCH 使能后, 内部计数大约 16 个内部 RCH CLK, 输出内部 RCH 稳定标志, 该稳定标志在下一次 RCHEN 有效前不会失效。

当内部 RCH 稳定标志产生后, 内部 RCH 才输出时钟。

3）OSCH

OSCH 是晶振内硬件起振稳定标志, 起振时间软件可以设置。当晶振使能后, 经过设置的起振时间后, 晶振产生起振标志。只有在稳定标志有效后, 才可以将系统时钟源切换到 OSCH。

晶振内置硬件停振检测, 当使能了晶振停振检测（晶振停振时间在 3～20μs）, 将产生晶振停振信号。晶振停振后时钟源将切换到内部 RCH, 如果使能了系统时钟源异常复位, 将产生系统复位信号。

4）PLL

LK327102 单片机内置可编程的 PLL。PLL 前置分频有 1～16 分频可选，前置分频的频率限制在 1～4MHz。

PLL 倍频有 4 种频率可选，最大可倍频的输出频率为 144MHz。

PLL 时钟源在 RCH 和 OSCH 中二选一，选择其作为倍频时钟源的时候必须保证时钟源是使能的。PLL 默认关闭，需要的时候打开。PLLEN 使能后，经过大约 100μs 的锁定时间（最大值），PLL 输出时钟稳定，PLLCOCK 信号有效。这时候可以将系统时钟源切换到该时钟源。

如果系统运行中 PLL 失锁，PLLLOCK 信号无效，如果系统使能了系统时钟异常信号，系统时钟将会自动切换到 RCH。并且如果系统使能了系统时钟源异常复位，当失锁后，系统将产生复位。

必须在 PLLEN=0 时设置倍频及前置分频，设置完成后才能使能 PLLEN。

3．SysTick

SysTick 又称为系统滴答定时器，是一个 24 位的系统节拍定时器，具有自动重载和溢出中断功能，基于 Cortex-M0 的芯片都可以由这个定时器获得一定的时间间隔。SysTick 位于 Cortex-M0 内核的内部，是一个倒计数定时器，当计数到 0 时，将从 RELOAD 寄存器中自动重装载定时初值。只要不把它在 SysTick 控制及状态寄存器中的使能位清除，它就会永远工作。

（1）SysTick 的作用。

在单任务应用程序中，系统是以串行架构来处理任务的。当某个任务出现问题时，就会牵连到后续任务的执行，进而导致整个系统的崩溃。要解决这个问题，就可以使用实时操作系统（RTOS）。RTOS 以并行的架构处理任务，单一任务的崩溃并不会牵连到整个系统。这样用户出于可靠性的考虑，就可能会采用基于 RTOS 来设计自己的应用程序。这样 SysTick 存在的意义就是提供必要的时钟节拍，为 RTOS 的任务调度提供一个有节奏的"心跳"。在这里，我们可以利用 LK32T102 单片机的内部 SysTick 来实现延时，这样既不占用中断，也不占用系统定时器。

SysTick 除能服务于操作系统之外，还能用于其他方面：如作为一个闹铃，用于测量时间等。

（2）SysTick 时钟源的选择。

用户可以通过 SysTick 控制及状态寄存器来选择 SysTick 的时钟源。如将 SysTick 控制及状态寄存器中的 CLKSOURCE 位置 1，SysTick 就会以内核时钟源（FCLK）的频率运行；若将 CLKSOURCE 位清 0，SysTick 就会以外部时钟源（STCLK）的频率运行。

4．SysTick 相关寄存器

系统滴答定时器位于 Cortex-M0 内核中，SysTick 有 4 个寄存器：SYST_CSR、SYST_RVR、SYST_CVR、SYST_CALIB。各寄存器定义如下：

SYST_CSR 寄存器，系统定时器控制及状态寄存器。

SYST_RVR 寄存器，系统定时器重装载值寄存器。

SYST_CVR 寄存器，系统定时器当前值寄存器。

SYST_CALIB 寄存器，系统定时器校准值寄存器。

（1）SysTick 控制及状态寄存器。

SysTick 控制及状态寄存器（SysTick->CTRL）的地址是 0xE000E010，该寄存器各位定义如表 5-1 所示。

表 5-1　SysTick 控制及状态寄存器各位定义

位	名称	类型	复位值	描述
16	COUNTFLAG	R/W	0	计数器标志位。如果自上一次读该寄存器以来，定时器已计数到 0，该位返回 1。读 SYST_CSR 时会将 COUNTFLAG 位清 0
2	CLKSOURCE	R/W	0	SysTick 时钟源选择位。0=外部时钟源（STCLK）1=内核时钟源（FCLK）
1	TICKINT	R/W	0	SysTick 异常请求位。该位使能 SysTick 的异常请求。0 表示向下计数到 0 时不产生 SysTick 异常请求；1 表示向下计数到 0 时产生 SysTick 异常请求；在软件中，COUNTFLAG 位可用于确定 SysTick 是否已计数到 0
0	ENABLE	R/W	0	SysTick 的使能位

位 16 是 SysTick 控制及状态寄存器的计数溢出标志 COUNTFLAG 位。SysTick 是向下计数的，若计数完成，COUNTFLAG 位的值变为 1。当读取 COUNTFLAG 位的值为 1 之后，就处理 SysTick 计数完成事件，因此读取后该位会自动变为 0，这样在编程时就不需要通过代码来清 0 了。

位 2 是 SysTick 时钟源选择位，为 0 时，选择外部时钟源（STCLK）；为 1 时，选择内核时钟源（FCLK）。SysTick 时钟采用 RCH 经过 16 分频为 1MHz。

位 1 是 SysTick 异常请求位，为 0 时，关闭 SysTick 中断；为 1 时，开启 SysTick 中断，当计数到 0 时就会产生中断。

位 0 是 SysTick 使能位，为 0 时，关闭 SysTick 功能；为 1 时，开启 SysTick 功能。

（2）SysTick 重装载值寄存器。

SysTick 重装载值寄存器（SysTick->LOAD）的地址是 0xE000E014，该寄存器各位定义如表 5-2 所示。

表 5-2　SysTick 重装载值寄存器各位定义

位	名称	类型	复位值	描述
23:0	RELOAD	R/W	0	重装载值。该值在 SysTick 计数器被使能，且其计数值达到 0 时被加载到 SYST_CVR 寄存器中

SysTick 重装载值寄存器只使用了低 24 位，其取值范围是 $0 \sim 2^{24}-1$（$0 \sim 16777215$）。当系统时钟频率为 72MHz 时，SysTick 每计数一次，就是 1/9μs，其最大定时时间大约是 1.864s（16777215/9μs）。那么 SysTick 是从什么值开始计数的呢？例如，现在需要定时 50μs，SysTick 每计数一次是 1/9μs，这时我们只要从 50μs/(1/9μs)=450 开始倒计数，计数到 0 时，50μs 定时时间就到了。

（3）SysTick 当前值寄存器。

SysTick 当前值寄存器（SysTick->VAL）的地址是 0xE000E018，通过读取该寄存器的值，就可以获知当前计数到哪里了，该寄存器各位定义如表 5-3 所示。

表 5-3　SysTick 当前值寄存器各位定义

位	名称	类型	复位值	描述
23:0	CURRENT	R/W	0	SysTick 计数器当前值。读该寄存器时，这些位返回 SysTick 的当前值。写任何值都会将该域清 0，同时将 COUNTFLAG 位清 0

另外还有一个 SysTick 校准值寄存器，出厂前已配置好，不经常使用，这里不做介绍。

5．SysTick 操作

在 core_CM0.h 中，定义了 SysTick 的 4 个寄存器的 SysTick_Type 结构体，代码如下：

```
typedef struct
{
    __IO uint32_t CTRL;      //SysTick 控制及状态寄存器地址偏移量：0x00
    __IO uint32_t LOAD;      //SysTick 重装载值寄存器地址偏移量：0x04
    __IO uint32_t VAL;       //SysTick 当前值寄存器地址偏移量：0x08
    __I  uint32_t CALIB;     //SysTick 校准值寄存器地址偏移量：0x0C
} SysTick_Type;
```

在这里，需要注意的是 SysTick_Type 的使用，不能与 GPIO 的寄存器结构体使用方法一样。例如：

```
SysTick_Type SysTick_TypeStructure;
```

这样使用就会报错，即使不报错，也不会使能 SysTick，因为在 core_CM0.h 中已经宏定义了 SysTick，代码如下：

```
/* Cortex-M0 的内存映射 */
#define SCS_BASE      (0xE000E000UL)        //定义系统控制寄存器组物理空间基地址
#define SysTick_BASE  (SCS_BASE + 0x0010UL) // 滴答时钟基地址值，相对 SCS 地址偏移 0x0010UL
#define SysTick       ((SysTick_Type *)  SysTick_BASE )  //定义结构指针 SysTick
```

也就是说，SysTick 是 SysTick_Type 结构体的地址指针，指针的起始地址是 0xE000E010，SysTick 的 4 个寄存器地址是 0xE000E010+偏移量。在操作 SysTick 的寄存器时，可以采用以下方法来操作：

```
SysTick-> VAL =0x0000;          //清空计数器的值
SysTick-> LOAD =1000*20;        //重装载值寄存器赋初值（定时 20ms），倒计脉冲数
SysTick-> CTRL=0x00000001;      //使能 SysTick
```

这里 SysTick 时钟源选择 RCH（频率为 16MHz）的 16 分频，16MHz 的 1/16 是 1MHz，一个脉冲是 1μs，1000×1/1μs 即为 1ms。

5.1.3　SysTick 的关键函数编写

1．系统定时器函数

系统自带的 SysTick 函数位于 core_CM0.h 文件中，代码如下：

```
__STATIC_INLINE uint32_t SysTick_Config(uint32_t ticks)
{
    if ((ticks - 1UL)> SysTick_LOAD_RELOAD_Msk)
    {
        return(1UL);                    //判断输入的值是否大于 2²⁴，如果大于，则不符合规则
    }
    SysTick->LOAD  =(uint32_t)(ticks - 1UL);  //初始化 reload 寄存器的值
    NVIC_SetPriority (SysTick_IRQn,(1UL << __NVIC_PRIO_BITS)- 1UL);
    //配置中断优先级，配置为 15，默认为最低的优先级
```

```
        SysTick->VAL  = 0UL;                         //初始化 counter 的值为 0
        SysTick->CTRL  = SysTick_CTRL_CLKSOURCE_Msk |
                         SysTick_CTRL_TICKINT_Msk  |
                         SysTick_CTRL_ENABLE_Msk;      //使能中断，使能 SysTick
    return(0UL);
}
```

其中"1UL"就是声明一个无符号长整型常量 1，若没有 UL 后缀，则系统会默认为 int 类型。

此函数就是 CMSIS 提供的系统定时器控制函数 SysTick_Config()。在使用的时候，可以直接调用，函数有一个参数 ticks。由函数内部的语句"SysTick->LOAD =(uint32_t)(ticks - 1UL);"可知，ticks 就是 LOAD 值，即重装载值，表示两次中断的计数。

例如，要产生 10ms 的中断，可以在程序中调用如下函数：

```
SysTick_Config(SystemCoreClock/100);
```

函数参数中的 SystemCoreClock 是当前时钟，那么定时器每递减一个值需要的时间是 1/SystemCoreClock s，换算成以 ms 为单位：(1/SystemCoreClock)×1000=1000/SystemCoreClock ms，即每递减一个值，耗时 1000/SystemCoreClock ms。所以如果要定时 10ms，即从 10/(1000/SystemCoreClock)=SystemCoreClock/100 开始计数，以此类推，需要定时多长时间，将参数代入即可，需要注意的是，LOAD 值是 24 位数，代入的数不要超过 24 位数的最大值。

另外，在 ISR.c 中，SysTick 的中断服务函数名是 SysTick_Handler，可以根据需要直接编写中断服务函数，形式如下：

```
Void SysTick_Handler (void)
{
    ......       //中断服务函数体
}
```

在中断服务函数体中，可以编写 SysTick 中断服务函数需要完成的功能，以及其他的相关代码。

2. 微秒级延时函数

微秒级延时函数主要是用来指定要延时多少 μs，其参数 nus 为要延时的微秒数。微秒级延时函数代码如下：

```
void delay_us( uint32_t nus )
{
    uint32_t temp;
    CHIPKEY_ENABLE;
    CHIPCTL -> CLKCFG1_b.SYSTICKSEL = 2; // SysTick 时钟源选择 RCH 频率为 16MHz 的 16 分频
    SysTick -> LOAD = 1 * nus-1;     // 1MHz 下为 1μs，因为 1 个脉冲代表 1μs，n 个脉冲代表 nμs
    SysTick -> VAL = 0x00ul;             //清空计数器
    SysTick -> CTRL = 0x01ul;            //使能减到 0 时无动作，采用内部时钟源
    do
    {
        temp = SysTick -> CTRL;          //读取当前倒计数值
    }while( ( temp & 0x01 ) && ( ! ( temp & ( 1 << 16 ) ) ) );//等待时间到达
    SysTick -> CTRL = 0x00;              //关闭计数器
    SysTick -> VAL = 0X00;               //清空计数器
}
```

代码说明如下：

（1）"SysTick->LOAD=1*nus-1;"语句表示设置重装载值，1MHz 下为 1μs，因为 1 个脉冲代表 1μs，n 个脉冲代表 nμs。在这里要注意，最大值不能超过 0xFF_FFFF（16777215）。

（2）"temp&0x01"是用来判断 SysTick 是否处于开启状态的，可以防止 SysTick 被意外关

闭而导致的死循环。

（3）"temp&（1<<16）"用来判断 SysTick 控制及状态寄存器位 16 是否为 1，若为 1 表示延时时间到。

（4）延时时间到后，必须关闭 SysTick，并清空当前值寄存器。

3. 毫秒级延时函数

毫秒级延时函数主要是用来指定要延时多少 ms，其参数 nms 为要延时的毫秒数。毫秒级延时函数代码如下：

```
void delay_ms( uint16_t nms )
{
    uint32_t temp;
        CHIPKEY_ENABLE;
    CHIPCTL -> CLKCFG1_b.SYSTICKSEL = 2;        //systick 时钟源选择 RCH 频率为 16MHz 的 16 分频
        SysTick -> LOAD = 1000 * nms-1;
    SysTick -> VAL = 0x00ul;                    //清空计数器
    SysTick -> CTRL = 0x01ul;                   //使能减到 0 时无动作，采用内部时钟源
    do
    {
        temp=SysTick -> CTRL;                   //读取当前倒计数值
    }while( ( temp & 0x01 ) && ( !( temp & ( 1 << 16 ) ) ) );//等待时间到达
    SysTick -> CTRL = 0x00;                     //关闭计数器
    SysTick -> VAL = 0X00;                      //清空计数器
}
```

代码说明如下：

（1）与微秒级延时函数的代码基本一样。

（2）根据公式 nms≤0xFF_FFFF×8×1000/SYSCLK 计算，如果 SYSCLK 的频率为 72MHz，那么 nms 的最大值为 1864ms。若超过了这个值，建议通过多次调用 "delay_ms" 来实现。由于重装载值寄存器是一个 24 位寄存器，若延时的毫秒数超过了最大值 1864ms，就会超出该寄存器的有效范围，高位会被舍去，导致延时不准。

5.1.4 基于 SysTick 的 1 秒延时设计与实现

1. 移植任务 12 工程

复制 "任务 12　中断方式的按键控制设计" 文件夹，然后修改文件夹名为 "任务 13　基于 SysTick 的 1 秒延时设计"，将 USER 文件夹下的 "M0_NVIC_KEY.uvprojx" 工程名修改为 "M0_SYSTICK_1S.uvprojx"。

2. 编写 delay.h 头文件和 delay.c 文件

先在 SYSTEM 子目录下新建一个 delay 子目录，然后在 delay 子目录下新建 delay.h 头文件和 delay.c 文件。

（1）编写 delay.h 头文件。

在 delay.h 头文件中，主要声明微秒级延时函数和毫秒级延时函数，代码如下：

```
#ifndef __DELAY_H
#define __DELAY_H
void ST_delay_us( uint32_t nus );
void ST_delay_ms( uint16_t nms );
#endif
```

（2）编写 delay.c 文件。

在 delay.c 文件中，主要编写微秒级延时函数 ST_delay_us()和毫秒级延时函数 ST_delay_ms()。前面已经讲过，不再赘述。

3. 编写 SysTick 1 秒定时主文件

根据任务要求，需要利用 SysTick 来控制 LK32T102 单片机开发板上的 8 个 LED 循环点亮，点亮时间是 1s。LK32T102 单片机和 8 个 LED 的电路，在前面任务中都已经介绍过，在这里就不再介绍。主文件代码如下：

```
#include <SC32F5832.h>
#include <DevInit.h>
#include "delay.h"
{
    int i;
    Device_Init();
    PB->OUTEN |=0X00FF;
    PB->OUT  |=0X00FF;
    while(1)
    {
        for(i=0;i<8;i++)
        {
            PB_OUT_LOW(i);
            delay_ms(1000);            //循环点亮
        }
        for(i=8;i>=0;i--)
        {
            PB_OUT_HIGH(i);            //循环熄灭
            delay_ms(1000);
        }
    }
}
```

其中，Device_Init()函数代码如下：

```
void Device_Init()
{
    SetPll();
    SetSysTick();
    GPIO_Init();
}
```

SetSysTick()函数代码如下：

```
void SetSysTick(void)
{
    CHIPKEY_ENABLE;
    CHIPCTL -> CLKCFG1_b.SYSTICKSEL = 2;      // systick时钟源选择 RCH 频率为16MHz 的16分频
    SysTick -> LOAD = 999;                    // 1MHz 下为 1ms
    SysTick -> VAL = 0x00UL;
    SysTick -> CTRL = 0x03UL;
}
```

4. 工程编译、运行与调试

完成工程的搭建和配置后，对工程进行编译，生成目标代码文件。若编译发生错误，要进行分析检查，直到编译正确。

启动核心板，观察 SysTick 定时 1 秒控制 LED 循环点亮（见图 5-2）是否能按照任务要求运行，若运行结果与任务要求不一致，要对程序进行分析检查，直到运行正确。

图 5-2　SysTick 定时 1 秒控制 LED 循环点亮

5.2　任务 14　呼吸灯设计

5.2.1　任务描述

PWM 能使电源的输出电压在工作条件变化时保持恒定，是利用数字信号对模拟电路进行控制的一种非常有效的技术。本次任务使用高级控制定时器产生 PWM 脉冲，通过调整占空比实现呼吸灯效果：连接到 LK32T102 单片机上的 LED 亮度从暗到亮，再从亮到暗，依次循环。

5.2.2　认识 PWM

1．PWM 简介

脉冲宽度调制（Pulse Width Modulation，PWM）简称脉宽调制，是利用微处理器的数字输出来对模拟电路进行控制的一种非常有效的技术。通俗地讲，就是在一个周期内控制高电平一段时间、低电平一段时间，然后通过调节高、低电平时间的变化来调节信号、能量等的变化。

PWM 波形图如图 5-3 所示，周期为 10ms，即 100Hz。采用 PWM 的方式，在固定的频率（100Hz，人眼不能分辨）下，通过改变占空比（对于一个给定的周期，高电平所占的时间与一个周期的时间之比）可以实现对 LED 亮度变化的控制。占空比为 0，则 LED 不亮；占空比为 100%，则 LED 最亮。将占空比逐渐从 0 变到 100%，再逐渐从 100%变到 0，就可以实现 LED 从熄灭慢慢变到最亮，再从最亮慢慢变到熄灭，实现呼吸灯的特效。如果 LED 的另一端接电源则相反，即当占空比为 0 时，LED 最亮。

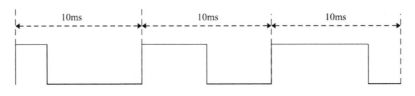

图 5-3　PWM 波形图

2．PWM 通道

有三种方式可以实现 PWM，即采用 ETIMER、专门的模块或者 GPIO 模拟。如何利用定时器在 GPIO 口输出 PWM 信号呢？这里要提到 ETIMER 高级控制定时器，LK32T102 单片机的高级控制定时器（TIM）由一个 16 位的自动装载计数器组成，由一个可编程的预分频器驱动。

它具有多种用途，包括测量输入信号的脉冲宽度、输入（霍尔信号）捕获，还可以产生输出波形（输出比较、PWM、嵌入死区时间的互补 PWM 等）。

LK32T102 单片机的定时器有 4 个通道，在每个通道的捕获/比较寄存器（CCRx）中放一个值，计数器从 0 开始计数，该通道的 PWM 输出为 0，当计数器值（CNT）比 CCRx 中的值小的时候，输出低电平（0），当 CNT 与 CCRx 中的值相同时，PWM 输出 1（电平发生反转）。当 CNT 达到 ARR 的值时，PWM 开始输出下一个周期的波形。PWM 工作过程如图 5-4 所示，从图 5-4 中可以看出，周期是由 ARR 决定的，跟定时器的时钟有关系，而占空比则跟 CCRx 有关。

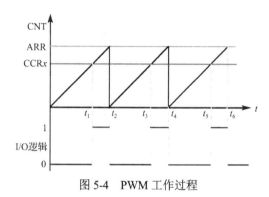

图 5-4　PWM 工作过程

LK32T102 单片机的高级控制定时器的功能模式如表 5-4 所示。

表 5-4　LK32T102 单片机的高级控制定时器的功能模式

	模式类别	功能描述
输入功能	输入捕获功能	该模式用于检测指定输入信号的边沿跳变
	PWM 输入模式	该模式可以测量输入 PWM 信号的周期和占空比。该模式是输入模式的特例
	编码器接口模式	该模式可以产生计数脉冲和方向信号，可以进行加减计数、测速、计算位移等
	定时器输入异或功能	通过设置(TIM_CR2[TI1S])，可以选择将通道 1 的输入滤波器连接到一个异或门的输出，该异或门的 3 个输入分别为 3 个通道的外部输入引脚 TIM_CH1，TIM_CH2 和 TIM_CH3
	TIM 定时器的外部触发同步	与一个外部触发信号同步
输出功能	强制输出模式	通过设置 CCMR 寄存器，可以使 OCxREF 强制为高或低状态，且计数器和比较器仍在工作，并产生中断或 DMA
	输出比较模式	当计数器与捕获/比较寄存器的内容相同时，也就是发生比较匹配时，输出比较功能会做出一定的动作
	单脉冲模式	单脉冲模式是输出比较模式的一个特例
	PWM 输出模式	可以产生一个由 TIM_ARR（计数周期寄存器）决定周期，TIM_CCRx（捕获/比较寄存器）决定占空比的脉宽调制信号
	互补输出和死区插入	

下面，我们看看 PWM 的通道——捕获/比较通道的输出部分（以通道 1～3 为例），如图 5-5 所示。

（1）CCR1 寄存器：捕获/比较寄存器，用于设置比较值。

（2）CCMR1 寄存器：OC1M[2:0]位在 PWM 方式下，用于设置 PWM 模式 1 或者 PWM 模式 2。

（3）CCER 寄存器：CC1P 位指输入捕获 1 输出极性。0 表示高电平有效，1 表示低电平有效。CC1E 位指输入捕获 1 输出使能。0 表示关闭，1 表示打开。

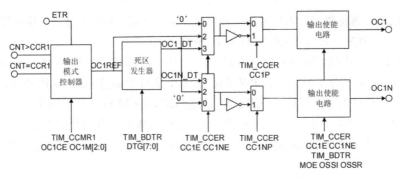

图 5-5　捕获/比较通道的输出部分（通道 1～3）

5.2.3　呼吸灯设计与实现

1．移植任务 13 工程

复制"任务 13　基于 SysTick 的 1 秒延时设计"文件夹，然后修改文件夹名为"任务 14　呼吸灯设计"，将 USER 文件夹下的"M0_SYSTICK_1S.uvprojx"工程名修改为"M0_BREATH.uvprojx"。

2．输出通道引脚

使用 LK32T102 单片机开发板的 D9（PB0 引脚，LED1）接口，通过查询《LK32T102_用户编程手册_1.0》中的引脚复用说明（见表 5-5），使用 T0CH3 通道产生 PWM 波。

表 5-5　《LK32T102_用户编程手册_1.0》中的引脚复用说明

引脚号			Power	数字								模拟		
-L B	-L L	-J V	—	ALT0	ALT1	ALT2	ALT3	ALT4	ALT5	ALT6	ALT7	ALT0	ALT1	ALT2
21	18	13		PB0	PWM 0A	—	T0CH 3	—	—	T0CH 2N	—	ADC B2	OPA2 P	—

3．相关准备与配置

（1）引脚复用功能。

```
void GPIO_Init()
{
    GPIO_AF_SEL(DIGITAL, PB, 0, 3);
}
```

这里选择 PB0 引脚的数字模式 ALT3，T0CH3 功能，作为 PWM 的输出口。

（2）寄存器的配置。

将 TIMER0 配置为 PWM 输出功能，需配置相应的寄存器，ETIMER 的寄存器较多，如控制寄存器 TIM_CRx、计数寄存器 TIM_CNT、预分频寄存器 TIM_PSC、计数周期寄存器 TIM_ARR、循环计数寄存器 TIM_RCR，还有捕获/比较寄存器 TIM_CCRx，打开"FWLib"文件夹中的"ETIMER.c"文件，配置 TIMER0 代码如下：

```
void T0_Init_PWM(uint32_t PRD,uint32_t DB_CFG)
{
    TIMER0 -> TIM_ARR = PRD;                    // 自动重装载寄存器的值
    TIMER0 -> TIM_PSC = 719;                    // 预分频值
    TIMER0 -> TIM_CR1_b.CMS = CMS_EDGE_ALIGN;   // 边沿对齐模式
```

```
    TIMER0 -> TIM_CR1_b.DIR = 0;                    // 计数器增计数
    //PWM 输出比较
    TIMER0 -> TIM_CCMR1 |= OC1M_PWM_MODE2;          // OC1M，比较输出模式 1 选择：PWM 模式 2
    TIMER0 -> TIM_CCMR1 |= OC1PE_PRELOAD_ENABLE;// OC1PE 开启 TIM_CCR1 寄存器的预装载功能
    TIM_ARPE_ENABLE;                                // 周期计数预装载允许位：TIM_ARR 寄存器有缓冲

    TIMER0 -> TIM_CCER_b.CC1E = CC1E_ENABLE;        // 捕获/比较 1 输出使能
    TIMER0 -> TIM_CCER_b.CC1NE = CC1NE_ENABLE;      // 捕获/比较 1 互补输出使能
    TIMER0 -> TIM_CCER_b.CC1P = CC1P_OUTPUT_LOW ;   // 捕获/比较 1 输出极性：OC1 低电平有效
    TIMER0 -> TIM_CCER_b.CC1NP = CC1NP_OUTPUT_HIGH;//捕获/比较 1 互补输出极性：OC1N 高电平有效
    //死区设置
    TIMER0 -> TIM_BDTR_b.MOE = MOE_ENABLE;          // 主输出使能
    TIMER0 -> TIM_BDTR_b.AOE = AOE_SW_SET;
    TIMER0 -> TIM_BDTR_b.OSSR = 0;                  // 运行模式下选择"关闭状态"
    TIMER0 -> TIM_BDTR_b.DTG = DB_CFG;
    // 196 死区设置，OC1 上升沿后延时 2μs，具体设置参考寄存器说明
    TIMER0 -> TIM_DTG1 = DB_CFG; // 196 死区设置，OC1N 下降沿后延时 2μs，具体设置参考寄存器说明
}
```

代码说明：第 3 行是自动重装载寄存器的值，前面已经讲到，PWM 输出模式可以产生一个由 TIM_ARR 决定周期，TIM_CCRx 决定占空比的脉宽调制信号；"TIMER0->TIM_PSC"是分频设置，例如，我们想获取一个精确的 1ms 中断，如果不分频，72MHz 的时钟对应每周期 $1/72\mu s$，十分不利于计算。这时候使用预分频器将其 720 分频后频率为 100kHz，每周期 10μs，2000 个计时周期即为 20ms，这样既便于计算，定时也更加精确；第 8～15 行是 PWM 输出比较设置，包括 PWM 模式选择和相关捕获/比较 1 输出使能位等，可以查询《LK32T102_用户编程手册_1.0》进行设置。

（3）主程序编写。

呼吸灯中的占空比需要不断地改变，这里编写一个改变占空比的函数 pwm()，占空比的设置为"TIMER0->TIM_CCR3=PRD"。捕获/比较 3 寄存器说明如表 5-6 所示，CC3 通道配置为输出：CCR3 决定了装入有效捕获/比较 3 寄存器的值（预装载值），在捕获/比较 3 寄存器中放一个值 PRD，计数器从 0 开始计数，该通道的 PWM 输出为 0，当计数器值（CNT）与寄存器中的值相同之后，PWM 输出 1（电平发生反转）。当 CNT 达到 ARR 的值时，PWM 开始输出下一个周期的波形。

表 5-6　捕获/比较 3 寄存器（TIM_CCR3）说明

位	读写	符号	描述	复位值
31:16	RW	—	保留	0x0000
15:0	RW	CCR3[15:0]	捕获/比较 3 寄存器的值。 若 CC3 通道配置为输出：CCR3 决定了装入有效捕获/比较 3 寄存器的值（预装载值）。 如果在 TIM_CCR3 中（OC3PE 位）未选择预装载功能，写入的数值会立即传输至有效寄存器中。否则只有当更新事件发生时，此预装载值才会传输至有效捕获/比较 3 寄存器中。当前捕获/比较寄存器参与同计数器 TIM_CNT 的比较，并在 OC3 端口上产生输出信号。 若 CC3 通道配置为输入：CCR3 包含了由上一次输入捕获 3 事件（IC3）传输的计数器值	0x0000

改变占空比的函数 pwm()的代码如下：

```
void pwm (uint32_t PRD)
{
    TIMER0 -> TIM_CCR3 = PRD ;
    PB_OUT_ENABLE(0);
    TIMER0->TIM_CR1_b.CEN=1;      //计数器开始计数，PWM就可以输出了
}
```

"TIMER0->TIM_CR1_b.CEN=1" 表示计数器开始计数，输出 PWM 波。

主程序代码如下：

```
int main(void)
{
    int i;
    Device_Init();
    T0_Init_PWM(2000,0);
    while(1)
    {
        for(i=2000;i>0;i--)
        {
            pwm(i);
            delay_ms(2);
        }
        for(i=0;i<2000;i++)
        {
            pwm(i);
            delay_ms(2);
        }
        delay_ms(300);
    }
}
```

主程序 pwm（i）函数中参数 i 的值从 0 增加至 2000，CCR3 位随之改变，从而改变占空比。注意：D9（LED1）接口的阳极已经接至电源端，所以占空比越小，LED 越亮。

4. 工程编译

完成程序设计后，对工程进行编译，生成目标代码文件。若编译发生错误，要进行分析检查，直到编译正确。

5. 程序下载与调试

（1）连接 J-Link 下载器和开发板，在 Keil μVision5 界面上单击快速访问工具栏中的 按钮完成程序下载。

（2）启动开发板，观察 LED 亮度是否从暗到亮，再从亮到暗，依次循环，实现呼吸灯效果（见图 5-6），若运行结果与任务要求不一致，要对电路和程序进行分析检查，直到运行正确。

图 5-6　呼吸灯效果

【技能训练 5-1】超声波测距设计

由于超声波指向性强，能耗缓慢，在介质中传播的距离较远，因此经常用于距离的测量。超声波测距可用于汽车倒车、建筑施工工地及一些工业现场的位置监控，也可用于液位、井深、管道长度等的测量。

本技能训练利用 LK32T102 单片机、反相器 74LS04、CX20106A 等集成电路芯片完成超声波测距系统电路设计，用 C 语言程序实现超声波测距并显示的功能。系统开机后，打开 PC 上的串口调试工具，启动串口通信后将在接收数据窗口处看见有源源不断的距离信息在屏幕上更新，超声波测距系统实物连接图如图 5-7 所示，超声波测距系统实物测试数据如图 5-8 所示。

图 5-7　超声波测距系统实物连接图

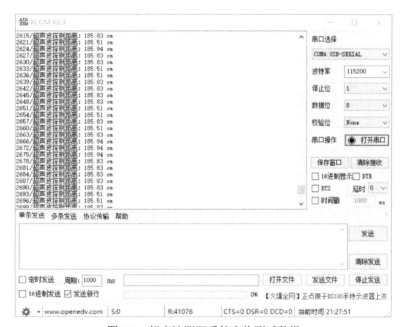

图 5-8　超声波测距系统实物测试数据

本次采用的串口调试工具是 XCOM V2.3，其功能特点如下：

（1）支持多个常用波特率，支持自定义波特率。

（2）支持 5/6/7/8 个数据位，支持 1/1.5/2 个停止位。

（3）支持奇/偶/无校验。

（4）支持十六进制发送/接收显示，支持 DTR/RTS 控制。

（5）支持窗口保存，并可以设置编码格式。

（6）支持延时设置，支持时间戳设置。

（7）支持定时发送，支持文件发送，支持发送新行。

（8）支持多条发送，并关联数字键盘，支持循环发送。

（9）支持无限制扩展条数，可自行增删。

（10）支持发送条目导出/导入（Excel 格式）。

（11）支持协议传输（Modbus 通信协议）。

（12）支持发送/接收区字体大小、颜色和背景色设置。

（13）支持简体中文、繁体中文和英文 3 种语言。

（14）支持原子软件仓库。

XCOM 串口调试助手使用方法如下：

（1）安装"USB-SERIAL CH340（COM5）"硬件驱动，打开电脑中的"设备管理器"，查看是否有相应的硬件连接，如果正确连接应该有如图 5-9 所示的结果。

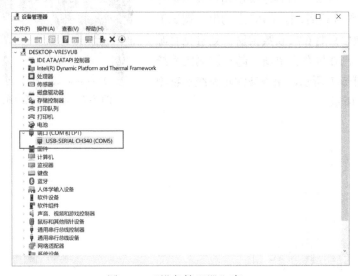

图 5-9 "设备管理器"窗口

（2）打开"XCOM V2.3"串口调试助手，并配置"COM"口，要和设备管理器中对应的 COM 口号一致，即在"串口选择"下拉列表中选择"COM5:USB-SERIAL"串口，如图 5-10 所示。

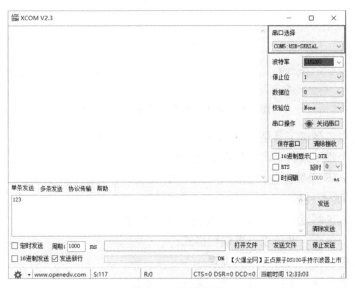

图 5-10 串口选择

（3）配置波特率，要和通信的协议一致。还要配置"停止位"等参数，这些参数大都涉及通信的协议，这里配置波特率为 115200，如图 5-11 所示。

图 5-11　配置波特率

1. 任务分析

1）超声波发生器

声波可以分为 3 种，即次声波、声波和超声波。次声波的频率为 20Hz 以下，声波的频率为 20Hz～20kHz，超声波的频率则为 20kHz 以上，其中次声波和超声波一般人耳是听不到的。为了研究和利用超声波，人们已经设计和制成了许多超声波发生器。超声波可利用电气方式产生，也可利用机械方式产生。电气方式包括压电式、磁致伸缩式和电动式；机械方式包括加尔统笛、液哨和气流旋笛等。本任务中采用压电式超声波发生器。

压电式超声波换能器是利用压电晶体的谐振来工作的，压电式超声波换能器内部结构如图 5-12 所示，它有两个压电晶片和一个共振板。当它的两极外加脉冲信号，其频率等于压电晶片的固有振荡频率时，压电晶片将会发生共振，并带动共振板振动，便产生超声波。反之，如果两极间未外加电压，当共振板接收到超声波时，共振板将压迫压电晶片振动，将机械能转换为电信号，这时它就成为超声波接收器。

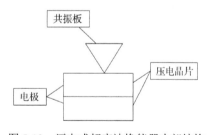

图 5-12　压电式超声波换能器内部结构

2）超声波测距原理

超声波测距的原理是利用超声波在空气中的传播速度为已知，测量超声波在发射后遇到障碍物反射回来的时间，根据发射和接收的时间差计算出发射点到障碍物的实际距离。即假设超声波发射器向某一方向发射超声波，在发射时刻开始计时，超声波在空气中传播，途中碰到障碍物就立即返回来，超声波接收器收到反射波就立即停止计时。超声波在空气中的传播速度为 340m/s，根据计时器记录的时间 t，就可以计算出发射点距障碍物的距离（s），即 $s=340t/2$，这就是时间差测距法。超声波测距原理图如图 5-13 所示。

由此可见，超声波测距原理与雷达原理是一样的。

测距的公式表示为 $L=C×T$。

式中，L 为测量的距离；C 为超声波在空气中的传播速度；T 为超声波在测量距离下传播的时间差（T 为发射到接收时间数值的一半）。

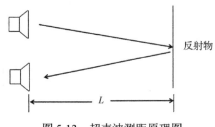

图 5-13　超声波测距原理图

3）超声波收发电路设计实现分析

超声波的收发电路设计方案其实有很多，理论上只需能满足产生及处理超声波（20kHz 以上）信号即可。实际应用中首先要确定超声波探头（超声波收发装置）的型号，不同型号的超声波探头其标称频率等参数不一样，与其适用的驱动电路及接收处理电路也不一样。目前市场上常见的超声波探头的标称频率以 40kHz 居多。

（1）超声波发射电路设计。

超声波探头工作需要的频率信号可以由单片机直接产生，也可以由振荡电路产生。例如，可以利用单片机的内部定时器生成 40kHz 方波，也可以利用 NE555 搭建多谐振荡电路产生 40kHz 方波等。本次采用的是单片机直接产生 40kHz 方波信号的方式，然后配合驱动电路增加单片机 GPIO 口的驱动能力。

（2）超声波接收电路设计。

超声波接收电路采用红外检波接收专用芯片 CX20106A 制作，超声波接收内部电路及 CX20106A 芯片引脚图如图 5-14 所示。当 CX20106A 芯片接收到 40kHz 的信号时，会在第 7 脚产生一个低电平下降脉冲，这个信号可以接到单片机的外部中断引脚作为中断信号输入。使用 CX20106A 集成电路对接收探头收到的信号进行放大、滤波。其总放大增益为 80dB。

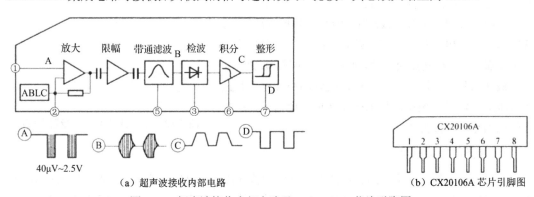

（a）超声波接收内部电路　　　　　　　　　（b）CX20106A 芯片引脚图

图 5-14　超声波接收内部电路及 CX20106A 芯片引脚图

以下是 CX20106A 芯片的引脚注释。

1 脚：超声信号输入端，该脚的输入阻抗约为 40kΩ。

2 脚：该脚与地之间连接 RC 串联网络，它们是负反馈串联网络的一个组成部分，改变它们的数值能改变前置放大器的增益和频率特性。增大电阻 R 或减小电容 C，将使负反馈量增大，放大倍数减小，反之则放大倍数增大。但 C 的改变会影响到频率特性，一般在实际使用中不必改动，推荐选用参数为 R=4.7Ω，C=1μF。

3 脚：该脚与地之间连接检波电容，电容量大则为平均值检波，瞬间相应灵敏度低；电容量小则为峰值检波，瞬间相应灵敏度高，但检波输出的脉冲宽度变动大，易造成误动作，推荐参数为 3.3μF。

4 脚：接地端。

5 脚：该脚与电源间接入一个电阻，用以设置带通滤波器的中心频率 f_0，阻值越大，中心频率越低。例如，取 $R=200$kΩ 时，$f_0≈42$kHz，若取 $R=220$kΩ，则中心频率 $f_0≈38$kHz。

6 脚：该脚与地之间接一个积分电容，标准值为 330pF，如果该电容值取得太大，会使探测距离变短。

7 脚：遥控命令输出端，它是集电极开路输出方式，因此该引脚必须接一个上拉电阻到电源端，推荐阻值为 22kΩ，没有接收信号时该端输出为高电平，有信号时输出电平则产生下降。

8 脚：电源正极，4.5～5V。

根据上述分析，超声波测距系统可由 LK32T102 单片机、超声波发射模块和超声波接收模块等组成，其系统框图如图 5-15 所示。

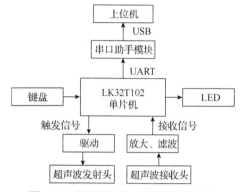

图 5-15　超声波测距系统的系统框图

2．硬件设计

1）超声波收发电路设计

根据任务要求和任务分析，本设计中采用主控模块和超声波距离检测模块，配置单片机的 PA7 口作为超声波模块的触发信号输入口，PB14 口作为超声波模块的结束信号输出接收口。主控模块的电路图这里不再展现，超声波距离检测模块原理图如图 5-16 所示。

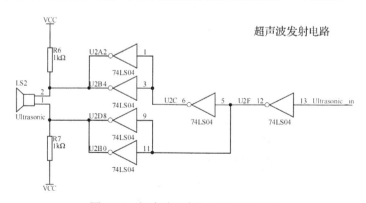

图 5-16　超声波距离检测模块原理图

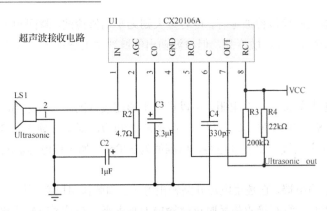

图 5-16　超声波距离检测模块原理图（续）

超声波发射电路是由反相器 74LS04 和超声波换能器构成的，由单片机定时器产生的 40kHz 的方波信号由 PA7 端口输出，一路经一级反相器后送到超声波换能器的一个电极；另一路经两级反相器后送到超声波换能器的另一个电极。用推挽形式将方波信号加到超声波换能器的两端，通过逆压电效应产生超声波并提高超声波的发射强度。输出端采用两个反相器并联以提高驱动能力。上拉电阻 R6 和 R7 不仅可以提高反相器 74LS04 输出高电平的驱动能力，并且可以增强超声波换能器的阻尼效果，缩短自由振荡的时间。

超声波接收电路收到的回波信号一般只有几 mV，通过 CX20106A 芯片接收超声波具有很好的灵敏度和较强的抗干扰能力。适当更改电容 C3 的大小，可以改变接收电路的灵敏度和抗干扰能力。

2）硬件连接

系统的硬件连线表如表 5-7 所示，采用母对母杜邦线即可连接各个模块，硬件连接如图 5-17 所示。

表 5-7　硬件连线表

模块名称	I/O 引脚	控制引脚	模块名称
M0 主控模块	UART1_RX	TXD	串口助手模块
	UART1_TX	RXD	

图 5-17　硬件连接

3．软件设计

根据任务要求和任务分析，超声波测距系统程序设计流程如图 5-18 所示，超声波时序图如图 5-19 所示。

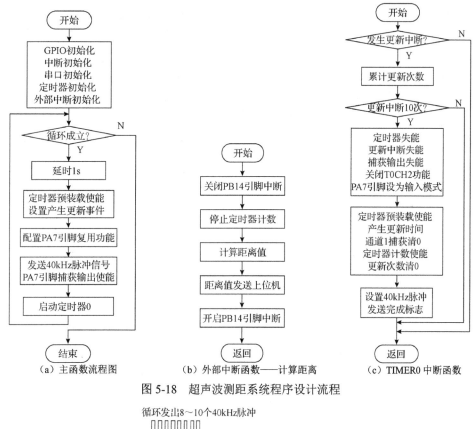

图 5-18　超声波测距系统程序设计流程

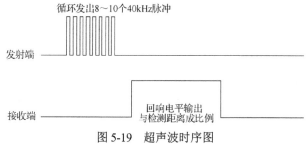

图 5-19　超声波时序图

由图 5-19 可知发射端并不是一直连续输出 40kHz 脉冲信号，而是每次发送 8～10 个周期的 40kHz 脉冲信号，然后等待接收端的检测信号，因为如果一直连续发射可能会出现前后多个回波信号串扰的问题。

1）移植任务 14 工程

复制"任务 14　呼吸灯设计"文件夹，然后修改文件夹名为"【技能训练 5-1】超声波测距设计"，将 USER 文件夹下的"M0_BREATH.uvprojx"工程名修改为"M0_ULTRAS.uvprojx"。

2）配置定时器输出 PWM

首先配置定时器输出 PWM，输出一个 40kHz 的方波，用于驱动超声波模块，子程序代码如下：

```
void TIM0_Init_PWM(uint32_t PRD, uint32_t DB_CFG)
{
    TIMER0 -> TIM_PSC = 450 - 1;                    //预分频值为72MHz / 450 = 160kHz
    TIMER0 -> TIM_CR1_b.CMS = CMS_EDGE_ALIGN;       //边沿对齐模式
    TIMER0 -> TIM_CR1_b.DIR = 0;                    //计数器增计数
    TIMER0 -> TIM_ARR = PRD - 1;                    //自动重装载寄存器的值
    TIM_ARPE_ENABLE;                                //周期计数预装载允许位：TIM_ARR 寄存器有缓冲
    //PWM输出比较
    TIMER0 -> TIM_CCMR1 |= CC2S_OUTPUT;             // OC2M, CH2 通道 2 输出
    TIMER0 -> TIM_CCMR1 |= OC2M_PWM_MODE2;          // OC2M, CH2 选择 PWM 模式 1
    TIMER0 -> TIM_CCMR1 |= OC2PE_PRELOAD_ENABLE;
    // OC2PE    开启 TIM_CCR1 寄存器的预装载功能
    TIMER0 -> TIM_CCER_b.CC2P = CC2P_OUTPUT_LOW ;
                                                    // 捕获/比较 1 输出极性：OC1 低电平有效
    TIMER0 -> TIM_CCER_b.CC2NP = CC2NP_OUTPUT_HIGH;
                                                    // 捕获/比较 1 互补输出极性：OC1N 高电平有效
    TIMER0 -> TIM_CCR2 = PRD >> 1;                  //占空比设置/2
    //死区设置
    TIMER0 -> TIM_BDTR_b.MOE = MOE_ENABLE;          //主输出使能
    NVIC_ClearPendingIRQ(TIMER0_IRQn);              //TIMER0, 清除中断标志
    EGR_CNT_UPDATE;                                 // TIMER0->TIM_EGR_b.UG = 1
    //重新初始化计数器, 并产生一个 （ 寄存器 ） 更新事件
}
```

这个函数设置了输出 PWM 的基本参数，其中关键设置了周期、占空比等：第 3 行设置了
预分频为 PSC（=450-1），表示计数脉冲为 160kHz，第 6 行设定 ARR（=PRD-1）表示每 ARR
个计数脉冲输出 1 个 PWM 脉冲，即 PWM 波的频率为 160kHz/ARR，第 17 行设定了 CCR2
（=PRD>>1），设定了输出高电平的时间（因为是模式 2），这里设置 PRD 为 4，所以设定的 PWM
波的频率为 40kHz，占空比为 50%。

定时器的使用应确保中断的打开，即在 Device.c 的 Device_Init()函数中，要打开 IRQ_Enable()
和 IRQ_Init()。

3）配置定时器 0 控制 PWM 脉冲个数

在定时器 0 中断中，通过变量 TIM0_UIE_Times 累计 PWM 信号的脉冲个数，当达到 10 时
就表示 1 组发射驱动信号已发送完毕，需使定时器失能，停止发送 40kHz 脉冲信号，子程序代
码如下：

```
void TIMER0_IRQHandler()
{
    if(TIMER0 -> TIM_SR_b.UIF == 1)                        //发生更新中断, 等待脉冲发送完成
    {
        TIM0_UIE_Times++;                                  //更新中断进入次数
        if(TIM0_UIE_Times >= 10)
        {
            TIMER0 -> TIM_CR1_b.CEN = 0;                   //定时器失能
            TIMER0 -> TIM_DIER_b.UIE = UIE_DISABLE;        //更新中断失能
            TIMER0 -> TIM_CCER_b.CC2E = CC2E_DISABLE;      //捕获/比较 2 输出失能
            GPIO_AF_SEL(DIGITAL, PA, 7, 0);                //关闭 T0CH2 功能
            PA_OUT_DISABLE(7);                             //PA7 引脚输入模式
            TIMER0 -> TIM_ARR = 0xffff;
            TIM_ARPE_ENABLE;                               //预装载使能
```

```
        EGR_CNT_UPDATE;                              //产生更新时间
        TIMER0 -> TIM_ISR &= ~(3 << 15);             //通道 1 捕获清 0
        TIMER0 -> TIM_ISR |= (1 << 17);              //计数器捕获清 0 使能
        TIMER0 -> TIM_CR1_b.CEN = 1;                 //定时器计数使能
        TIM0_UIE_Times = 0;                          //更新中断进入次数清 0
        TIM0_Send_Receive = 1;                       //40kHz 脉冲信号发送完成
        }
    }
}
```

4）配置外部中断

开启 PB14 引脚外部中断，用于接收超声波的输出端的脉冲，外部中断配置为单边沿触发、下降沿触发，子程序代码如下：

```
PB_INT_ENABLE(14);           //开启 PB14 引脚中断
PB_INT_EGDE(14);             //配置为边沿中断
PB_INT_BE_DISABLE(14);       //配置为单边沿触发
PB_INT_POL_LOW(14);          //配置为下降沿触发
PB_INT_FLAG_CLR(14);         //清除中断标志
```

5）运用 PB14 引脚外部中断服务函数计算距离

在外部中断函数中编写程序。当 PB14 引脚捕获到下降沿的时候，说明发送出去的超声波已经返回且被接收到，这个时候关闭 TIMER0，读取 TIMER0 的计数值，用于计算超声波的时间。定时器设置的频率为 160kHz，所以每个计数值代表的时间为 1/0.16MHz=6.25μs，其中声速为 0.34mm/μs，计算出来的距离（两倍传输距离）除以 2，就是最终要测得的距离。所以程序中距离的计算公式为：

```
ult_distance = (TIMER0 ->TIM_CNT) *6.25*0.34/2/10
```

PB14 引脚外部中断函数如下：

```
void GPIO1_IRQHandler()
{
    if(!(PB -> PIN & (1 << 14)))                 //判断是否有超声波回收信号
    {
        TIMER0 -> TIM_CR1_b.CEN = 0;             //定时器计数失能
        PB_INT_DISABLE(14);                      //关闭 PB14 引脚中断
        printf("\n%d/计数值：%d \r\n", ult_times, TIMER0 -> TIM_CNT);
        //串口打印计数器的计数值
        ult_distance = (TIMER0 -> TIM_CNT) * 6.25 * 0.34 / 2 / 10;
        //(1 / 0.16MHz = 6.25μs)，声速 0.34mm/μs。/2，两倍传输距离；/10，毫米换算为厘米
        printf("%d/超声波探测距离：%5.2f cm \r\n", ult_times++, ult_distance);
        //串口打印测得的距离
        PB_INT_FLAG_CLR(14);                     //清除中断标志
        PB_INT_ENABLE(14);                       //开启 PB14 引脚中断
    }
    NVIC_ClearPendingIRQ(PB_IRQn);               //清除中断
}
```

6）效果实现

电路接入后，程序编译成功，下载进入 M0 主控模块，采用 1 拖 4 的 5V 适配器接入主控板和超声波距离检测模块为其供电，在超声波发射器前放置障碍物，通过串口助手工具可以看到超声波测量所获得的距离。实物连接和结果演示如图 5-7 和图 5-8 所示。

5.3　任务 15　基于数码管的秒表设计

5.3.1　任务描述

秒表在生活中一般用作精确计时，如体育运动计时、知识竞赛答题计时、检测电表或水表时的计时等。现在越来越多的人开始使用电子秒表，那如何基于数码管实现秒表设计呢？本节任务就是基于 Cortex-M0 的 LK32T102 单片机开发板上的 4 位数码管进行计时，要求显示分、秒、秒小数，分别是 1 位、2 位、1 位，并通过按键实现启动、暂停和清 0，基于数码管的秒表显示如图 5-20 所示。

图 5-20　基于数码管的秒表显示

5.3.2　秒表设计分析

1．TIM6——通用定时器

这里选择 TIM6 产生基时（时间基准），进而产生秒、分，在数码管上显示。

TIM6 为通用定时器模块，主要用于软件定时控制。硬件配置两组独立的定时器，定时器时钟为系统时钟，与 Cortex-M0 内核时钟一致，TIM6 寄存器列表如表 5-8 所示。

TIM6 的功能特性：

（1）兼容 AMBA 总线协议，APB 总线接口。

（2）独立的两组定时器，每组都可以触发中断。

（3）定时器计数位宽为 32bit。计数时钟与系统时钟一致。

表 5-8　TIM6 寄存器列表

地址	寄存器名	宽度/bit	描述	读写属性	复位值
0x00	COUNT0	32	timer0 计数器	RW	0x0000_0000
0x04	COMPARE0	32	timer0 计数比较值寄存器	RW	0xffff_ffff
0x08	CTC0	2	timer0 控制寄存器	RW	0x0
0x0C	CTCSEL0	5	timer0 分频选择寄存器	RW	0x00
0x10	COUNT1	32	timer1 计数器	RW	0x0000_0000
0x14	COMPARE1	32	timer1 计数比较值寄存器	RW	0xffff_ffff
0x18	CTC1	2	timer1 控制寄存器	RW	0x0
0x1C	CTCSEL1	5	timer1 分频选择寄存器	RW	0x00

2．数码管动态显示秒表

在项目 3 中已经学习了数码管动态扫描显示的工作过程，这里需要注意的是，因为需要点亮数码管的小数点，所以需要重新定义一个带小数点的位码表，定义 0～9 十个数字的字形编码位码表和定义带小数点的位码表的代码如下：

```
uint16_t jishu1[]={0X3F00,0X0600,0X5B00,0X4F00,0X6600,0X6D00,0X7D00,0X0700,0X7F00,
0X6F00};//数码管显示 0～9
    uint16_t jishu2[]={0XBF00,0X8600,0XDB00,0XCF00,0XE600,0XED00,0XFD00,0X8700,0XFF00,
0XEF00};//数码管显示 0.~9.
```

数码管的显示位如图 5-21 所示，用 A 代表 0.1s，显示数字 0～9，到 9 后进位，C 和 B 代表秒数，因为 60 秒要进位成 1 分钟，所以 C 位显示数字 0～5，D 代表分钟数。

图 5-21 数码管的显示位

5.3.3 基于数码管的秒表设计与实现

1. 移植任务 14 工程模板

复制"任务 14 呼吸灯设计"文件夹，然后修改文件夹名为"任务 15 基于数码管的秒表设计"，将 USER 文件夹下的"M0_BREATH.uvprojx"工程名修改为"M0_SEG_SW.uvprojx"。

2. 硬件连接

将 LK32T102 单片机开发板上的 K1～K5 连接到单片机的 PA4～PA7 端口，对应关系：PA4—D、PA5—C、PA6—B、PA7—A。按键选择：SB1 启动按键（PA0），SB2 暂停按键（PA1），SB3 清 0 复位按键（PA10）。

3. 定时器的初始化

```
void TIM6_T0_Init()
{
    TIM6->COMPARE0 = 4500;              // 计数比较值
    TIM6->CTC0_b.Freerun = 1;          // timer 在使能后一直计数
    TIM6->CTC0_b.COUNT0INT_EN = 1;     // 中断使能位，高电平有效
    TIM6->CTCSEL0 = 0x04;              // 16 分频
    TIM6->CTC0_b.COUNTEN = 1;          // 使能，开始计数
}
```

中断频率=4500（计数比较值）/（72000000Hz（系统时钟频率）/16（分频））=0.001s=1ms，这里配置成 1ms 的基时。

4. 中断服务程序

```
uint32_t X;
void TIM6_T0_IRQHandler()
{
    TIM6 -> CTC0_b.COUNT0INT_EN = 0;
    X++;
    TIM6 -> CTC0_b.COUNTFW = 0;
    TIM6 -> COUNT0 = 0;
```

```
        NVIC_ClearPendingIRQ(TIM6_T0_IRQn);//清除中断
        TIM6 -> CTC0_b.COUNT0INT_EN = 1;
    }
```

这里定义了一个变量 X，计数器每次到 1ms 时，X 变量加 1，记录数据。

5. 主程序编写

主程序代码如下：

```
int main( void )
{
    Device_Init();
    TIM6_T0_Init();
    csh();                      //初始化数码管
    while(1)
    {
        ql();                   //清 0
        js();                   //开始计时
    }
}
```

其中主要有两个函数：清 0 和计时，清 0 函数代码如下：

```
void ql(void)
{
    A=0;B=0;C=0,D=0;
    while(1)
    {
        PB->OUT&=0X00FF;
        PA->OUT|=0X00F0;
        PA->OUT&=0XFF1F;                //位选：PA4-D、PA5-C、PA6-B、PA7-A
        PB->OUT|=jishu1[A];
        delay_ms(5);

        PB->OUT&=0X00FF;
        PA->OUT|=0X00F0;
        PA->OUT&=0XFF2F;
        PB->OUT|=jishu2[B];
        delay_ms(5);

        PB->OUT&=0X00FF;
        PA->OUT|=0X00F0;
        PA->OUT&=0XFF4F;
        PB->OUT|=jishu1[C];
        delay_ms(5);

        PB->OUT&=0X00FF;
        PA->OUT|=0X00F0;
        PA->OUT&=0XFF8F;
        PB->OUT|=jishu2[D];
        delay_ms(5);
        if(!(PA->PIN&(1<<0)))    //按下按键 1 开始（PA0）
        {
            X=0;
            break;
```

```
        }
      }
  }
```

当判断按键 1（PA0）被按下后，给 X 初值设为 0，开始计数。

计时函数代码如下：

```
void js(void)
{
    while(1)
    {
        K=X/100;                    //将 1ms 改为 0.1s
        A = K % 10;
        B = K % 100 / 10;
        C = K % 1000 / 100;
            if(C==6)
            {
                C=0;
                D++;
                X=0;
            }
        PB->OUT&=0X00FF;
        PA->OUT|=0X00F0;
        PA->OUT&=0XFF1F;
        PB->OUT|=jishu1[A];
        delay_ms(5);

        PB->OUT&=0X00FF;
        PA->OUT|=0X00F0;
        PA->OUT&=0XFF2F;
        PB->OUT|=jishu2[B];
        delay_ms(5);

        PB->OUT&=0X00FF;
        PA->OUT|=0X00F0;
        PA->OUT&=0XFF4F;
        PB->OUT|=jishu1[C];
        delay_ms(5);

        PB->OUT&=0X00FF;
        PA->OUT|=0X00F0;
        PA->OUT&=0XFF8F;
        PB->OUT|=jishu2[D];
        delay_ms(5);
        Y=X;
        if(!(PA->PIN&(1<<1)))    //按下按键 2 暂停（PA1）
        {
            while(1)
            {
                PB->OUT&=0X00FF;
                PA->OUT|=0X00F0;
                PA->OUT&=0XFF1F;
                PB->OUT|=jishu1[A];
                delay_ms(5);
```

```
                    PB->OUT&=0X00FF;
                    PA->OUT|=0X00F0;
                    PA->OUT&=0XFF2F;
                    PB->OUT|=jishu2[B];
                    delay_ms(5);

                    PB->OUT&=0X00FF;
                    PA->OUT|=0X00F0;
                    PA->OUT&=0XFF4F;
                    PB->OUT|=jishu1[C];
                    delay_ms(5);

                    PB->OUT&=0X00FF;
                    PA->OUT|=0X00F0;
                    PA->OUT&=0XFF8F;
                    PB->OUT|=jishu2[D];
                    delay_ms(5);
                if(!(PA->PIN&(1<<0)))              //按下按键1开始
                    {
                        X=Y;
                        break;
                    }
                    if(!(PA->PIN&(1<<10)))         //按下按键3清0复位（PA10）
                    {
                        n=1;
                        break;
                    }
                }
            }
            if(!(PA->PIN&(1<<10))||n==1)           //按下按键3或n=1清0复位
            {
                X=0;
                break;
            }
        }
    }
```

代码说明："K=X/100"语句表示将定时器产生的基时处理为0.1s，送到数码管A，也就是0.1s的位，同样的进行B和C的处理；第9～14行是处理C的进位，C为6时，表示60s（B为0），将C置0，同时D加1，也就是1min；第67～84行是按键的设置。

6. 工程编译、运行与调试

（1）完成程序设计后，我们就可以直接对工程进行编译了，生成目标代码文件。若编译发生错误，要进行分析检查，直到编译正确。

（2）连接J-Link下载器和开发板，在Keil μVision5界面上单击快速访问工具栏中的 按钮完成程序下载。

（3）启动开发板，观察数码管显示秒表效果（对比手机的秒表），如图5-22所示，若运行结果与任务要求不一致，要对电路和程序进行分析检查，直到运行正确。

图 5-22　数码管秒表显示效果（对比手机的秒表）

【技能训练 5-2】基于 OLED 的秒表设计

1. 任务要求

在项目 3 中，我们已经学习了 OLED 显示由 0.96 英寸 OLED 显示屏和基于 Cortex-M0 的 LK32T102 单片机构成，OLED 显示屏采用的是 4 线 SPI 接口，OLED 显示屏的片选引脚 CS、时钟引脚 D0、数据引脚 D1、数据指令选择引脚 DC 和复位引脚 RES，依次连接到 LK32T102 单片机的 PA4～PA8 引脚上。本任务是将计时的分、秒、0.1 秒位显示在 OLED 显示屏上，OLED 显示秒表如图 5-23 所示。

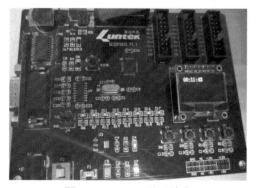

图 5-23　OLED 显示秒表

2. 软件设计

复制"任务 15　基于数码管的秒表设计"文件夹，然后修改文件夹名为"【技能训练 5-2】基于 OLED 的秒表设计"，将 USER 文件夹下的"M0_SEG_SW.uvprojx"工程名修改为"M0_OLED_SW.uvprojx"。

（1）定时器初始化和中断服务程序。

这里定时器初始化和中断服务程序与 5.3.3 节讲解的数码管秒表设计中的程序一样，选择 TIM6_T0_Init()进行初始化，产生的基时是 1ms，代码不再讲解。

（2）清 0 程序。

清 0 代码如下：

```
void ql(void)
{
```

```
A=0,B=0,C=0,D=0,E=0,F=0,E=0;        //清0
OLED_ShowNum(56,0,A,1,16);          //打印变量
OLED_ShowNum(48,0,B,1,16);
OLED_ShowString(16,0,":");          //打印符号
OLED_ShowNum(32,0,C,1,16);
OLED_ShowNum(24,0,D,1,16);
OLED_ShowString(40,0,":");
OLED_ShowNum(8,0,E,1,16);
OLED_ShowNum(0,0,F,1,16);
}
```

代码说明：函数 OLED_ShowNum(uint8_t x,uint8_t y,uint32_t num,uint8_t len,uint8_t size)是在指定的位置上显示 2 个以上的数字；函数 OLED_ShowString(uint8_t x,uint8_t y,uint8_t *chr)是在指定的位置上显示一个字符串，所以 OLED 显示格式为 XX:XX:XX 从左到右依次对应的位是 F、E、D、C、B、A，其中 F 和 E 是分钟位，D 和 C 是秒位，D 到达 6 后表示 60 秒到了并向 E 进一位，B 是 0.1 秒数位，A 是 0.01 秒数位。

（3）计数程序。

```
void js(void)
{
    if(!(PA->PIN&(1<<0)))                //按下按键1开始
    {
        X=0;                             //归零开始
        while(1)
        {
            A = X % 100 / 10;            //只保留十位（0.01s）
            B = X % 1000 / 100;          //只保留百位（0.1s）
            C = X % 10000 / 1000;        //只保留千位（1s）
            D = X % 100000 / 10000;      //只保留万位（10s）
            if(D==6)                     //满60进1为分钟
            {
                D=0;                     //清0
                E++;
                X=0;
            }
            F=E/10;
            OLED_ShowNum(56,0,A,1,16);
            OLED_ShowNum(48,0,B,1,16);
            OLED_ShowString(16,0,":");
            OLED_ShowNum(32,0,C,1,16);
            OLED_ShowNum(24,0,D,1,16);
            OLED_ShowString(40,0,":");
            OLED_ShowNum(8,0,E,1,16);
            OLED_ShowNum(0,0,F,1,16);
            Y=X;
            if(!(PA->PIN&(1<<1)))        //按下按键2暂停
            {
                while(1)
                {
                    OLED_ShowNum(56,0,A,1,16);
                    OLED_ShowNum(48,0,B,1,16);
                    OLED_ShowString(16,0,":");
```

```
                                OLED_ShowNum(32,0,C,1,16);
                                OLED_ShowNum(24,0,D,1,16);
                                OLED_ShowString(40,0,":");
                                OLED_ShowNum(8,0,E,1,16);
                                OLED_ShowNum(0,0,F,1,16);
                                if(!(PA->PIN&(1<<10)))          //按下按键3清0复位
                                {
                                        n=1;
                                        break;
                                }

                                if(!(PA->PIN&(1<<0)))           //按下按键1开始
                                {
                                        X=Y;
                                        break;
                                }
                        }
                }
                if(!(PA->PIN&(1<<10))||n==1)                   //按下按键3或n=1清0复位
                {
                        OLED_clear();
                        X=0;
                        n=0;
                        break;
                }
        }
    }
}
```

代码说明：第 8～18 行，这里 X 的装载处理和数码管秒表不同，没有转换成 0.1s，而是直接用定时器产生的基时 1ms 来处理 A 到 F 位的显示。

（4）主程序。

主程序代码如下：

```
int main()
{
    Device_Init();
    TIM6_T0_Init();
    csh();              //计数器初始化
    while(1)
    {
        ql();           //将计数器清0
        js();           //按下按键开始计数
    }
}
```

3. 工程编译、运行与调试

（1）完成程序设计后，我们就可以直接对工程进行编译了，生成目标代码文件。若编译发生错误，要进行分析检查，直到编译正确。

（2）连接 J-Link 下载器和开发板，在 Keil μVision5 界面上单击快速访问工具栏中的 ▓ 按钮完成程序下载。

（3）启动开发板，观察 OLED 显示秒表效果（见图 5-23），若运行结果与任务要求不一致，要对电路和程序进行分析检查，直到运行正确。

在这个项目中，我们学习了定时器的应用——秒表的制作方法，大家在运行调试的时候可以发现 1 秒钟转瞬即逝，真切地体会到时间一去不复还，容不得一丝一毫的浪费。对我们每个人来说，时间是宝贵的财富，所以，我们要增强自己的时间观念，珍惜每一天，每一小时，每一分钟，每一秒，保持"争分夺秒"的热情，在有限的时间里创造出最大的价值！

关键知识点梳理

1．LTK32T102 单片机有 4 个时钟源，内部 RCH（高精度时钟源，16MHz）、内部 RCL（低精度时钟源，32kHz）、PLL（锁相环）及 OSCH（外部振荡）。

2．LK32T102 单片机有多个定时计数器：

（1）1 个 16 位定时器 0，有多达 4 个用于输入捕获/输出比较/PWM 或脉冲计数的通道和增量编码器输入；

（2）1 个 32 位定时器 6，包含两个独立的定时器；

（3）1 个 16 位带死区控制和紧急刹车，用于电机控制的 PWM 高级控制定时器；

（4）2 个看门狗定时器（独立型和窗口型）；

（5）系统时间定时器：24 位自减型计数器。

3．系统滴答定时器又称为 SysTick，这是一个 24 位的系统节拍定时器，具有自动重载和溢出中断功能，基于 Cortex-M0 的芯片都可以由这个定时器获得一定的时间间隔。SysTick 位于 Cortex-M0 内核的内部，是一个倒计数定时器，当计数到 0 时，将从 RELOAD 寄存器中自动重装载定时初值。

4．高级控制定时器（TIM）由一个 16 位的自动装载计数器组成，由一个可编程的预分频器驱动。它具有多种用途，包括测量输入信号的脉冲宽度、输入（霍尔信号）捕获，还可以产生输出波形（输出比较、PWM、嵌入死区时间的互补 PWM 等）。

5．脉冲宽度调制（PWM）简称脉宽调制。它是利用微控制器输出的数字信号来控制模拟电路的 ON 或 OFF，广泛应用于测量、通信、功率控制与变换等许多领域。PWM 信号只有两种状态，高电平和低电平。对于一个给定的周期，高电平所占的时间与一个周期的时间之比叫作占空比。

6．通过改变占空比可以实现对 LED 亮度变化的控制。当占空比为 0 时，LED 不亮；当占空比为 100%时，LED 最亮。将占空比逐渐从 0 变到 100%，再逐渐从 100%变到 0，就可以实现 LED 从熄灭慢慢变到最亮，再从最亮慢慢变到熄灭，实现呼吸灯的特效。如果 LED 的另一端接电源则相反，即当占空比为 0 时，LED 最亮。

7．超声波测距的原理是利用超声波在空气中的传播速度为已知，测量超声波在发射后遇到障碍物反射回来的时间，根据发射和接收的时间差计算出发射点到障碍物的实际距离。

8．TIM6 为通用定时器模块，主要用于软件定时控制。作为 slaver 挂载在 APB 总线上。硬件配置两组独立的定时器，定时器时钟为系统时钟，与 Cortex-M0 内核时钟一致。

问题与训练

5-1　简述 LTK32T102 单片机的时钟系统。

5-2　简述 LTK32T102 单片机高级控制定时器的工作过程。

5-3　SysTick 中 RELOAD 寄存器的自动重装载定时初值如何设定？

5-4　简述 PWM 工作过程。

5-5　采用 PWM 的方式，在固定的频率（100Hz，人眼不能分辨）下，如何通过改变占空比实现对 LED 亮度变化的控制？

5-6　简述超声波测距的原理。

5-7　如何配置定时器输出 PWM 波？

5-8　在任务 15 中，如何设置 TIM6_T0_Init()函数的 TIM6->COMPARE0（计数比较值）？

项目 6

数据采集远程监控设计

项目导读

在新冠肺炎疫情防控过程中测温枪大显身手，测温枪的工作原理是：由人体发射出的能量经光学系统汇聚到红外探测器上，探测器将射入的辐射转换成为电压信号，电压信号送入接收系统后，经过数据处理及曲线自动拟合，最后推算出被测人体的温度，并以数字方式显示输出。

本项目从电压数据采集设计入手，首先让读者对 LK32T102 单片机的模数转换有初步了解，然后介绍串行通信的基本知识，并介绍 LK32T102 单片机的 UART 串口。最后通过串口将采集到的电压数据传输到上位机串口助手进行远程监控，让读者进一步掌握 LK32T102 单片机的外设寄存器的编程方法。

知识目标	1. 了解 LK32T102 单片机的 ADC 和 UART 串口的主要特征和结构 2. 了解与 LK32T102 单片机的 ADC 和 UART 串口编程相关的寄存器 3. 会使用与 ADC 编程有关的寄存器，完成模数转换程序设计 4. 会使用与 UART 串口编程有关的寄存器，完成串行通信程序设计
技能目标	能应用 C 语言程序完成电压数据采集、OLED 显示电压数据和控制 UART 串口收发数据，实现数据采集远程监控的设计、运行及调试
素质目标	在项目实践中培养团队协作精神、分析问题和解决问题的能力及践行社会主义核心价值观
教学重点	1. ADC 编程相关寄存器的初始化 2. UART 串口编程相关寄存器的初始化 3. 串口助手的应用
教学难点	实现模数转换的过程，UART 串口对数据的收发处理
建议学时	6 学时
推荐教学方法	从任务入手，通过电压数据采集设计，让读者熟悉 ADC 外设文件编写；通过 LK32T102 单片机的串口通信设计，让读者熟悉 UART 外设文件编写；利用电压数据采集远程监控设计将 ADC 与 UART 串口综合在一起运用，让知识得到巩固
推荐学习方法	勤学勤练、多动手，多分析是学好嵌入式电子产品的 ADC 和 UART 串口的关键，动手完成模数转换、UART 串口对数据收发的控制，通过"边做边学"达到更好的学习效果

6.1　任务 16　电压数据采集设计

6.1.1　任务描述

要实现电压数据的采集，关键在于要设置好与 LK32T102 单片机的 ADC 指令相关的寄存器。本次任务用到的是 ADCB5 通道（PB10 引脚的复用）。在使用之前，先用跳线帽将开发板中 J5 的 1、2 脚短接，编写 C 语言程序实现电压信号的采集，并将采集的 AD 值转换为标准电压值。具体实现效果描述如下：

（1）用螺丝刀调节电位器 R22，当 PB10 引脚采集的电压大于 2.5V 时，LED1 恒亮；

（2）当 PB10 引脚采集的电压低于 2V 时，LED1 熄灭；

（3）当电压处于 2～2.5V 之间时，LED1 的状态与上一次状态保持一致。

6.1.2　LK32T102 单片机的模数转换

在嵌入式电子产品中，常常需要将外界的模拟信号（如温度、湿度、压力、速度、液位、流量、酸碱度等）转换为数字信号，这一过程的实现称为模数转换，即模拟信号转换为数字信号。

将模拟信号转换成数字信号的电路称为模数转换器（简称 A/D 转换器或 ADC）。模数转换的作用是将时间连续、幅值也连续的模拟信号转换为时间离散、幅值也离散的数字信号。

模数转换一般要经过取样、保持、量化及编码 4 个过程。在实际电路中，这些过程有的是合并进行的，例如，取样和保持，量化和编码往往都是在转换过程中同时实现的。

1．认识 LK32T102 单片机的模数转换

LK32T102 单片机内部有 1 个 12 位的 ADC，此 ADC 有 16 个通道，可以分时输入进行转换，最大转换速率可达 1MSPS。

LK32T102 单片机只有 1 个 ADC。与 STM32F1 系列单片机的 ADC 的使用方法有很大的差异。ADC 转换的采样窗口有一个规定的最小值，即 10 个 ADC 时钟周期。总的采样时间是采样窗口时间（ADCSOCxCTL[ACQPS]+1）与 ADC 转换时间（19 个 ADC 时钟周期）的和。

ADC 转换的优先级。当多个转换要求同时发生时，执行转换的顺序由以下两种模式决定：

① 轮询模式：所有转换的优先级相同，执行哪个转换由轮询指针（RRPOINTER）决定。

② 高优先级模式：通过设置（SOCPRICTL[SOCPRIORITY]）可以将一些转换设为高优先级。ADC 的输入时钟是由 MTDIV 分频产生的。

2．LK32T102 单片机的 ADC 的主要特征

LK32T102 单片机的 ADC 的主要特征如下：

（1）12 位分辨率；

（2）双采样保持电路；

（3）支持连续采样模式；

（4）0～5.5V 的输入范围，或按照 VREFHI/VREFLO 比例输入；

（5）多达 16 个转换通道，多路复用输入；

（6）16 个通道独立转换，每一个通道都可以任意配置触发源、采样窗口和转换通道；

（7）16 个独立的结果寄存器；

（8）可选择多个触发源（软件触发、PWM0-2、PWM4、GPIOINT、ADCINT 1/2、T0、TIM6 等）；

（9）可在任意转换之后配置中断。

3．LK32T102 单片机的模数转换结构

LK32T102 单片机的模数转换结构框图如图 6-1 所示。在图 6-1 中，LK32T102 单片机的 ADC 总共有 16 个输入通道，分别为 ADC A 通道输入（ADCA0～ADCA7）8 个、ADC B 通道输入（ADCB0～ADCB7）8 个。另外 ADCA6，ADCA7，ADCB6，ADCB7 也可以配置为经过内部放大器放大后的结果（OPA0O，OPA3O，OPA1O，OPA2O）。

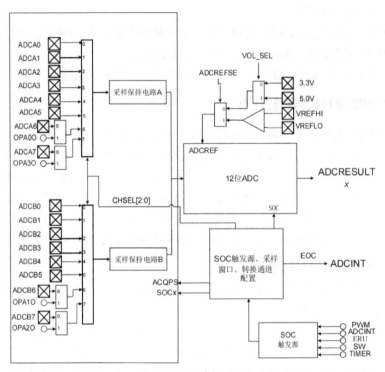

图 6-1　LK32T102 单片机的模数转换结构框图

模拟信号输入后，进入采样保持电路，保持电路的信号再进入 12 位 ADC 进行转换。最后转换结果将保存在 ADCRESULT0～16 中。ADC 模块的中断可以被配置成以任意 EOC 信号作为中断源，可以在(INTSELxNy[INTx(y)SEL])中进行设置。

ADC 转换是基于 SOC 的，即单通道的单次转换。每个转换需要配置 3 项内容：触发源、转换通道和采样窗口。每个转换可以配置为触发源、转换通道和采样窗口的任意组合。因此可以满足对不同通道不同触发源、单一通道单一触发源重复采样和同一触发源不同通道的转换要求。CHSEL[2:0]设置具体哪个通道进行转换。

图 6-1 中右下角说明 SOC 触发源有哪些，右上角说明转换的参考电压来源。

6.1.3　电压数据采集设计与实现

1．电压数据采集电路设计

电压数据采集电路是由基于 Cortex-M0 的 LK32T102 单片机、一个 5.6kΩ 的电阻、一个 10kΩ 的电位器及 J5 跳线端子组成的，模拟电压输入接口电路和电路板如图 6-2 所示。

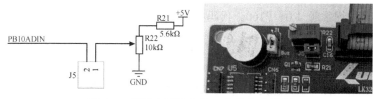

图 6-2　模拟电压输入接口电路和电路板

由图 6-2 可知，当在进行电压数据采集时务必用跳线帽将 J5 的 1、2 脚短接好。J5 的 2 脚连接到 LK32T102 单片机的 PB10 引脚上，J5 的 1 脚连接电位器 R22 的一只脚。电流从+5V 流经 R21、R22，再到达 GND 形成一条通路。

根据任务描述，采用 ADCB5 通道（PB10 引脚）进行电压数据采集，在电压数据采集过程中，通过调节电位器 R22 改变采样的电压。

2．电压数据采集实现分析

电压数据采集电路设计完成以后，暂时还不能从单片机的 PB10 引脚上获取到具体的电压数据，还需要编写程序控制 LK32T102 单片机 PB10 引脚来读取输入的电压信号大小。以下为 LK32T102 单片机的 ADC 的主要设置。

（1）设置 MTDIV 时钟、ADC 时钟。

LK32T102 单片机的 ADC 时钟受 MTDIV 时钟控制，在使用时得先设置好 MTDIV 时钟，再设置 ADC 时钟。主要代码如下：

```
//设置 MTDIV 时钟
CHIPKEY_ENABLE;
CHIPCTL->CLKCFG2_b.MTDIV = 0;            // 2 分频，在 CLK.C 文件
//设置 ADC 时钟
ACCESS_ENABLE;
ADC->ADCCTL2_b.clkdiv = ADC_CLKDIV_3;    // 3 分频后作为 ADC 时钟
```

（2）设置 PB10 引脚为模拟输入。

将 LK32T102 单片机的 PB10 引脚复用为 ADCB5 通道，并设置为模拟输入。关于每个 GPIO 口的复用，可以查询《LK32T102_用户编程手册_1.0》P20～P24 的表格。代码如下：

```
GPIO_AF_SEL(ANALOGY,PB,10,0);            // ADCB5;
```

（3）设置 ADC 通道。

LK32T102 单片机的 ADC 总共有 16 个通道，ADCA0～ADCA7，ADCB0～ADCB7 分别对应为 0～15 通道。本任务中 ADCB5 为第 13 通道。代码如下：

```
ACCESS_ENABLE;
ADC->ADCSOC5CTL_b.CHSEL = 13;            // ADCB5，第 13 通道
```

（4）设置 ADC 触发源。

ADC 触发源有许多，可供选择的触发源有：软件触发、PWM0-2、PWM4、GPIOINT、ADCINT 1/2、T0、TIM6 等，本任务选择软件触发。代码如下：

```
ACCESS_ENABLE;
ADC->ADCSOC5CTL_b.TRIGSEL = 0;           // 软件触发
```

（5）设置 ADC 窗口大小。

ADC 转换的采样窗口有一个规定的最小值，即 10 个 ADC 时钟周期，采样窗口时间是通过 ADCSOC*x*CTL[ACQPS]设置的，该值要比采样窗口少一个周期。例如，要使采样窗口时间为 10 个周期，则应设置 ADCSOC*x*CTL[ACQPS]=9。不同 ADC 时钟频率下的采样窗口时间见

《LK32T102_用户编程手册_1.0》P160。代码如下：

```
ACCESS_ENABLE;
ADC->ADCSOC5CTL_b.ACQPS = 13;              // ADC 窗口大小
```

（6）ADC 采集中断配置及使能。

ADC 采集数据并转换之后触发中断，ADC 中断配置、使能及中断处理函数的代码如下：

```
//ADC 中断配置、使能
NVIC_ClearPendingIRQ(ADC_IRQn);            //清除 ADC 中断
NVIC_SetPriority(ADC_IRQn,0);              //设置 ADC 中断优先级
NVIC_EnableIRQ(ADC_IRQn);                  //使能 ADC 中断
//ADC 中断处理函数
if((ADC -> ADCINTFLG_b.ADCINT5))
{
    ACCESS_ENABLE;
    ADC_SOC5_Result = ADC -> ADCRESULT5_b.RESULT;
    ADC5_ConvertFinish_flg = 1;           //采集到数据
    ACCESS_ENABLE;
    ADC -> ADCINTFLGCLR_b.ADCINT5 = 1;
    NVIC_ClearPendingIRQ(ADC_IRQn);
}
```

（7）读取 ADC 值。

在完成 ADC 的时钟、通道、窗口、触发源、中断等配置后，接下来就是启动 ADC 转换。在转换结束后，读取 ADC -> ADCRESULT5_b.RESULT 里面的值就可以了。代码如下：

```
ADC -> ADCSOCFRC1 |= (1 << 5);                    //ADC - SOC5 强制转换
voltage_value = (ADC_SOC5_Result / 4096.0) * 5;   //将 A/D 值转换为标准电压值
```

通过以上几个步骤的设置，基本可以使用 LK32T102 单片机的 ADCB5 通道来完成 ADC 转换的操作。

3．移植任务 15 工程

复制"任务 15　基于数码管的秒表设计"文件夹，然后修改文件夹名为"任务 16　电压数据采集设计"，将 USER 文件夹下的"M0_SEG_SW.uvprojx"工程名修改为"VolAcq.uvprojx"。

4．电压数据采集程序设计

在设计电压数据采集程序时，主要编写 ADC.h 和 ADC.c 库文件、VolAcq.h 和 VolAcq.c 设备文件，以及修改 main.c、DevInit.c、ISR.c 文件。

（1）编写 ADC.h、ADC.c 文件。

ADC.h 头文件代码如下：

```
#ifndef __ADC_H
#define __ADC_H
#include <SC32F5832.h>
#define ADC_CLKDIV_2         0          // 2 分频
#define ADC_CLKDIV_3         1          // 3 分频
#define ADC_CLKDIV_4         2          // 4 分频
#define ADC_CLKDIV_5         3          // 5 分频
#define ADC_CLKDIV_6         4          // 6 分频
#define ADC_CLKDIV_8         5          // 8 分频
#define ADC_CLKDIV_10        6          // 10 分频
#define ADC_CLKDIV_12        7          // 12 分频
#define ADC_CLKDIV_14        8          // 14 分频
```

```c
#define ADC_CLKDIV_16            9              // 16 分频
#define ADC_CLKDIV_18            10             // 18 分频
#define ADC_CLKDIV_20            11             // 20 分频
#define ADC_CLKDIV_26            12             // 26 分频
#define ADC_CLKDIV_32            13             // 32 分频
#define ADC_CLKDIV_64            14             // 64 分频
#define ACCESS_ENABLE    SYSREG->ACCESS_EN = 0x05fa659a;   // 关闭写保护
#define ADC_RESET         ACCESS_ENABLE;ADC->ADCCTL1_b.RESET = 1;       // ADC 模块重启
#define ADC_ENABLE        ACCESS_ENABLE;ADC->ADCCTL1_b.ADCENABLE = 1;  // ADC 模块使能
#define ADC_DISABLE       ACCESS_ENABLE;ADC->ADCCTL1_b.ADCENABLE = 0;  // ADC 模块禁止
#define ADC_NONOVERLAP    ACCESS_ENABLE;ADC->ADCCTL2|=(1<<1);    // 采样与转换不重叠
#define ADC_OVERLAP       ACCESS_ENABLE;ADC->ADCCTL2&=~(1<<1);   // 采样与转换重叠
#define ADC_MODE2         ADC->ADCTRIM_b.mode2 = 1;             // ADC 模式 2
#define ADC_VOL_SEL_50V   ADC->ADCTRIM_b.vol_sel = 1;          // 内部电压参考选择 5.0V
#define ADC_VOL_SEL_33V   ADC->ADCTRIM_b.vol_sel = 0;          // 内部电压参考选择 3.3V
#define ADC_INT_AT_EOC    ACCESS_ENABLE;ADC->ADCCTL1_b.INTPULSEPOS = 1;// EOC 脉冲产生
#define ADC_INT_AT_SOC    ACCESS_ENABLE;ADC->ADCCTL1_b.INTPULSEPOS = 0;// EOC 产生于转换开
始时
#define ADC_REF_INTERNAL ACCESS_ENABLE;ADC->ADCCTL1_b.ADCREFSEL = 0; // ADC 用内部参考电压
#define ADC_REF_EXT_VREF ACCESS_ENABLE;ADC->ADCCTL1_b.ADCREFSEL = 1; // ADC 用外部参考电压
#define ADC_B7_SEL_OPA2  ACCESS_ENABLE;ADC->ADCCTL1_b.INB7_SEL = 1; // ADCB7 通道采集OPA2
结果输出
#define ADC_B7_SEL_PIN   ACCESS_ENABLE;ADC->ADCCTL1_b.INB7_SEL = 0; // ADCB7 通道采集引脚
输入
#define ADC_B6_SEL_OPA1  ACCESS_ENABLE;ADC->ADCCTL1_b.INB6_SEL = 1; // ADCB6 通道采集OPA1
结果输出
#define ADC_B6_SEL_PIN   ACCESS_ENABLE;ADC->ADCCTL1_b.INB6_SEL = 0; // ADCB6 通道采集引脚
输入
#define ADC_A7_SEL_OPA3  ACCESS_ENABLE;ADC->ADCCTL1_b.INA7_SEL = 1; // ADCA7 通道采集OPA3
结果输出
 #define ADC_A7_SEL_PIN ACCESS_ENABLE;ADC->ADCCTL1_b.INA7_SEL = 0; // ADCA7 通道采集引脚
输入
#define ADC_A6_SEL_OPA0  ACCESS_ENABLE;ADC->ADCCTL1_b.INA6_SEL = 1; // ADCA6 通道采集OPA0
结果输出
#define ADC_A6_SEL_PIN   ACCESS_ENABLE;ADC->ADCCTL1_b.INA6_SEL = 0; // ADCA6 通道采集引脚
输入
extern uint16_t  ADC_SOC5_Result;       //保存的 ADC5 采集结果
extern uint16_t  ADC5_ConvertFinish_flg; //ADC5 采集完成标志
#endif
```

ADC.c 文件代码如下：

```c
#include <SC32F5832.h>
#include <DevInit.h>
#include <GPIO.h>
#include <ADC.h>
uint16_t  ADC_SOC5_Result;              //保存的 ADC5 采集结果
uint16_t  ADC5_ConvertFinish_flg;       //ADC5 采集完成标志
void  ADC_Init()
{
   ADC_RESET;                           // ADC 模块复位
   ADC_ENABLE;                          // ADC 模块使能
   ACCESS_ENABLE;
   ADC->ADCCTL1_b.ADCPD = 0;            // ADC 断电, 高电平有效
```

```
    ACCESS_ENABLE;
    ADC->ADCCTL1_b.ADCSHPD = 0;              // ADC 采样模块断电，高电平有效
    ACCESS_ENABLE;
    ADC->ADCCTL1_b.AADCREFPD = 0;            // 参考源缓冲电路断电控制（高电平有效）
    ACCESS_ENABLE;
    ADC->ADCCTL1_b.ADCCOREPD = 0;            // ADC 数字 core 断电，高电平有效
    ACCESS_ENABLE;
    ADC->ADCCTL2_b.clkdiv = ADC_CLKDIV_3;    // 时钟 3 分频后，24MHz 作为 ADC 模块时钟频率
    ACCESS_ENABLE;
    ADC->ADCCTL2_b.smp_conv_delay = 3;       // 采样和开始转换之间的延时
    ACCESS_ENABLE;
    ADC->ADCCTL2_b.start_width = 3;          // 开始转换的脉冲宽度
    ADC_NONOVERLAP;                          // 采样与转换不重叠
    ADC_MODE2;                               // 工作模式，强制设定
    ADC_VOL_SEL_50V;                         // 工作电压选择 5.0V
    ADC->ADCTRIM_b.meas_i = 0;               // 模拟模块低电压选择
    ADC->ADCTRIM_b.ntrim = 0;                // NTrim 参考电压
    ADC->ADCTRIM_b.itrim = 11;               // 偏置电流校准位（本参数为出厂设置，请勿修改）
    ADC_INT_AT_EOC;                          // 在 ADC 结果存入结果寄存器的前一个周期产生 INT 脉冲
    ADC_REF_INTERNAL;                        // 内部外部参考源选择，选择内部带隙参考源
    ACCESS_ENABLE;
    ADC->INTSEL5N6_b.INT5E = 1;              // ADCINT5 中断使能
    ACCESS_ENABLE;
    ADC->INTSEL5N6_b.INT5CONT = 0;  // ADCINT5 连续模式使能：只要产生 EOC，就产生 ADCINTx 脉冲
    ACCESS_ENABLE;
    ADC -> INTSEL5N6_b.INT5SEL = 5;          // ADCINT5 源选择：EOC5 作为 ADCINTx 的触发源
    ACCESS_ENABLE;
    ADC->ADCSOC5CTL_b.CHSEL = 13;            // ADCB5
    ACCESS_ENABLE;
    ADC->ADCSOC5CTL_b.TRIGSEL = 0;           // 软件触发
    ACCESS_ENABLE;
    ADC->ADCSOC5CTL_b.ACQPS = 13;            // ADC 窗口大小
    GPIO_AF_SEL(ANALOGY,PB,10,0);            // ADCB5
    NVIC_ClearPendingIRQ(ADC_IRQn);
    NVIC_SetPriority(ADC_IRQn,0);
    NVIC_EnableIRQ(ADC_IRQn);
}
```

编写完成 ADC.h 头文件和 ADC.c 文件后，将其保存在 FWLib 文件夹里面（ADC.h 放在 FWLib/inc 中，ADC.c 放在 FWLib/src 中），作为 ADC 的库文件，以供其他文件调用。

（2）编写 VolAcq.h 和 VolAcq.c 文件。

VolAcq.h 头文件代码如下：

```
#ifndef __VOLACQ_H
#define __VOLACQ_H
#include <SC32F5832.h>
extern float Vol_Acq(void);
extern float Voltage_Filter(void);
#endif
```

VolAcq.c 文件代码如下：

```
#include <SC32F5832.h>
#include <VOLACQ.h>
#include <ADC.h>
```

```
float Vol_Acq(void)
{
    float voltage_value;                          //保存 A/D 电压值
    ADC -> ADCSOCFRC1 |= (1 << 5);                //ADC - SOC5 强制转换
    voltage_value = (ADC_SOC5_Result / 4096.0) * 5;   //将 A/D 值转换为标准电压值
    return voltage_value;
}

float Voltage_Filter(void)                        //软件滤波
{
    float value=0;
    unsigned char count;
    for(count=0;count<10;count++)                 //读取 10 次的值, 取平均值
    {
        value += Vol_Acq();
    }
    return (value/10);                            //返回平均值
}
```

编写完成 VolAcq.h 头文件和 VolAcq.c 文件后,将其保存在 HARDWARE\VolAcq 文件夹中,以供其他文件调用。

(3)修改主文件 main.c。

在"任务 16 电压数据采集设计"文件夹中,根据任务要求实现电压数据采集,对主文件 main.c 进行修改,代码如下:

```
#include <SC32F5832.h>
#include <stdio.h>
#include <DevInit.h>
#include "delay.h"
#include <GPIO.h>
#include <LED.h>
#include <VOLACQ.h>
int main()
{
    float Vol;
    Device_Init();                //系统初始化
    while(1)
    {
        delay_ms(10);             //软件延时 10ms
        Vol = Voltage_Filter();   //读取 10 次采集的电压, 取平均值
        if(Vol >= 2.5)            //采集电压大于或等于 2.5V
        {
            LED1_ON;              //LED1 亮
        }
        if(Vol <= 2.0)            //采集电压小于或等于 2.0V
        {
            LED1_OFF;            //LED1 灭
        }
    }
}
```

（4）修改系统初始化文件 DevInit.c。

在实现电压数据采集之前，得对 LK32T102 单片机的系统时钟、ADC 及其他需要使用的外设进行初始化。打开工程中 **FWLib** 组下的 DevInit.c 文件，修改 void Device_Init()函数，对 ADC 进行初始化，修改后相关代码如下：

```
void Device_Init()
{
    SysCLK_Init();       //系统时钟初始化
    LED_init();          //LED 初始化
    ADC_Init();          //ADC 初始化
}
```

（5）修改中断处理文件 ISR.c。

根据任务要求实现电压数据采集，修改主文件 main.c 后，还需要对中断处理文件 ISR.c 进行修改。打开工程中 **FWLib** 组下的 ISR.c 文件，找到 ADC 处理函数 ADC_IRQHandler()，在处理函数中添加相关代码，具体代码如下：

```
void ADC_IRQHandler()
{
    if((ADC -> ADCINTFLG_b.ADCINT5))                    //判断 ADC 数据转换完后是否产生中断
    {
        ACCESS_ENABLE;                                  // 关闭写保护
        ADC_SOC5_Result = ADC -> ADCRESULT5_b.RESULT;   //读取 ADCB5 通道的 A/D 值
        ADC5_ConvertFinish_flg = 1;                     //ADC5 采集完成标志
        ACCESS_ENABLE;                                  // 关闭写保护
        ADC -> ADCINTFLGCLR_b.ADCINT5 = 1;              // 写 1 清除 ADCINT5 中断标志
        NVIC_ClearPendingIRQ(ADC_IRQn);                 //清除 ADC 中断
    }
}
```

5．工程配置与编译

（1）先把"Project Targets"栏中的"M0_SEG_SW"修改为"VolAcq"，再将 HARDWARE\VolAcq 文件夹里面的 VolAcq.c 文件添加到 HARDWARE 组中，如图 6-3 所示。

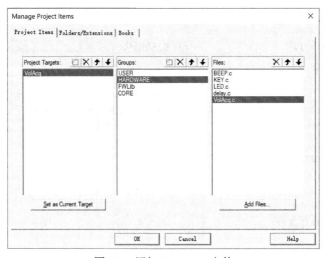

图 6-3　添加 VolAcq.c 文件

（2）将 FWLib/inc 文件夹里面的 ADC.c 文件添加到 FWLib 组中，如图 6-4 所示。

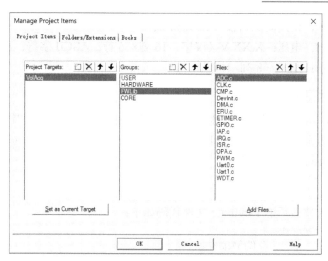

图 6-4　添加 ADC.c 文件

（3）添加 VolAcq.h 的编译文件路径 HARDWARE\VolAcq，如图 6-5 所示。

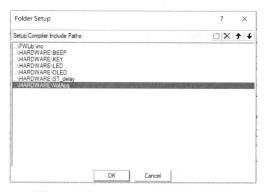

图 6-5　添加 VolAcq.h 的编译文件路径

（4）完成工程配置后，对工程进行编译，生成 "VolAcq.hex" 目标代码文件。若编译发生错误，要进行分析检查，直到编译正确。

6. 程序下载与调试

（1）连接 J-Link 下载器和开发板，在 Keil μVision5 界面上单击快速访问工具栏中的 按钮完成程序下载。

（2）启动开发板，用螺丝刀调节电位器 R22，观察 LED1 的亮灭是否与任务要求一致，若与任务要求不一致，要对电路和程序进行分析检查，直到运行正确。

【技能训练 6-1】基于 OLED 的电压数据采集设计

在任务 16 的基础上，如何实现 OLED 显示 ADC 采集来的电压数据呢？

1. 任务分析

前面已经实现了 OLED 的显示，现在只需要将 HARDWARE\OLED 文件夹中的四个文件 OLED.c、OLED.h、oledfont.h 和 bmp.h 文件添加到任务 16 的工程中来，并修改 DevInit.c 和 main.c 两个文件，就能实现 OLED 显示 ADC 采集来的电压数据。OLED 显示字符及汉字的格式要求如下：

（1）第 1 行显示：杭州朗迅科技（16 列×16 行）；

（2）第 2 行显示：电压：X.XX V（汉字：16 列×16 行；ASCII 字符：8 列×16 行）；

（3）第 3 行显示：ADC（8 列×16 行）。

2．移植任务 16 工程

复制"任务 16　电压数据采集设计"文件夹，然后修改文件夹名为"【技能训练 6-1】基于 OLED 的电压数据采集设计"，将 USER 文件夹下的"VolAcq.uvprojx"工程名修改为"VolAcq_OLED.uvprojx"。

3．程序设计

（1）本程序设计修改后的 DevInit.c 文件代码如下：

```c
#include <SC32F5832.h>
……                      //代码同前省略
#include <OLED.h>
void Device_Init()
{
    SysCLK_Init();       //系统时钟初始化
    ……                  //代码同前省略
    ADC_Init();          //ADC 初始化
    OLED_Init();         //初始化 OLED-SSD1306
}
```

（2）本程序设计修改后的 main.c 文件代码如下：

```c
#include <SC32F5832.h>
#include <stdio.h>
……                                          //代码同前省略
#include <OLED.h>
int main()
{
    float Vol;
    char adc_voltage[5];                      //保存 A/D 电压值
    Device_Init();                            //系统初始化
    OLED_Display_On();                        //开启 OLED 显示
    OLED_ShowCHinese(9,0,0);                  //杭
    OLED_ShowCHinese(27,0,1);                 //州
    OLED_ShowCHinese(45,0,2);                 //朗
    OLED_ShowCHinese(63,0,3);                 //迅
    OLED_ShowCHinese(81,0,4);                 //科
    OLED_ShowCHinese(99,0,5);                 //技
    OLED_ShowCHinese(18,3,16);                //电
    OLED_ShowCHinese(37,3,17);                //压
    OLED_ShowChar(55,3,':');
    OLED_ShowChar(100, 3, 'V');
    OLED_ShowString(55, 6, (uint8_t *)"ADC");
    while(1)
    {
        delay_ms(10);
        Vol = Voltage_Filter();               //读取 10 次采集的电压，取平均值
        if(Vol >= 2.5)                        //采集电压大于或等于 2.5V
        {
            LED1_ON;                          //LED1 亮
```

```
        }
        if(Vol <= 2.0)                                    //采集电压小于或等于2.0V
        {
            LED1_OFF;                                     //LED1 灭
        }
        sprintf(adc_voltage, "%1.2f", Vol);               //将电压数据转换为字符串
        OLED_ShowString(65, 3, (uint8_t *)adc_voltage);   //显示电压值
    }
}
```

4．工程编译、运行与调试

（1）修改好主文件 main.c 后，我们就可以直接对工程进行编译了，生成"VolAcq_OLED.hex"目标代码文件。若编译发生错误，要进行分析检查，直到编译正确。

（2）连接 J-Link 下载器和开发板，在 Keil μVision5 界面上单击快速访问工具栏中的 🖫 按钮完成程序下载。

（3）启动开发板，观察是否有显示效果，若运行结果与任务要求不一致，要对电路和程序进行分析检查，直到运行正确。

6.2　任务 17　LK32T102 单片机的串口通信设计

6.2.1　任务描述

UART 串口通信的硬件是由安装好串口调试助手和 CH340 串口驱动软件的 PC、USB 转串口线和基于 Cortex-M0 的 LK32T102 单片机构成的。编写好 C 语言程序控制 LK32T102 单片机，实现以下效果：

（1）打开串口调试助手，设置对应的参数；

（2）复位开发板，接收到"绿水青山，就是金山银山！"；

（3）在发送区输入字符"A"，接收区接收到"A"；

（4）选择以字符发送，字符接收；

（5）打开串口，查看接收区接收的字符是否与发送的一致；

（6）LED3 随着串口发送数据而亮灭，表示程序正常运行。

6.2.2　串行通信基本知识

在嵌入式开发中，常见的串行通信协议有 UART、I2C、SPI、单总线（1-wireBus）等。所谓串行通信是指设备之间通过少量数据信号线（一般是 8 根以下）、地线及控制信号线，按数据位形式一位一位地传输数据的通信方式。与之对应的并行通信一般是指使用 8 根、16 根、32 根、64 根或更多的数据线进行传输，数据位是同时传输的通信方式。串行通信方式在嵌入式产品开发中应用非常广泛，对于学习者来说需要重点掌握。

1．串行通信分类

基于串行通信的诸多优点，如今 MCU 基本都采用串行通信。对于串行通信，一般可以按照以下两个方向进行分类：

（1）按照是否带同步时钟信号可以分为同步通信和异步通信。

同步通信：带同步时钟信号，发送方和接收方在同一时钟的控制下，实现同步传输。

异步通信：不带同步时钟信号，发送方和接收方使用各自的时钟控制。但需要双方相互约定好数据传输速率。

（2）按照数据传输的方向及时间关系可以分为单工通信、半双工通信和全工通信。

单工通信：数据只沿着一个方向传输，只需要一根数据线，如图 6-6（a）所示。

半双工通信：数据可以沿着两个方向传输，但不能同时进行，需要两根数据线，如图 6-6（b）所示。

全双工通信：数据可以沿着两个方向传输，且可以同时进行，需要两根数据线,如图 6-6（c）所示。

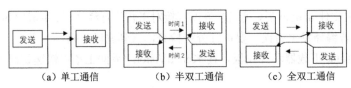

图 6-6　串行通信三种方式

2．常见的串行通信接口

表 6-1 所示为常见串行通信接口的比较，从表中可以清晰地了解它们之间的差异。

表 6-1　常见串行通信接口的比较

通信标准	引脚说明	时钟控制方式	通信方式
UART （通用异步收发器）	TXD：发送端 RXD：接收端 GND：公共端	异步通信	全双工
I2C	SDA：数据输入/输出端 SCL：同步时钟	同步通信	半双工
SPI	SCK：同步时钟 MISO：主机输入，从机输出 MOSI：主机输出，从机输入	同步通信	半双工
单总线 （1-wire Bus）	DQ：发送/接收	异步通信	半双工

3．UART 通信标准的实现

UART 串口通信协议是常用的通信协议之一，全称叫作通用异步收发传输器（Universal Asynchronous Receiver/Transmitter），是异步串行通信协议的一种，工作原理是将传输数据的每个字符一位接一位地传输。

UART 在开发中较多应用于"打印"程序信息。一般在硬件设计时都会预留一个 UART 通信接口连接至电脑，用于在调试程序时可以把一些调试信息"打印"在电脑端的串口调试助手工具上，从而了解程序运行是否正确；如果出错，具体在哪里出错等。

下面将从物理层和协议层讲解 UART 通信标准的实现：

（1）物理层。

UART 串口通信的物理层有很多标准及变种，比如常用的 RS-232、RS-422、RS-485 等。实现串口通信协议常见的 3 种方式为 RS-232 标准、USB 转串口、原生的串口到串口。以下将对这 3 种实现方式进行介绍。

RS-232 标准串行通信方式：RS-232 标准主要规定了信号的用途、通信接口及信号的电平标准。使用 RS-232 标准的串口设备间常见的通信结构如图 6-7 所示。

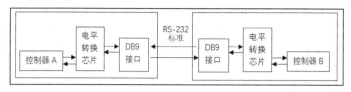

图 6-7　使用 RS-232 标准的串口设备间常见的通信结构

在此通信方式中，两个通信设备的 DB9 接口之间通过串口信号线建立起连接，串口信号线中使用 RS-232 标准传输数据信号。由于 RS-232 标准的电平信号不能被控制器直接识别，所以这些信号会经过一个电平转换芯片转换成控制器能识别的 TTL 标准的电平信号，才能实现通信。

USB 转串口串行通信方式：USB 转串口的串行通信协议主要用于 MCU 与 PC 间的通信，在通信时，PC 要安装对应电平转换芯片的驱动。使用 USB 转串口设备间的通信结构如图 6-8 所示。

原生的串口到串口串行通信方式：原生的串口到串口通信主要是控制器跟拥有串口的传感器设备通信，不需要经过电平转换芯片来转换电平，直接用 TTL 电平通信，比如 GPS 模块、GSM 模块、串口转 WIFI 模块、HC-04 蓝牙模块等。原生的串口到串口串行通信方式如图 6-9 所示。

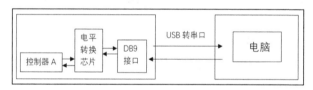

图 6-8　使用 USB 转串口设备间的通信结构

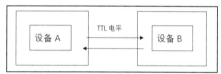

图 6-9　原生的串口到串口串行通信方式

（2）协议层。

串口通信的数据帧由发送设备通过自身的 TXD 接口传输到接收设备的 RXD 接口。在协议层中规定了数据帧的组成，数据帧具体由起始位、数据位、奇偶校验位和停止位 4 部分组成。通信的双方必须将数据包的格式约定一致才能正常收发数据。串口数据帧的基本组成如图 6-10 所示。

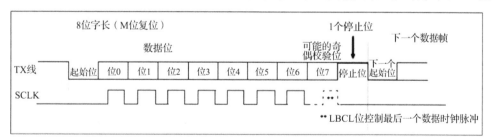

图 6-10　串口数据帧的基本组成

起始位：位于数据帧开头，只占一位，为逻辑 0 低电平，用于向接收设备表示发送端开始发送一帧信息。

数据位：紧跟起始位之后，用户根据情况可取 5 位、6 位、7 位或 8 位，低位在前，高位在后。

奇偶校验位：位于数据位之后，仅占一位，用来表征串行通信中采用奇校验还是偶校验，由用户决定。

停止位：位于数据帧最后，为逻辑 1 高电平。通常可取 1 位、1.5 位或 2 位，用于向接收设备表示一帧字符信息已经发送完，也为发送下一帧做准备。

此外，异步通信的另一个重要指标为波特率。

波特率为每秒钟传送二进制数码的位数，也叫比特数，单位为 bit/s，即位/秒，常见的波特率有 4800bit/s、9600bit/s、115200bit/s 等。波特率用于表征数据传输的速度，波特率越高，数据传输速度越快。但波特率和字符的实际传输速率不同，字符的实际传输速率是每秒内所传数据帧的帧数，和数据帧格式有关。

在串行通信中，相邻两数据帧之间可以没有空闲位，也可以有若干空闲位，这由用户来决定。

6.2.3　认识 LK32T102 单片机的 UART 串口

UART 常用于嵌入式开发过程中的代码调试，可以通过串口助手将代码中的变量等信息打印在 PC 上；UART 支持许多外设，如激光测距仪、串口透传蓝牙、串口透传 Wi-Fi 等；此外，UART 还可以作为 RS-485 通信的基础等。由此可见，UART 的应用非常广泛。

1．UART 串口

LK32T102 单片机拥有 2 路 UART 串口，即 UART0 和 UART1。UART0 模块内置深度为 16B 的接收和发送缓存，UART1 模块内置深度为 8B 的接收和发送缓存。

LK32T102 单片机的 UART 串口采用异步串行数据格式进行外部设备之间的全双工数据交换。利用可支持小数的波特率发生器提供宽范围的波特率选择。LK32T102 单片机的 UART 串口主要功能特性如下：

（1）遵守 AMBA 总线协议，可以集成到 APB 总线上，支持 DMAC 的控制与数据搬移；

（2）独立的 Nx12 接收缓存和 Nx8 发送缓存，也可为缓存配置深度为 1B 的接收/发送寄存器；

（3）可编程波特率产生器，支持小数分频，UART 模块时钟大于 3.6864MHz 的任意频率时钟均可；

（4）支持全双工操作，具有标准异步通信比特位（start，stop，parity）。支持 False start 比特检测；

（5）硬件控制流程可编程，串口特点完全可配置；

（6）包含 IrDA SIR ENDEC 模块，支持 IrDA SIR ENDEC 的数据传输速率在半双工模式下达到 115200bit/s。

2．UART 串口硬件连接

串口通信是 LK32T102 单片机与外界进行信息交换的一种方式，在 LK32T102 单片机双机、多机及 LK32T102 单片机与 PC 之间等通信方面被广泛应用。

为了节省引脚资源，LK32T102 单片机只保留了 UARTRXD，UARTTXD，nUARTCTS，nUARTRTS 四个功能接口信号线。而常见的串口通信中，一般只用 UARTRXD（简称 RXD，接收数据串行输入）和 UARTTXD（简称 TXD，发送数据串行输出），外加 GND（地）3 个引脚与其他设备连接在一起。UART 串口硬件连接方法如下：

（1）UART0 串口的 TXD 和 RXD 引脚使用的是 PA2 和 PA3 引脚；

（2）UART1 串口的 TXD 和 RXD 引脚使用的是 PC14 和 PC13 引脚。

这些引脚默认的功能都是 GPIO，在作为串口使用时，就要用到这些引脚的复用功能，在使用其复用功能前，必须对复用的端口进行设置。

6.2.4　UART 串口通信设计与实现

1．UART 串口通信电路连接

UART 串口通信电路连接示意图如图 6-11 所示，使用一根 USB 转串口线将开发板和上位机连接起来。5V 电源适配器为开发板供电使用。

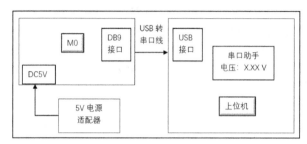

图 6-11　UART 串口通信电路连接示意图

提示：朗讯科技的 LK32T102 V1.0 开发板在做本次任务时，接通 DC5V 供电会导致串口助手发送过来的"A"接收延缓漏码，如果只用下载器供电，接收发送都正常。

2．UART 串口通信实现分析

UART 串口通信电路设计完成以后，上位机与单片机的 UART0 还不能实现数据的收发，还需要编写程序控制 LK32T102 单片机的 UART0 来实现两者通信。以下为 LK32T102 单片机的 UART0 的主要设置。

（1）设置 UART 时钟。

LK32T102 单片机的 UART 时钟受 HDIV 时钟和 PDIV01 时钟控制（见《LK32T102_用户编程手册_1.0》P49），在使用时先设置好 HDIV 时钟，再设置 PDIV01 时钟。本任务中系统时钟频率设置为 144MHz，HDIV 时钟通过 2 分频频率为 72MHz，PDIV01 时钟采用默认不分频，即保持频率 72MHz，主要代码如下：

```
//设置 HDIV 时钟
CHIPKEY_ENABLE;
CHIPCTL->CLKCFG2 =0;
CHIPKEY_ENABLE;
CHIPCTL->CLKCFG2_b.HDIV = 1;      // 2 分频，72MHz，在 CLK.C 文件中
//设置 PDIV01 时钟（默认不设置也可以）
ACCESS_ENABLE;
CHIPCTL->CLKCFG2_b. PDIV01 = 0;   // 默认为不分频，程序中不设置也可以
```

（2）设置 PA2、PA3 引脚为复用数字输入输出。

将 LK32T102 单片机的 PA2、PA3 引脚分别复用为 UART0 的 TX 和 RX 功能，具体设置为数字模式下的引脚复用。代码如下：

```
GPIO_AF_SEL(DIGITAL, PA, 2, 1);      // PA2 引脚选择 UART0_TX 功能
GPIO_AF_SEL(DIGITAL, PA, 3, 1);      // PA3 引脚选择 UART0_RX 功能
```

（3）设置 UART0 的波特率。

LK32T102 单片机的 UART 波特率的设置，主要是设置 UART 的时钟、UARTIBRD（波特率分频比的整数部分）和 UARTFBRD（波特率分频比的小数部分）这 3 个部分。以下为 UART

波特率的计算方法：假设 UART 的时钟频率为 72MHz，所需的波特率为 115200bit/s。那么：

$$\text{波特率的除数(divisor)} = (72 \times 10^6)/(16 \times 115200) = 39.0625$$

因此，整数部分 IBRD = 39，小数部分 FBRD = 0.0625。

波特率分频比的小数部分：

$$\text{UARTFBRD} = \text{integer}(0.0625 \times 64) = 4$$

波特率分频比的整数部分：

$$\text{UARTIBRD} = 39$$

本任务 UART0 的时钟频率为 72MHz，将 UART0 的波特率设置为 115200bit/s。在上面波特率的计算方法中已经计算出了波特率分频比的整数部分和波特率分频比的小数部分，现在直接设置两个寄存器就可以了，代码如下：

```
UART0->UARTIBRD=39;                    // 波特率分频比的整数部分
UART0->UARTFBRD=4;                     // 波特率分频比的小数部分
```

（4）设置奇偶校验、字长、FIFO、无停止位。

通过控制 LK32T102 单片机的行控制寄存器 UARTLCR_H，可以设置 UART0 通信中的奇偶校验、字长、FIFO、无停止位等参数。代码如下：

```
UART0->UARTLCR_H=0x60;                 // 无奇偶校验，8 位字长，FIFO 不使能，无停止位，no break
```

（5）设置 UART0 使能、关闭接收发送中断屏蔽、开启 TxFIFO 的 DMA 使能。

本任务采用中断的方式，实现数据的收发，要实现 UART0 的中断收发与发送 DMA 功能，必须进行相应的初始化设置。代码如下：

```
UART0->UARTCR_b.UARTEN=1;              // UART 使能
UART0->UARTIMSC_b.Receive_IM =1;       // 关闭接收中断屏蔽
UART0->UARTIMSC_b.Transmit_IM =1;      // 关闭发送中断屏蔽
UART0->UARTDMACR_b.TxFIFO_en = 1;      // TxFIFO 的 DMA 使能，高电平有效
```

（6）UART0 中断配置及使能。

UART0 在数据发送和接收的时候会触发中断，UART0 中断配置、使能及中断处理函数的代码如下：

```
// UART0 中断配置、使能
NVIC_ClearPendingIRQ(UART0_IRQn);      //清除 UART0 中断
NVIC_SetPriority(UART0_IRQn,0);        //设置 UART0 中断优先级
NVIC_EnableIRQ(UART0_IRQn);            //使能 UART0 中断
// UART0 中断处理函数
    uint32_t temp32;
    temp32 = UART0->UARTMIS;           //屏蔽中断状态寄存器
    if(temp32&(1<<5))                  //发送屏蔽中断状态 TX
    {
        UART0->UARTICR= (1<<5);        //发送中断清 0
        ……;                           //发送中断处理
    }
    if (temp32&(1<<4))                 //接收屏蔽中断状态 RX
    {
        ……;                           //接收中断处理
    }
```

通过以上几个步骤，完成了 UART0 收发数据需要的几个主要设置。

3. 移植任务 16 工程

复制"任务 16　电压数据采集设计"文件夹，然后修改文件夹名为"任务 17　LK32T102 单

片机的串口通信设计"，将 USER 文件夹下的"VolAcq.uvprojx"工程名修改为"UART0.uvprojx"。

4．LK32T102 单片机串口通信程序设计

在设计本程序时，主要编写 UART0.h 和 UART0.c 设备文件，以及修改 main.c、DevInit.c、ISR.c 文件。

（1）编写 UART0.h、UART0.c 文件。

编写 UART0.h 头文件，代码如下：

```
#ifndef __UART0_H
#define __UART0_H
#include "stdint.h"
extern  uint32_t Rev,flag;
extern  void  UartSendByte(uint8_t);
extern  void  UartSendString(char *);
extern  void  ReadUartBuf(void);
#endif
```

编写 UART0.c 文件，代码如下：

```
#include <SC32F5832.h>
#include <DevInit.h>
#include <GPIO.h>
#include < UART0.h>
uint32_t Rev, flag = 0;
void Uart0_Init(void)                    // UART0 初始化
{
    //以下串口引脚定义仅适用于 M0 核心板，其他拓展模块需自定义引脚
    GPIO_AF_SEL(DIGITAL, PA, 2, 1);      // PA2 引脚选择 UART0_TX 功能
    GPIO_AF_SEL(DIGITAL, PA, 3, 1);      // PA3 引脚选择 UART0_RX 功能
    UART0->UARTIBRD=39;                   // 波特率分频比的整数部分
    UART0->UARTFBRD=4;                    // 波特率分频比的小数部分
    // 本例中，在 UART0 时钟频率为 72MHz 时，对应波特率为 115200bit/s
    UART0->UARTIBRD=468;
    UART0->UARTFBRD=48;                   // 对应 9600bit/s 波特率
    UART0->UARTLCR_H=0x60;                // 无奇偶校验,8 位字长,FIFO 不使能,无停止位,no break
    UART0->UARTCR_b.UARTEN=1;             // UART 使能
    UART0->UARTIMSC_b.Receive_IM =1;      // 关闭接收中断屏蔽
    UART0->UARTIMSC_b.Transmit_IM =1;     // 关闭发送中断屏蔽
    UART0->UARTDMACR_b.TxFIFO_en = 1;     // TxFIFO 的 DMA 使能，高电平有效
    NVIC_ClearPendingIRQ(UART0_IRQn);     // 清除 UART0 中断
    NVIC_SetPriority(UART0_IRQn,0);       // 设置 UART0 中断优先级
    NVIC_EnableIRQ(UART0_IRQn);           // 使能 UART0 中断
}
void UartSendByte(uint8_t  byte)         // 将要发送的 1 字节
{
    UART0 -> UARTDR = byte;
    while( UART0 -> UARTFR_b.TXFE != 1 ); // 等待发送完成
}
void UartSendString(char  *str)          // 发送字符串
{
    while((*str) != '\0')
    {
        UartSendByte(*str);
```

```
        str++;
    }
}
```

编写完成 UART0.h 头文件和 UART0.c 文件后，将其保存在 FWLib 文件夹里面（UART0.h 放在 FWLib/inc 中，UART0.c 放在 FWLib/src 中），作为 UART0 的库文件，以供其他文件调用。

（2）修改主文件 main.c。

在"任务 17　LK32T102 单片机的串口通信设计"文件夹中，根据任务要求实现电压数据采集，对主文件 main.c 进行修改，代码如下：

```
#include <SC32F5832.h>
#include <stdio.h>
#include <DevInit.h>
#include "delay.h"
#include <GPIO.h>
#include <LED.h>
#include <BEEP.h>
#include <KEY.h>
#include <OLED.h>
#include <ADC.h>
#include <UART0.h>
int main()
{
    Device_Init();              //系统初始化
    UartSendString("绿水青山，就是金山银山！");
    while(1)
    {
        delay_ms(5);
        if(flag)                //UART0 接收到数据
        {
            flag = 0;           //接收标志位清 0
            UartSendByte(Rev); //将接收到的数据返发送到上位机串口助手
        }
        LED_TGL(3);             //系统运行指示灯
    }
}
```

（3）修改系统初始化文件 DevInit.c。

在使用 UART0 进行数据收发之前，首先得对 LK32T102 单片机的系统时钟、UART0 及其他需要使用的外设进行初始化。打开工程中 FWLib 组下的 DevInit.c 文件，修改 void Device_Init() 函数，修改后相关代码如下：

```
void Device_Init()
{
    SysCLK_Init();     //系统时钟初始化
    LED_init();        //LED 初始化
    Uart0_Init();      //UART0 初始化
}
```

（4）修改中断处理文件 ISR.c。

根据任务要求实现 UART0 的数据收发功能，修改主文件 main.c 后，还需要对中断处理文件 ISR.c 进行修改。打开工程中 FWLib 组下的 ISR.c 文件，在文件空白处添加 void UART0_IRQHandler(void)中断处理函数，相关代码如下：

```
void UART0_IRQHandler(void)
{
    uint32_t temp32;

    temp32 = UART0->UARTMIS;          //屏蔽中断状态寄存器
    if(temp32&(1<<5))                  //发送屏蔽中断状态 TX
    {
        UART0->UARTICR= (1<<5);        //发送中断清 0
    }
    if (temp32&(1<<4))                 //接收屏蔽中断状态 RX
    {
        Rev = UART0->UARTDR;          //将接收到的数据赋值给 Rev
        UART0->UARTICR= (1<<4);        //接收中断清 0
        flag = 1;                      //接收标志位置 1
    }
}
```

（5）工程编译。

完成程序设计后，对工程进行编译，生成"UART0.hex"目标代码文件。若编译发生错误，要进行分析检查，直到编译正确。

5．程序下载与调试

（1）连接 J-Link 下载器和开发板，在 Keil μVision5 界面上单击快速访问工具栏中的 按钮完成程序下载。

（2）启动开发板，打开上位机串口调试助手，设置好串口号、波特率、校验位、停止位等，然后打开串口，按下开发板复位按键，观察串口助手接收区是否收到"绿水青山，就是金山银山！"。

（3）利用串口助手发送一个字母"A"，看接收区是否收到"A"。上位机串口助手显示如图 6-12 所示。若运行结果与任务要求不一致，要对电路和程序进行分析检查，直到运行正确。

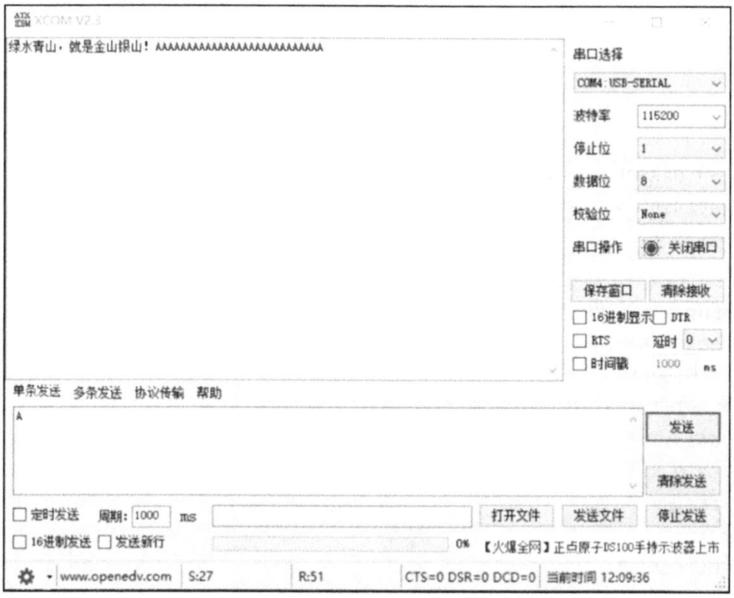

图 6-12　上位机串口助手显示

【技能训练 6-2】Printf 串口调试

Printf 串口调试是嵌入式项目开发过程中非常重要的调试手段之一，对于项目开发者来说它就像眼睛一样。调试程序时可以把一些调试信息"打印"在电脑端的串口调试助手工具上，从而了解程序运行是否正确；如果出错，具体在哪里出错等。

任务 17 实现了 LK32T102 单片机 UART0 与上位机串口助手之间的数据通信，在此基础上如何实现 Printf 串口调试呢？

在任务 17 的基础上，需要将 printf.h 和 printf.c 两个文件添加到任务 17 的工程中，实现重定向 printf()函数，之后在主文件 main.c 中就能直接调用 printf()函数"打印"调试信息。以下为 3 个文件的程序代码：

（1）编写 printf.h 头文件。

```
#ifndef __PRINTF_H
#define __PRINTF_H
#include <SC32F5832.h>
#include <DevInit.h>
#include "stdio.h"
int fputc( int ch, FILE *f );
#endif
```

（2）编写 printf.c 文件。

```
#include <SC32F5832.h>
#include <DevInit.h>
#include "printf.h"
#include "UART0.h"
#pragma import(__use_no_semihosting)         //取消 ARM 的半主机工作模式
struct __FILE {
    int handle;
};
FILE __stdout;
int _sys_exit(int x)
{
    x = x;
    return 0;
}
int fputc( int ch, FILE *f )                 //重定向 printf() 函数
{
    UART0 -> UARTDR = ch;
    while( UART0 -> UARTFR_b.TXFE != 1 );     //等待发送完成
    return( ch );
}
```

（3）修改 main.c 主文件。

```
#include <SC32F5832.h>
#include <stdio.h>
#include <DevInit.h>
#include "delay.h"
#include <GPIO.h>
#include <LED.h>
#include <UART0.h>
#include "printf.h"
int main()
```

```
    {
        Device_Init();                          //系统初始化
        while(1)
        {
            delay_ms(500);
            printf("绿水青山，就是金山银山！\r\n");   // Printf 串口打印
            LED_TGL(3);                          //系统运行指示灯
        }
    }
```

完成上面的代码编写并编译通过后，像任务 17 一样进行硬件连接与串口助手的参数设置。最后打开串口调试助手就能看见打印的信息。

6.3　任务 18　电压数据采集远程监控设计

6.3.1　任务描述

【技能训练 6-1】实现了电压数据的采集并在 OLED 上显示，【技能训练 6-2】又实现了 Printf 串口调试。现在只需要将这两个技能训练进行综合，编写 C 语言程序控制 LK32T102 单片机的 ADC、UART 与设备 OLED，就能实现电压数据采集远程监控设计。具体效果如下：

（1）采集的电压数据在 OLED 上显示格式如下：

① 第 1 行显示：电压远程监控系统（16 列×16 行）；

② 第 2 行显示：电压：X.XX V（汉字：16 列×16 行，ASCII 字符：8 列×16 行）；

③ 第 3 行显示：ADC（8 列×16 行）；

④ OLED 显示布局要合理、美观。

（2）利用上位机串口助手对采集的电压数据进行远程监控，每隔 0.5s 显示一次，显示格式如下：

① 串口助手接收区显示：采集电压：X.XXV（保留 2 位有效数字）；

② 调节电压采样电阻 R22，查看串口助手电压数据变化。

6.3.2　远程监控实现分析

要实现电压数据采集远程监控设计，其主要工作就是将【技能训练 6-1】与【技能训练 6-2】两个技能训练的内容进行整合。通过对两个单一小任务的整合，实现在上位机的串口助手上显示 LK32T102 单片机 ADC 采集的远程传输来的电压数据，最终达到对电压数据采集的远程监控。

1．OLED 汉字字库制作

前面已学过如何制作 OLED 的汉字字库，在此不再叙述。本次任务中需要制作"远程监控系统"这 6 个汉字的字库。制作好上述 6 个汉字的字库后，将其添加在 oledfont.h 头文件的二维数组 Hzk[][]中。

2．电压数据采集的远程监控实现过程

根据以上分析，电压数据采集的远程监控实现过程如下：

（1）设置各项时钟，如系统时钟、HDIV 时钟、MTDIV 时钟等；

（2）初始化各项外设，如 ADC、OLED、UART0 等外设；

（3）开启 OLED 显示，显示初始的信息；

（4）读取采集的电压数据；

（5）将采集的电压数据显示在 OLED 显示屏上；

（6）再将采集的电压数据传输至上位机串口助手显示；

（7）延时一段时间；

（8）从步骤（4）重新开始。

6.3.3　电压数据采集远程监控设计与实现

1. 电压数据采集远程监控电路连接

根据任务描述，电压数据采集远程监控电路由基于 Cortex-M0 的 LK32T102 单片机、屏幕尺寸为 0.96 英寸的 OLED 显示屏和装有串口助手的上位机组成，其电路连接示意如图 6-13 所示。

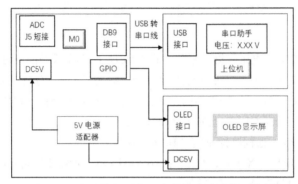

图 6-13　电压数据采集远程监控电路连接示意图

在图 6-13 中，电路连接主要分为 3 个部分：

（1）USB 转串口线：一端连接上位机的 USB 接口，另一端连接开发板的 DB9 接口；

（2）OLED 显示屏：OLED 显示屏采用的是 4 线 SPI 接口，OLED 显示屏的片选引脚 CS、时钟引脚 D0、数据引脚 D1、数据指令选择引脚 DC 和复位引脚 RES，依次连接到 LK32T102 单片机的 PA4～PA8 引脚上。

（3）ADC 电压采集：用跳线帽短接开发板上 J5 的排针端子，用螺丝刀改变采集电压的大小。

2. 修改头文件 oledfont.h

OLED 设备文件主要有 OLED 设备驱动文件 OLED.c、OLED 设备头文件 OLED.h 及存放字符点阵数据的头文件 oledfont.h。

ASCII 常用字符集共有 95 个，从空格符开始，字符集如下：

!"#$%&'()*+,-/0123456789:;<=>?@ABCDEFGHIJKLMNOPQRSTUVWXYZ[\]^_`abcdefghijklmnopqrstuvwxyz{|}~.

原有的 oledfont.h 头文件中汉字共有 18 个（包括"☆"和"★"），现在需要再添加"远程监控系统"6 个汉字，所有汉字如下：

杭州朗迅科技开发测试☆★警告注意电压远程监控系统

原有的字符不变，参考 3.3.3 节内容完成 6 个新汉字的字符点阵数据提取，将制作好的数据保存在 oledfont.h 头文件的二维数组 Hzk[][]中。oledfont.h 头文件的代码如下：

```
#ifndef __OLEDFONT_H
#define __OLEDFONT_H
/********************************6*8 的点阵********************************/
const unsigned char F6x8[][6] = {
```

```
0x00, 0x00, 0x00, 0x00, 0x00, 0x00,        //空格符 sp
0x00, 0x00, 0x00, 0x2f, 0x00, 0x00,        // !
0x00, 0x00, 0x07, 0x00, 0x07, 0x00,        // "
……
0x00, 0x3E, 0x51, 0x49, 0x45, 0x3E,        // 0
0x00, 0x00, 0x42, 0x7F, 0x40, 0x00,        // 1
0x00, 0x42, 0x61, 0x51, 0x49, 0x46,        // 2
……
0x00, 0x7C, 0x12, 0x11, 0x12, 0x7C,        // A
0x00, 0x7F, 0x49, 0x49, 0x49, 0x36,        // B
0x00, 0x3E, 0x41, 0x41, 0x41, 0x22,        // C
……
0x00, 0x20, 0x54, 0x54, 0x54, 0x78,        // a
0x00, 0x7F, 0x48, 0x44, 0x44, 0x38,        // b
0x00, 0x38, 0x44, 0x44, 0x44, 0x20,        // c
……
};
/*********************************8*16 的点阵********************************/
const unsigned char F8X16[]={
0x00,0x00,0x00,0x00,0x00,0x00,0x00,0x00,0x00,0x00,0x00,0x00,0x00,0x00,0x00,0x00,
//空格符, 0
0x00,0x00,0x00,0xF8,0x00,0x00,0x00,0x00,0x00,0x00,0x00,0x33,0x30,0x00,0x00,0x00,
//!, 1
0x00,0x10,0x0C,0x06,0x10,0x0C,0x06,0x00,0x00,0x00,0x00,0x00,0x00,0x00,0x00,0x00,
//", 2
……
0x00,0xE0,0x10,0x08,0x08,0x10,0xE0,0x00,0x00,0x0F,0x10,0x20,0x20,0x10,0x0F,0x00,
//0, 15
0x00,0x10,0x10,0xF8,0x00,0x00,0x00,0x00,0x00,0x20,0x20,0x3F,0x20,0x20,0x00,0x00,
//1, 16
0x00,0x70,0x08,0x08,0x08,0x88,0x70,0x00,0x00,0x30,0x28,0x24,0x22,0x21,0x30,0x00,
//2, 17
……
0x00,0x00,0xC0,0x38,0xE0,0x00,0x00,0x00,0x20,0x3C,0x23,0x02,0x02,0x27,0x38,0x20,
//A, 32
0x08,0xF8,0x88,0x88,0x88,0x70,0x00,0x00,0x20,0x3F,0x20,0x20,0x20,0x11,0x0E,0x00,
//B, 33
0xC0,0x30,0x08,0x08,0x08,0x08,0x38,0x00,0x07,0x18,0x20,0x20,0x20,0x10,0x08,0x00,
//C, 34
……
0x00,0x00,0x80,0x80,0x80,0x80,0x00,0x00,0x00,0x19,0x24,0x22,0x22,0x22,0x3F,0x20,
//a, 64
0x08,0xF8,0x00,0x80,0x80,0x00,0x00,0x00,0x00,0x3F,0x11,0x20,0x20,0x11,0x0E,0x00,
//b, 65
0x00,0x00,0x00,0x80,0x80,0x80,0x00,0x00,0x00,0x0E,0x11,0x20,0x20,0x20,0x11,0x00,
//c, 66
……
};
/*********************************16*16 的点阵********************************/
//取模软件：zimo221，参数设置：纵向取模、字节倒序，取模方式：C51
char Hzk[][16]={
{0x10,0x10,0xD0,0xFF,0x90,0x10,0x08,0xC8,0x49,0x4E,0x48,0xC8,0x08,0x08,0x00,0x00},
```

```
//“杭”上半字，no=0
{0x04,0x03,0x00,0xFF,0x00,0x83,0x60,0x1F,0x00,0x00,0x00,0x3F,0x40,0x40,0x78,0x00},
//“杭”下半字
{0x00,0xE0,0x00,0xFF,0x00,0x20,0xC0,0x00,0xFE,0x00,0x20,0xC0,0x00,0xFF,0x00,0x00},
//“州”上半字，no=1
{0x81,0x40,0x30,0x0F,0x00,0x00,0x00,0x00,0x3F,0x00,0x00,0x00,0x00,0xFF,0x00,0x00},
//“州”下半字
{0x00,0xFC,0x24,0x25,0x26,0x24,0xFC,0x00,0x00,0xFE,0x22,0x22,0x22,0xFE,0x00,0x00},
//“朗”上半字，no=2
{0x00,0x7F,0x21,0x11,0x15,0x09,0xB1,0x40,0x30,0x0F,0x02,0x42,0x82,0x7F,0x00,0x00},
//“朗”下半字
{0x40,0x42,0xCC,0x00,0x42,0x42,0xFE,0x42,0x42,0x02,0xFE,0x00,0x00,0x00,0x00,0x00},
//“迅”上半字，no=3
{0x40,0x20,0x1F,0x20,0x40,0x40,0x5F,0x40,0x40,0x40,0x41,0x46,0x48,0x5F,0x40,0x00},
//“迅”下半字
{0x24,0x24,0xA4,0xFE,0xA3,0x22,0x00,0x22,0xCC,0x00,0x00,0xFF,0x00,0x00,0x00,0x00},
//“科”上半字，no=4
{0x08,0x06,0x01,0xFF,0x00,0x01,0x04,0x04,0x04,0x04,0x04,0xFF,0x02,0x02,0x02,0x00},
//“科”下半字
{0x10,0x10,0x10,0xFF,0x10,0x90,0x08,0x88,0x88,0x88,0xFF,0x88,0x88,0x88,0x08,0x00},
//“技”上半字，no=5
{0x04,0x44,0x82,0x7F,0x01,0x80,0x80,0x40,0x43,0x2C,0x10,0x28,0x46,0x81,0x80,0x00},
//“技”下半字
......
{0x40,0x40,0x42,0xCC,0x00,0x20,0x22,0xE2,0x22,0x22,0xE2,0x22,0x22,0x20,0x00,0x00},
// 远
{0x00,0x80,0x40,0x3F,0x40,0xA0,0x98,0x87,0x80,0x80,0x9F,0xA0,0xA0,0xBC,0x80,0x00},
{0x24,0x24,0xA4,0xFE,0x23,0x22,0x00,0x3E,0x22,0x22,0x22,0x22,0x22,0x3E,0x00,0x00},
// 程
{0x08,0x06,0x01,0xFF,0x01,0x06,0x40,0x49,0x49,0x49,0x7F,0x49,0x49,0x49,0x41,0x00},
{0x00,0x00,0x7E,0x00,0x00,0xFF,0x00,0x40,0x30,0x0F,0x04,0x14,0x64,0x04,0x00,0x00},
// 监
{0x40,0x40,0x7E,0x42,0x42,0x7E,0x42,0x42,0x42,0x7E,0x42,0x42,0x7E,0x40,0x40,0x00},
{0x10,0x10,0x10,0xFF,0x90,0x20,0x98,0x48,0x28,0x09,0x0E,0x28,0x48,0xA8,0x18,0x00},
// 控
{0x02,0x42,0x81,0x7F,0x00,0x40,0x40,0x42,0x42,0x42,0x7E,0x42,0x42,0x42,0x40,0x00},
{0x00,0x00,0x22,0x32,0x2A,0xA6,0xA2,0x62,0x21,0x11,0x09,0x81,0x01,0x00,0x00,0x00},
// 系
{0x00,0x42,0x22,0x13,0x0B,0x42,0x82,0x7E,0x02,0x02,0x0A,0x12,0x23,0x46,0x00,0x00},
{0x20,0x30,0xAC,0x63,0x30,0x00,0x88,0xC8,0xA8,0x99,0x8E,0x88,0xA8,0xC8,0x88,0x00},
// 统
{0x22,0x67,0x22,0x12,0x12,0x80,0x40,0x30,0x0F,0x00,0x00,0x3F,0x40,0x40,0x71,0x00},
};
#endif
```

oledfont.h 头文件的详细代码见源程序。

3. 移植工程模板

复制 "【技能训练 6-1】基于 OLED 的电压数据采集设计" 文件夹，然后修改文件夹名为 "任务 18　电压数据采集远程监控设计"，将 USER 文件夹下的 "VolAcq_OLED.uvprojx" 工程名修改为 "VolRemMon.uvprojx"。

4．将串口设备驱动文件添加到 FWLib 组

复制"【技能训练 6-2】Printf 串口调试"文件夹，将 FWLib/inc 文件夹下的 UART0.h 放在新工程的 FWLib/inc 中，将 FWLib/src 文件夹下的 UART0.c 放在新工程的 FWLib/src 中。将 FWLib/src 文件夹里面的 UART0.c 文件添加到 FWLib 组中，如图 6-14 所示。

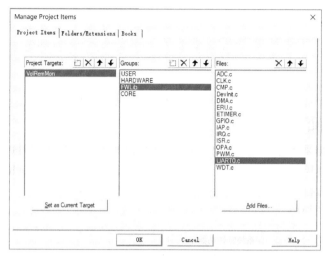

图 6-14　将 UART0.c 文件添加到 FWLib 组中

5．将 ADC 和串口重定向设备驱动文件添加到 HARDWARE 组

复制"【技能训练 6-2】Printf 串口调试"文件夹下的 printf、VolAcq 两个文件夹到新工程的 HARDWARE 组中，并分别将两个文件夹里面的 printf.c 文件和 VolAcq.c 文件添加到 HARDWARE 组中，如图 6-15 所示。

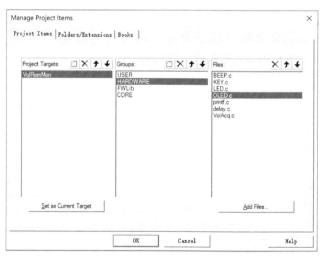

图 6-15　将 printf.c 文件和 VolAcq.c 文件添加到 HARDWARE 组中

6．添加新建的编译文件路径

添加 printf.h 和 VolAcq.h 的编译文件路径 HARDWARE\printf 和 HARDWARE\VolAcq，如图 6-16 所示。

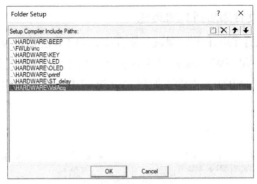

图 6-16 添加 printf.h 和 VolAcq.h 的编译文件路径

7. 修改系统初始化文件 DevInit.c

在实现电压数据采集远程监控之前，要对 LK32T102 单片机的系统时钟、ADC、UART0、OLED 及其他需要使用的外设进行初始化。打开工程中 FWLib 组下的 DevInit.c 文件，修改 void Device_Init()函数，对相关外设进行初始化，修改后相关代码如下：

```
void Device_Init()
{
    SysCLK_Init();          //系统时钟初始化
    LED_init();             //LED 初始化
    BUZ_init();             //蜂鸣器初始化
    KEY_init();             //主板按键初始化
    ADC_Init();             //ADC 初始化
    OLED_Init();            //OLED-SSD1306 初始化
    Uart0_Init();           //串口初始化
}
```

8. 主程序设计

在"任务 18　电压数据采集远程监控设计"文件夹中，根据任务描述，实现电压数据采集远程监控设计，对主文件 main.c 进行修改，代码如下：

```
#include <SC32F5832.h>
#include <stdio.h>
#include <DevInit.h>
#include "delay.h"
#include <GPIO.h>
#include <LED.h>
#include <BEEP.h>
#include <KEY.h>
#include <OLED.h>
#include <ADC.h>
#include <UART0.h>
#include "printf.h"
#include <VOLACQ.h>
int main()
{
    float Vol;
    char adc_voltage[5];                        //保存 A/D 电压值
    Device_Init();                              //系统初始化
    OLED_Display_On();                          //开启 OLED 显示
    OLED_ShowCHinese(0,0,16);                   //电
```

```
    OLED_ShowCHinese(16,0,17);                          //压
    OLED_ShowCHinese(32,0,21);                          //远
    OLED_ShowCHinese(48,0,22);                          //程
    OLED_ShowCHinese(64,0,23);                          //监
    OLED_ShowCHinese(80,0,24);                          //控
    OLED_ShowCHinese(96,0,25);                          //系
    OLED_ShowCHinese(112,0,26);                         //统
    OLED_ShowCHinese(18,3,16);                          //电
    OLED_ShowCHinese(37,3,17);                          //压
    OLED_ShowChar(55,3,':');
    OLED_ShowChar(100, 3, 'V');
    OLED_ShowString(55, 6, (uint8_t *)"ADC");
    while(1)
    {
        delay_ms(10);
        Vol = Voltage_Filter();                         //读取 10 次采集的电压,取平均值
        sprintf(adc_voltage, "%1.2f", Vol);             //将电压数据转换为字符串
        OLED_ShowString(65, 3, (uint8_t *)adc_voltage); //OLED 显示电压值
        printf("电压 = %.2f V\r\n",Vol);                //打印上传来的电压数据
    }
}
```

9. 工程编译、运行与调试

（1）修改好主文件 main.c 后，就可以直接对工程进行编译了，生成"VolRemMon.hex"目标代码文件。若编译发生错误，要进行分析检查，直到编译正确。

（2）连接 J-Link 下载器和开发板，在 Keil μVision5 界面上单击快速访问工具栏中的 🔽 按钮完成程序下载。

（3）启动开发板，打开上位机串口调试助手，设置好串口号、波特率、校验位、停止位等，然后打开串口，按下开发板复位按键，观察串口助手接收区是否收到上传而来的电压数据（见图 6-17），并观察 OLED 显示效果（见图 6-18）。若调节电位器 R22，电压数据将随之改变。若运行结果与任务要求不一致，要对电路和程序进行分析检查，直到运行正确。

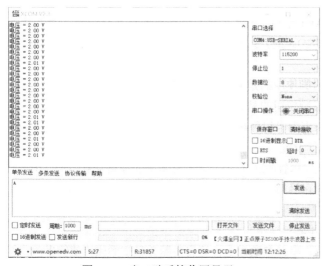

图 6-17 串口助手接收区显示
上传而来的电压数据

图 6-18 监控电压 OLED 显示效果

关键知识点梳理

1．将模拟信号转换成数字信号的电路称为模数转换器（简称 A/D 转换器或 ADC）。模数转换的作用是将时间连续、幅值也连续的模拟信号转换为时间离散、幅值也离散的数字信号，即将模拟信号转换成数字信号。

2．LK32T102 单片机拥有 1 个 12 位的 ADC，可以分时输入进行转换，最大转换速率可达 1MSPS，支持连续采样模式。

3．LK32T102 单片机的 ADC 共有 16 个转换通道（A 通道：ADCA0～ADCA7，B 通道：ADCB0～ADCB7），支持多路复用输入，并且每一个通道都可以任意配置触发源、采样窗口和转换通道。

4．LK32T102 单片机的 ADC 可选择多个触发源（软件触发、PWM0-2、PWM4、GPIOINT、ADCINT 1/2、T0、TIM6 等）。

5．在程序初始化中要根据官方给定的参考资料设置好 ADC 时钟、参考电压、转换通道、触发源、采样窗口、中断等。

6．与 LK32T102 单片机的 ADC 编程相关的寄存器有 ADC 控制寄存器（ADCCTL1 和 ADCCTL2）、ADC 中断寄存器（ADCINTFLG、ADCINTFLGCLR 和 INTSELxNy 等）、ADC 触发源选择、通道选择和窗口大小设置寄存器（ADCSOCxCTL）、ADC 参考电压模块设置寄存器（ADCTRIM）等。

7．通常对 LK32T102 单片机的 ADC 设置有以下几个步骤：

设置 MTDIV、ADC 时钟；设置 ADC 通道所用的 I/O 口为模拟输入；设置 ADC 通道、触发源、窗口大小；ADC 中断配置；开启强制转换，读取 ADC 值。

8．串行通信是指设备之间通过少量数据信号线（一般是 8 根以下）、地线及控制信号线，按数据位形式一位一位地传输数据的通信方式。与之对应的是并行通信。

9．UART（通用异步收发传输器），是一种能够把二进制数据按位（bit）传输的通信方式。LK32T102 单片机的 UART 串口使用了异步串行数据格式，进行外部设备之间的全双工数据交换。串行通信的方式有单工通信、半双工通信和全双工通信 3 种。

10．LK32T102 单片机拥有 2 路 UART 串口，常见的串口通信是通过 RXD（接收数据串行输入）、TXD（发送数据串行输出）和 GND（地）3 个引脚与其他设备连接在一起的。UART 串口硬件连接方法如下：

（1）UART0 串口的 TXD 和 RXD 引脚使用的是 PA2 和 PA3 引脚；

（2）UART1 串口的 TXD 和 RXD 引脚使用的是 PC14 和 PC13 引脚。

这些引脚默认的功能都是 GPIO，在作为串口使用时，就要用到这些引脚的复用功能，在使用其复用功能前，必须对复用的端口进行设置。

11．与 LK32T102 单片机的 UART 串口编程相关的寄存器有整数波特率寄存器 UARTIBRD、分数波特率寄存器 UARTFBRD、控制寄存器 UARTCR、中断屏蔽设置/清除寄存器 UARTIMSC 和行控制寄存器 UARTLCR_H。

12．通常串口设置可以有以下几个步骤：

串口时钟设置；GPIO 端口模式设置；串口参数设置；开启中断并且初始化；使能串口；编写中断处理函数。

13．LK32T102 单片机的 UART 串口发送与接收数据是通过数据寄存器 UARTDR 来实现的，这是一个双寄存器，包含了 TDR 和 RDR。当向该寄存器写数据的时候，串口就会自动发送，当收到数据的时候，也是存在该寄存器内。

（1）UART 串口发送数据是通过 UartSendByte ()函数来操作 UARTDR 寄存器发送数据的；UART 串口接收数据是通过在中断函数里面操作 UARTDR 寄存器来读取串口接收到的数据的。

（2）判断串口是否完成发送和接收数据的方法是：通过读取串口的 UARTMIS 状态寄存器，然后根据 UARTMIS 的第 4 位（RXMIS）和第 5 位（TXMIS）的状态来判断。

14．重定向 printf()函数后，在项目的开发过程中可以直接用 printf()函数"打印"一些调试信息，方便开发。

问题与训练

6-1　简述 A/D 转换器和模数转换的作用。

6-2　LK32T102 单片机的 ADC 的主要特征有哪些？

6-3　与 LK32T102 单片机的 ADC 编程相关的寄存器有哪些？

6-4　LK32T102 单片机的 ADC 设置有哪几个步骤？

6-5　若 A/D 转换完成，是通过哪个寄存器来读取转换结果的？

6-6　参考任务 16，采用 LK32T102 单片机的 ADC 相关寄存器，试一试通过 ADC 的 ADCB4 通道完成模数转换。

6-7　串行通信可以分为异步通信和同步通信，简述异步通信和同步通信的区别。

6-8　串行通信的方式有哪 3 种？分别简述这 3 种串行通信方式。

6-9　单片机应用开发中，常见的串行通信接口标准有哪些？

6-10　简述 UART 串口的硬件连接。

6-11　与 LK32T102 单片机的 UART 串口编程相关的寄存器有哪几个？

6-12　LK32T102 单片机的 UART 串口设置通常有哪几个步骤？

6-13　LK32T102 单片机的 UART 串口发送与接收是通过哪个寄存器实现的？

6-14　简述判断串口是否完成发送和接收数据的方法。

6-15　参考任务 17，采用 LK32T102 单片机的 UART 相关寄存器，完成 LK32T102 单片机的 UART1 串口通信设计。

项目 7

基于 DS18B20 的温度采集监控设计

项目导读

在人们的生活环境中，温度扮演着极其重要的角色，实时监测环境温度并做出相应调整可以提升人们的环境舒适感，也是智能化时代发展的新趋势。DS18B20 是一种常用的数字温度传感器，本项目从温度采集监控设计入手，首先让读者对 DS18B20 有初步了解；然后通过基于 OLED 的温度采集远程监控的设计与实现，让读者进一步掌握温度采集、OLED 显示、远程通信等外设编程的方法。

知识目标	1. 了解 DS18B20 的内部结构和通信协议 2. 理解 DS18B20 的读写时序，掌握 DS18B20 读写的工作过程 3. 掌握读取 DS18B20 的 ROM 中的 64 位序列号的方法，并能利用序列号识别不同的 DS18B20 器件 4. 掌握 DS18B20 的转换结果与温度之间的对应关系
技能目标	能完成 DS18B20、OLED 等设备的文件的编写，能通过 C 语言实现对 DS18B20、OLED 控制的设计、运行与调试
素质目标	1. 能根据设计需求编写规范的代码 2. 具有低碳环保意识，可利用 DS18B20 设计环境监测报警系统
教学重点	1. DS18B20 的工作过程和通信协议 2. DS18B20 通信协议的 C 语言实现 3. 设备文件的编写
教学难点	DS18B20 通信协议的实现
建议学时	6 学时
推荐教学方法	从任务入手，通过 DS18B20 温度采集设计，让读者了解 DS18B20 的内部结构及功能，实现 LK32T102 单片机与 DS18B20 的数据通信，进而通过基于 OLED 的温度采集远程监控设计，熟练掌握 DS18B20 和 OLED 等设备的文件编写方法
推荐学习方法	勤学勤练、动手操作是学好 LK32T102 单片机与 DS18B20 实现数据通信的关键，动手完成基于 OLED 的温度采集远程监控，通过"边做边学"达到更好的学习效果

7.1　DS18B20 温度传感器

DS18B20 具有微型化、低功耗、高性能、抗干扰能力强等优点，特别适合用于构成多点温度测控系统，可直接将温度转化成串行数字信号进行处理。而且每个 DS18B20 都有唯一的产品序列号并存储在内部 ROM 中，以便在构成大型温度测控系统时在单线上挂接多个 DS18B20 芯片，为测量系统的构建提供便利。

7.1.1　认识 DS18B20

DS18B20 是一个单线数字温度传感器，是继 DS1820 之后推出的一种改进型智能温度传感器。它可以直接读出被测温度值，采用"一线总线"方式与单片机相连，减少了外部的硬件电路，具有低成本和易使用的特点。

1. DS18B20 引脚功能

DS18B20 通过一个单线接口发送或接收信息，因此在单片机和 DS18B20 之间仅需一条连接线（共地）。DS18B20 的引脚（不同封装方式）如图 7-1 所示。

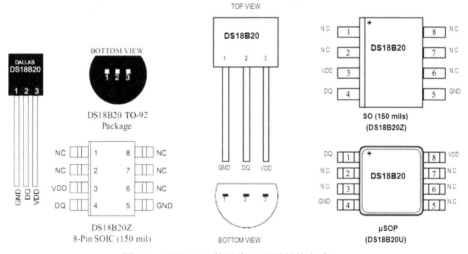

图 7-1　DS18B20 的引脚（不同封装方式）

以图 7-1 中左图为例，DS18B20 引脚说明如表 7-1 所示。

表 7-1　DS18B20 引脚说明

引脚 （8 引脚 SOIC 封装）	引脚 （3 引脚 TO-92 封装）	符号	说明
5	1	GND	接地
4	2	DQ	数据输入/输出脚。漏极开路，常态下为高电平
3	3	VDD	可选电源脚。工作于寄生电源时，该脚必须接地

2. DS18B20 供电方式

用于读写和温度转换的电源可以从数据线本身获得，不需要外部电源。DS18B20 有两种供电方式：寄生电源方式（数据总线供电方式）和外部供电方式。

（1）寄生电源方式。

寄生电源方式是在信号线处于高电平期间把能量储存在内部寄生电源（电容）里，在信号线处于低电平期间消耗电源（电容）上的电能工作，直到高电平到来再给寄生电源（电容）充电。要想使 DS18B20 能够进行精确的温度转换，I/O 线必须在转换期间保证供电，用 MOSFET 把 I/O 线直接拉到电源上就可以实现，寄生电源方式如图 7-2 所示。

寄生电源有两个好处：进行远距离测温时，不需要本地电源；可以在没有常规电源的条件下读 ROM。

> 注意　当温度高于 100℃时，不要使用寄生电源，因为 DS18B20 在这种温度下表现出的漏电流比较大，通信可能无法进行；使用寄生电源方式时，VDD 引脚必须接地。

（2）外部供电方式。

外部供电方式是从 VDD 引脚接入一个外部电源，如图 7-3 所示。

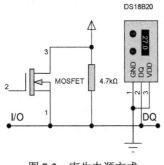
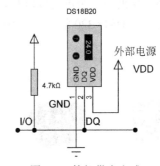

图 7-2　寄生电源方式　　　　　　　图 7-3　外部供电方式

DS18B20 采取寄生电源方式可以节省一根导线，但完成温度测量的时间较长。若采用外部供电方式则多用一根导线，但测量速度较快。

> 注意　当采用外部供电方式时，GND 引脚不能悬空。

3．DS18B20 应用特性

（1）采用单总线技术，与单片机通信只需要一根 I/O 线，不需要外部器件，在一根线上可以挂接多个 DS18B20 芯片；

（2）每个 DS18B20 都具有一个独有的，不可修改的 64 位序列号，可根据序列号访问对应的器件；

（3）低压供电，电源范围为 3～5V，可以本地供电，也可以通过数据线供电（寄生电源方式）；

（4）零待机功耗；

（5）测温范围为-55～+125℃，在-10～+85℃范围内误差为±0.5℃；

（6）DS18B20 的分辨率由用户通过 EEPROM 设置为 9～12 位；

（7）可编辑数据为 9～12 位，转换 12 位温度的时间为 750ms（最大）；

（8）用户可自行设定报警上下限温度；

（9）报警搜索命令可识别和寻址哪个器件的温度超出预定值；

（10）应用于温度控制、工业系统、消费品、温度计或任何热感测系统。

7.1.2　DS18B20 **内部结构及功能**

DS18B20 内部结构框图如图 7-4 所示，其内部结构主要包括寄生电源（电容）、温度传感器、64 位光刻 ROM 和单总线接口、存放中间数据的高速暂存器（RAM）、用于存储用户设定温度上下限值的 TH 和 TL 触发器、存储器和控制逻辑、8 位循环冗余校验码（CRC）产生器、配置寄存器等部分。

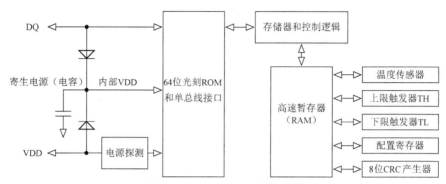

图 7-4　DS18B20 内部结构框图

1．64 位光刻 ROM

光刻 ROM 中的 64 位序列号是出厂前被光刻好的，它可以看作是该 DS18B20 的地址序列码。光刻 ROM 的作用是使每一个 DS18B20 都各不相同，这样就可以实现一根单总线上挂接多个 DS18B20 的目的。

64 位光刻 ROM 的排列顺序是：开始 8 位（28H）是产品类型标号，接着的 48 位是该 DS18B20 自身的序列号，最后 8 位是前面 56 位的循环冗余校验码。

2．温度传感器

DS18B20 中的温度传感器可完成对温度的测量。以 12 位转化为例：用 16 位符号扩展的二进制补码读数形式提供，以 0.0625℃/LSB 形式表达，其中 S 为符号位。

第一字节的内容是温度的低 8 位 LSB：

Bit7	Bit6	Bit5	Bit4	Bit3	Bit2	Bit1	Bit0
2^3	2^2	2^1	2^0	2^{-1}	2^{-2}	2^{-3}	2^{-4}

第二字节的内容是温度的高 8 位 MSB：

Bit15	Bit14	Bit13	Bit12	Bit11	Bit10	Bit9	Bit8
S	S	S	S	S	2^6	2^5	2^4

这是 12 位转化后得到的 12 位数据，存储在 DS18B20 的两个 8 位的 RAM 中，二进制中的前面 5 位是符号位，如果测得的温度大于 0，这 5 位为 0，只要将测到的数值乘 0.0625 即可得到实际温度；如果温度小于 0，这 5 位为 1，测到的数值需要取反加 1 再乘 0.0625 才可得到实际温度。

例如，+125℃的数字输出为 07D0H，+25.0625℃的数字输出为 0191H，−25.0625℃的数字输出为 FE6FH，−55℃的数字输出为 FC90H。温度值和输出数据转换关系如表 7-2 所示。

表 7-2   温度值和输出数据转换关系

温度值	数据输出（二进制）	数据输出（十六进制）
+125℃	00000111_11010000B	07D0H
+85℃	00000101_01010000B	0550H
+25.0625℃	00000001_10010001B	0191H
+10.125℃	00000000_10100010B	00A2H
+0.5℃	00000000_00001000B	0008H
0℃	00000000_00000000B	0000H
−0.5℃	11111111_11111000B	FFF8H
−10.125℃	11111111_01011110B	FF5EH
−25.0625℃	11111110_01101111B	FE6FH
−55℃	11111100_10010000B	FC90H

3. 存储器

DS18B20 的内部存储器包括一个高速暂存器（RAM）和一个非易失性的可电擦除的 EEPROM，后者存放高温度和低温度触发器 TH、TL 和配置寄存器。DS18B20 的内部存储器如图 7-5 所示。

高速暂存器包含了 9 个连续字节，前两字节是测得的温度信息，第一字节的内容是温度的低 8 位，第二字节的内容是温度的高 8 位。第三和第四字节的内容是 TH、TL 的易失性拷贝，第五字节的内容是配置寄存器的易失性拷贝，这 3 字节的内容在每一次上电复位时被刷新。第六、七、八字节用于内部计算。第九字节是冗余检验字节。

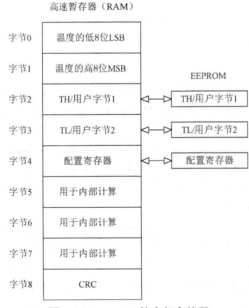

图 7-5   DS18B20 的内部存储器

4. 配置寄存器

配置寄存器字节中各位的意义如下：

TM	R1	R0	1	1	1	1	1

低 5 位一直都是 1，TM 是测试模式位，用于设置 DS18B20 是在工作模式还是在测试模式，在 DS18B20 出厂时该位被设置为 0，用户不要去改动。R1 和 R0 用来设置分辨率，DS18B20 出厂时分辨率被设置为 12 位。分辨率设置如表 7-3 所示。

表 7-3 分辨率设置

R1	R0	分辨率	温度最大转换时间
0	0	9 位	93.75ms
0	1	10 位	187.5ms
1	0	11 位	375ms
1	1	12 位	750ms

7.1.3 DS18B20 通信协议

DS18B20 单线通信功能是分时完成的，它有严格的时序概念，如果出现时序序列混乱，DS18B20 将不响应主机，因此读、写时序很重要。对 DS18B20 的各种操作必须按照 DS18B20 通信协议进行，DS18B20 通信协议主要包括初始化、ROM 操作命令和存储器操作命令。

1. 初始化

通过单总线的所有执行（处理），都要从一个初始化开始，即和 DS18B20 之间的任何通信都要以初始化开始。初始化包括一个由主机发出的复位脉冲和跟随其后由从机发出的存在脉冲，存在脉冲是让主机知道 DS18B20 在总线上已做好可操作的准备。初始化过程如下：

（1）主机首先发出一个 480～960μs 的低电平脉冲，然后释放总线变为高电平，并在随后的 480μs 时间内对总线进行检测。

总线若有低电平出现，说明总线上有从机已做出应答；若无低电平出现，一直都是高电平，说明总线上无从机应答。

DS18B20 复位代码如下：

```
void  DS18B20_Rst(void)
{
    init_onewire_out();      //配置 PA15 为输出引脚
    DQ_Out_L;                //将 DQ 拉低
    delay_us(750);           //主机需要发出一个 480~960μs 的低电平脉冲，在这里是拉低 750μs
    DQ_Out_H;                //DQ=1 拉高总线，释放总线
    delay_us(15);            //15μs
}
```

其中 init_onewire_out()函数是配置 PA15 为输出引脚，即设置为主机写总线，从机 DS18B20 读总线。代码如下：

```
void init_onewire_out( void )
{
    PA_OUT_ENABLE(15);
}
```

由于采用单总线，所以数据的写入和读取都是在 PA15 引脚上完成的。写入数据时，需要配置此引脚为输出模式；读取数据时，需要配置此引脚为输入模式。

（2）作为从机的 DS18B20，从上电就一直检测总线上是否有 480～960μs 的低电平出现。若有检测到，就在总线转为高电平后，等待 15～60μs，将总线电平拉低 60～240μs，发出响应的存在脉冲，通知主机自身已做好准备；若没有检测到，就一直检测。

检测从机 DS18B20 是否存在，即从机 DS18B20 是否有应答信号的代码如下：

```
uint8_t DS18B20_Check(void)
{
    uint8_t retry = 0;
    init_onewire_in();              //配置 PA15 为输入引脚
    while (DQ_In && retry < 200)//若在 200μs 之内 PA15 引脚为低电平，表示从机已应答，退出循环
    {
        retry++;                    //循环计数器加 1
        delay_us(1);                //延时 1μs，若循环 200 次从机还没有应答，表示从机不存在
    }
    if(retry>=200)                  //通过循环计数器 retry 的值，判断要如何退出 while 循环
        return 1;                   //retry≥200 退出循环时返回 1，表示未检测到从机 DS18B20 的存在
    else
        retry=0;                    //retry < 200 退出循环时返回 0，表示检测到从机 DS18B20 的存在
    while (!DQ_In&&retry<200)       //等待应答结束。应答时间是 60~240μs，选择小于 200μs
    {
        retry++;
        delay_us(1);
    }
    if(retry>=200)                  //如果应答时间大于或等于 200μs，则表示从机 DS18B20 不存在
        return 1;
    return 0;                       //返回 0，表示从机 DS18B20 存在
}
```

代码说明如下：

① "init_onewire_in();"是配置 PA15 为输入引脚，即设置为主机读总线，从机写总线。代码如下：

```
void init_onewire_in( void )
{
    PA_OUT_DISABLE(15);             //配置 PA15 为输入引脚
    GPIO_AF_SEL(DIGITAL, PA, 15, 0);
    GPIO_PUPD_SEL(PUPD_PU, PA, 15 );
}
```

② 表达式"DQ_In && retry < 200"用来判断从机 DS18B20 是否在规定时间内将总线电平拉低，也就是等待从机 DS18B20 的应答出现。

表达式成立表示在规定时间内，从机 DS18B20 没有发出存在脉冲（没有将总线电平拉低）。表达式不成立退出 while 循环，有以下两种情况：

第 1 种情况：在规定时间内，从机 DS18B20 发出了存在脉冲（将总线电平拉低），表示检测到从机 DS18B20 的存在；

第 2 种情况：超出了规定时间，从机 DS18B20 还没有发出存在脉冲（没有将总线电平拉低），表示未检测到从机 DS18B20 的存在。

③ 表达式"!DQ_In && retry < 200"用来判断从机 DS18B20 是否在规定时间内将总线电平拉高，也就是等待从机 DS18B20 的应答结束。

表达式成立表示从机 DS18B20 在规定时间内，没有将总线电平拉高，也就是说，其处在等待应答结束状态。表达式不成立退出 while 循环，有以下两种情况：

第 1 种情况：在规定时间内，从机 DS18B20 将总线电平拉高，表示从机 DS18B20 的应答结束；

第 2 种情况：超出了规定时间，从机 DS18B20 还没有将总线电平拉高，表示从机 DS18B20 不存在。按照 DS18B20 通信协议，其应答是将总线电平拉低 60～240μs，在这里应答时间选择小于 200μs。

综上所述，DS18B20 初始化代码如下：

```
uint8_t DS18B20_Init(void)        //DS18B20 初始化
{
    init_onewire_out();           //配置 PA15 为输出引脚
    DQ_Out_H;                     //拉高 DQ
    DS18B20_Rst();                //复位 DS18B20
    return DS18B20_Check();       //返回 DS18B20 的检测结果
}
```

2. 写时序

写时序包括写 0 时序和写 1 时序。所有写时序都需要 60μs 左右，且至少需要 1μs 的恢复时间，两种写时序均起始于主机拉低总线。本书写操作的写时序如下：

当写 1 时，主机输出低电平，延时 2μs，然后释放总线，延时 60μs。

当写 0 时，主机输出低电平，延时 60μs，然后释放总线，延时 2μs。

写 1 字节到 DS18B20，代码如下：

```
void DS18B20_Write_Byte(uint8_t dat)
{
    uint8_t j;
    uint8_t testb;
    init_onewire_out();           //配置 PA15 为输出引脚
    for (j=1;j<=8;j++)
    {
        testb=dat&0x01;           //获得最低位，即先写低位后写高位
        dat=dat>>1;               //dat 右移 1 位，将次低位移到最低位
        if (testb)
        {
            DQ_Out_L;             //写 1
            delay_us(2);          //延时 2μs
            DQ_Out_H;
            delay_us(60);         //低电平保持 2μs、高电平保持 60μs，完成写 1 操作
        }
        else
        {
            DQ_Out_L;             //写 0
            delay_us(45);         //延时 60μs
            DQ_Out_H;
            delay_us(2);          //低电平保持 60μs、高电平保持 2μs，完成写 0 操作
        }
    }
}
```

3. 读时序

单总线器件仅在主机发出读时序时，从机才向主机传输数据，所以在主机发出读数据命令后，必须马上产生读时序，以便从机能够传输数据。所有读时序都需要 60μs 左右，每个读时序都由主机发起，至少拉低总线 1μs。主机在读时序期间必须释放总线，并且在时序起始后的 15μs

之内采样总线状态。

从 DS18B20 读取 1 位数据，代码如下：

```
uint8_t DS18B20_Read_Bit(void)      // 读取 1 位数据
{
    uint8_t data;
    init_onewire_out();             //配置 PA15 为输出引脚
    DQ_Out_L;                       //主机拉低总线
    delay_us(1);                    //至少拉低总线 1μs
    DQ_Out_H;                       //释放总线
    init_onewire_in();              //配置 PA15 为输入引脚
    delay_us(12);                   //在时序起始后的 15μs 之内采样总线状态
    if(DQ_In)
        data=1;                     //返回 1
    else
        data=0;                     //返回 0
    delay_us(50);                   //延时 50μs
    return data;                    //返回读取的 1 位数据
}
```

从 DS18B20 读取 1 字节，代码如下：

```
uint8_t DS18B20_Read_Byte(void)
{
    uint8_t i,j,dat;
    dat=0;
    for (i=1;i<=8;i++)
    {
        j=DS18B20_Read_Bit();
        dat=(j<<7)|(dat>>1);
    }
    return dat;
}
```

在 "dat=(j<<7)|(dat>>1);" 语句中，表达式 "dat>>1" 是 dat 右移 1 位，将最高位移到次高位，最高位补 0；表达式 "j<<7" 是 j 左移 7 位，即将读到的 1 位数据左移到最高位；表达式 "j<<7)|(dat>>1" 表示 dat 右移 1 位后与新读到的最高位合并。

4. ROM 操作命令

一旦主机检测到一个存在脉冲，它就可以发出 5 个 ROM 操作命令（见表 7-4）中的任意一个命令，所有 ROM 操作命令都是 8 位的。

表 7-4　ROM 操作命令

命令	约定代码	操作说明
读 ROM	33H	读取光刻 ROM 中的 64 位，只用于总线上单个 DS18B20 的情况
ROM 匹配	55H	发出此命令之后，接着发出 64 位 ROM 编码，访问单总线上与编码相对应的 DS18B20，使其做出响应，为下一步对该 DS18B20 的读写做准备
跳过 ROM	CCH	忽略 64 位 ROM 地址，直接向 DS18B20 发出温度变换命令，在单总线上有单个 DS18B20 的情况下，可以节省时间
搜索 ROM	F0H	用于确定挂接在同一总线上的 DS18B20 的个数和识别 64 位 ROM 地址，为操作各器件做好准备

续表

命令	约定代码	操作说明
警报搜索	ECH	命令流程同搜索 ROM 流程，但只有在最近的一次温度测量满足了报警触发条件时，才响应此命令。只要 DS18B20 不掉电，报警状态将一直保持，直到再一次测得的温度值达不到报警条件为止

例如，向 DS18B20 写"dat=0xCC"字节，实现跳过读序列号的操作，代码如下：

```
DS18B20_Write_Byte(0xcc);          //跳过读序列号的操作
```

5. 存储器操作命令

成功执行了 ROM 操作命令后，便可以使用存储器操作命令执行相应操作。主机可提供 6 种存储器操作命令（见表 7-5）。

表 7-5　存储器操作命令

命令	约定代码	操作说明
温度转换	44H	启动 DS18B20 进行温度转换，转换时间最长为 500ms（典型为 200ms），结果存入内部 RAM 的 9 字节中
读暂存器	BEH	读内部 RAM 中 9 字节的内容。读取将从第一字节（字节 0 位置）开始，一直进行下去，直到第九字节（字节 8，CRC）读完。若不想读完所有字节，主机可以在任何时间发出复位命令来中止读取
写暂存器	4EH	发出向内部 RAM 的第三、四字节写上、下限（TH、TL）温度数据命令，紧跟该命令之后，是传输两字节的数据。可以在任何时刻发出复位命令来中止写入
复制暂存器	48H	把 RAM 中的 TH、TL 字节写到 EERAM 中
重新调 EERAM	B8H	把 EERAM 中的内容恢复到 RAM 中的 TH、TL 字节
读电源供电方式	B4H	读 DS18B20 的供电方式，寄生供电时 DS18B20 发送"0"，外接电源供电时 DS18B20 发送"1"

例如，向 DS18B20 写 1 字节"0x44"，就可以启动 DS18B20 进行温度转换，代码如下：

```
DS18B20_Write_Byte(0x44);          //启动 DS18B20 进行温度转换
```

又如，向 DS18B20 写 1 字节"0xBE"，就可以读取 DS18B20 的温度转换值，代码如下：

```
DS18B20_Write_Byte(0xbe);          //发出读暂存器命令
a=DS18B20_Read_Byte();             //读取温度转换结果的低 8 位 LSB
b=DS18B20_Read_Byte();             //读取温度转换结果的高 8 位 MSB
```

7.2　任务 19　温度采集监控设计

7.2.1　任务描述

温度是环境监测或智能农业控制系统中常见的测量对象，本任务要求利用 LK32T102 单片机和 DS18B20 采集环境温度，并将采集的温度值通过 4 位数码管显示出来，同时 D1 指示灯闪烁，提示系统正常运行。显示格式为：4 位数码管以 XXX.X 的格式显示温度，即保留 1 位小数。温度显示的实物效果图如图 7-6 所示。

图 7-6　温度显示的实物效果图

7.2.2　温度采集监控实现分析

1. 温度采集监控电路分析

温度采集监控电路是由 LK32T102 单片机最小系统、1 路 DS18B20 温度采集电路和 4 位数码管显示接口电路组成，其结构框图如图 7-7 所示。

图 7-7　温度采集监控电路结构框图

LK32T102 单片机的 GPIO 口分配：PA15 引脚接 DS18B20 的 DQ；PB8～PB15 引脚接 74HC245 的 A0～A7 输入端，用于驱动 4 位数码管的 a、b、c、d 等各位段；PA4～PA6 引脚接 74LS138 的 A0～A2 输入端，用于驱动 4 位数码管的各位选。温度采集监控电路图如图 7-8 所示。

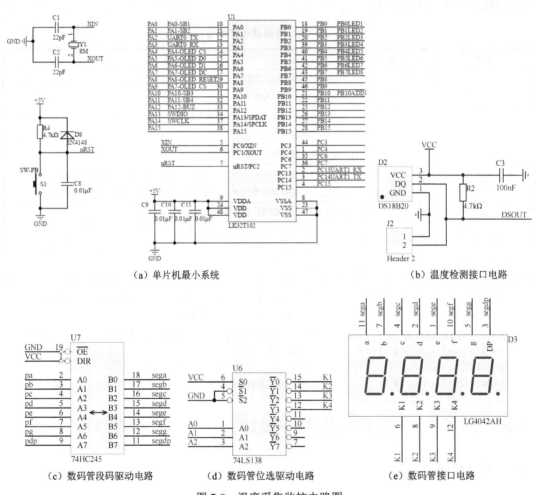

（a）单片机最小系统　　　　　　　　（b）温度检测接口电路

（c）数码管段码驱动电路　　　（d）数码管位选驱动电路　　　（e）数码管接口电路

图 7-8　温度采集监控电路图

2. 控制温度转换

DS18B20 采集温度首先利用指令 CCH 跳过读序列号操作，然后利用指令 44H 启动 DS18B20 进行温度转换。控制 DS18B20 完成温度转换的代码如下：

```
void DS18B20_Start(void)        // DS18B20 启动转换
{
    DS18B20_Rst();              //DS18B20 复位
    DS18B20_Check();            //检测 DS18B20 是否存在
```

```
DS18B20_Write_Byte(0xcc);    //跳过读序列号的操作
DS18B20_Write_Byte(0x44);    //启动 DS18B20 进行温度转换
}
```

3．温度采集程序分析

根据 DS18B20 的通信协议，每次 LK32T102 单片机对 DS18B20 进行操作时都必须经过以下 3 个步骤：

（1）每一次读写之前，都要对 DS18B20 进行复位（初始化）；

（2）复位成功后，发送一条 ROM 指令；

（3）最后发送 RAM 指令，这样才能对 DS18B20 进行预定的操作。

所以，在控制 DS18B20 完成温度转换之后，还需要经过以上 3 个步骤完成读取温度值。首先对 DS18B20 初始化；然后利用指令 CCH 跳过 ROM；随后发出读取转换结果指令 BEH；最后读取转换结果，由于转换结果有 12 位，因此需分别读取 2 字节，先读低 8 位、后读高 8 位。读取 DS18B20 转换结果的代码如下：

```
float  DS18B20_Get_Temp(void)
{
    uint8_t temp = 0;                //温度值正负判断
    uint8_t TL = 0,TH = 0;           //暂存读取 DS18B20 转换结果
    short tem;                       //暂存温度值
    DS18B20_Start ();                //启动 DS18B20 转换
    DS18B20_Rst();                   //复位 DS18B20
    DS18B20_Check();                 //检测 DS18B20 是否存在
    DS18B20_Write_Byte(0xcc);        //发送跳过 ROM 命令
    DS18B20_Write_Byte(0xbe);        //发送读取 DS18B20 转换结果命令
    TL = DS18B20_Read_Byte();        //读取低 8 位温度值
    TH = DS18B20_Read_Byte();        //读取高 8 位温度值
    if(TH > 7)                       //判断温度值正负，若TH>7，则表示符号位为1，温度值为负
    {
        TH = ~TH;                    //将温度值取反，去掉负号
        TL = ~TL;
        temp = 0;                    //温度为负标志
    }
    else      temp = 1;              //温度为正标志
    tem = TH;                        //获得高 8 位温度值
    tem <<= 8;
    tem += TL;                       //合并低 8 位温度值
    tem =(float)tem * 0.0625 * 10;   //温度数据换算
    if(temp)        return tem;      //若温度为正，则直接返回换算后温度值
    else            return -tem;     //若温度为负，则直接返回负的换算后温度值
}
```

4．温度显示程序分析

根据任务描述和图 7-6 所示内容，在得到实际温度以后，还要按照温度显示的格式，在 4 位数码管中进行显示。

（1）温度值拆分。

通过函数 DS18B20_Get_Temp()获得 DS18B20 采集的实际温度，并存放在 temp 里面。那么，如何获得温度值的各显示位呢？

按照温度的显示格式要求，需要获取温度百位、温度十位、温度个位及温度十分位。采用

整除和求余相结合的方式，获得待显示的各位数字（拆分要显示的数据），并送到显示缓冲区中，代码如下：

```
SEG_Display[0] = (uint32_t)temp % 10;                //获得温度十分位，最低位
SEG_Display[1] = (uint32_t)temp % 100 / 10 + 0x80;   //获得温度个位并加小数点
SEG_Display[2] = (uint32_t)temp % 1000 / 100;        //获得温度十位
SEG_Display[3] = (uint32_t)temp % 10000 / 1000;      //获得温度百位，最高位
```

（2）显示温度。

按照温度显示的格式，在 4 位数码管中进行显示。4 个共阴极数码管采用动态扫描显示方式，table[ ]显示段码，bit[ ]是位码控制，代码如下：

```
……
uint8_t table[ ] = {0x3f,0x06,0x5b,0x4f,0x66,0x6d,0x7d,0x07,0x7f,0x6f};
uint8_t bit[ ] = {0x04,0x08,0x10,0x20};
int main()
{
    ……
    while(1)
    {
        ……
        for(i=0;i<4;i++)
        {
            PB_OUT |= table[SEG_Display[i]]<<8;  //数码管显示数字（i）
            PA_OUT = bit[i];                     //数码管
            delay(1);                            //数字显示保持一段时间
            PB_OUT &= 0x00ff;                    //数码管熄灭一段时间
        }
        ……
    }
}
```

7.2.3　温度采集监控设计与实现

1. 温度采集监控电路连接

根据图 7-8 所示的电路，使用杜邦线先将 74HC245 芯片的 A0～A7 引脚（驱动数码管的 8 个段选）依次连接到 LK32T102 单片机的 PB8～PB15 引脚上，然后将 74LS138 芯片的 A0～A2 引脚（驱动数码管的 3 个位选）依次连接到 LK32T102 单片机的 PA4～PA6 引脚上，最后将 PA15 引脚接 DS18B20 的 DQ 引脚。温度采集监控电路连接如图 7-9 所示。

2. 移植任务 8 工程

复制"任务 8　数码管动态扫描显示设计"文件夹，然后修改文件夹名为"任务 19　温度采集监控设计"，将 USER 文件夹下的"SMG.uvprojx"工程名修改为"M0_DS18B20.uvprojx"。

3. 编写温度采集设备文件

图 7-9　温度采集监控电路连接

温度采集设备文件主要有 DS18B20 设备驱动文件 ds18b20.c 和 DS18B20 设备头文件 ds18b20.h。

（1）编写头文件 ds18b20.h，代码如下：

```
#ifndef __DS18B20_H
#define __DS18B20_H
#include <SC32F5832.h>
#include <DevInit.h>
#define DQ_Out_H   PA_OUT_HIGH(15)        //DQ 输出高
#define DQ_Out_L   PA_OUT_LOW(15)         //DQ 输出低
#define DQ_In      (PA -> PIN & (1 << 15)) //配置 DQ 为输入
uint8_t DS18B20_Init(void);               //初始化 DS18B20
float DS18B20_Get_Temp(void);             //获取温度
void DS18B20_Start(void);                 //开始温度转换
void DS18B20_Write_Byte(uint8_t dat);     //写入 1 字节
uint8_t DS18B20_Read_Byte(void);          //读出 1 字节
uint8_t DS18B20_Read_Bit(void);           //读出 1 位
uint8_t DS18B20_Check(void);              //检测是否存在 DS18B20
void DS18B20_Rst(void);                   //复位 DS18B20
void init_onewire_out( void );            //设置为主机写总线，从机读总线
void init_onewire_in( void );             //设置为主机读总线，从机写总线
#endif
```

（2）编写文件 ds18b20.c，代码如下：

```
#include <SC32F5832.h>
#include <DevInit.h>
#include "ds18b20.h"
#include "delay.h"
void DS18B20_Rst(void)              //复位 DS18B20
{
    ……                             //函数已在前面介绍，代码省略，下同
}
uint8_t DS18B20_Check(void)         //等待 DS18B20 的回应
{
    ……
}
uint8_t DS18B20_Read_Bit(void)      //从 DS18B20 读取 1 位
{
    ……
}
uint8_t DS18B20_Read_Byte(void)     //从 DS18B20 读取 1 字节
{
    ……
}
void DS18B20_Write_Byte(uint8_t dat) //写 1 字节到 DS18B20
{
    ……
}
void DS18B20_Start(void)            //开始温度转换
{
    ……
}
uint8_t DS18B20_Init(void)          //初始化 DS18B20 的 I/O 口 DQ，同时检测 DS 的存在
{
    ……
}
```

```
float  DS18B20_Get_Temp(void)            //从 DS18B20 得到温度值
{
    ……
}
void init_onewire_out(void)              //设置为主机写总线，从机读总线
{
    ……
}
void init_onewire_in(void)               //设置为主机读总线，从机写总线
{
    ……
}
```

编写完成 ds18b20.c 文件和 ds18b20.h 头文件后，将其保存在 HARDWARE\DS18B20 文件夹里面，作为 DS18B20 设备文件，以供其他文件调用。

4. 编写主文件

在主文件 main.c 中，主要完成数码管显示和 DS18B20 接口初始化、读取 DS18B20 温度采集数据及数码管动态显示温度值。主文件 main.c 的代码如下：

```
#include <SC32F5832.h>
#include <DevInit.h>
#include "delay.h"
#include "ds18b20.h"
#include "SMG.h"
uint8_t  table[ ] = {0x3f,0x06,0x5b,0x4f,0x66,0x6d,0x7d,0x07,0x7f,0x6f};
uint8_t  bit[ ] = {0x04,0x08,0x10,0x20};
float  temp ;                                         //DS18B20 读取温度值
uint8_t SEG_Display[4] = {0};                          //数码管段选变量
int main()
{
    int i,j;
    Device_Init();
    SMG_init();                                        //数码管显示端口初始化
    DS18B20_Init();
    delay_ms(500);
    while(1)
    {
        temp = DS18B20_Get_Temp();                     //读取 DS18B20 温度采集数据
        SEG_Display[0] = (uint32_t)temp % 10;          //获得温度十分位，最低位
        SEG_Display[1] = (uint32_t)temp % 100 / 10 + 0x80; //获得温度个位并加小数点
        SEG_Display[2] = (uint32_t)temp % 1000 / 100;  //获得温度十位
        SEG_Display[3] = (uint32_t)temp % 10000 / 1000; //获得温度百位，最高位
        for(i=0;i<4;i++)
        {
            PB_OUT |= table[SEG_Display[i]]<<8;         //数码管显示数字（i）
            PA_OUT = bit[i];                            //数码管
            delay_ms(10);                               //数字显示保持一段时间
            PB_OUT &= 0x00ff;                           //数码管熄灭一段时间
        }
    }
}
```

5. 工程配置与编译

（1）先把"Project Targets"栏中的"M0_LED"修改为"M0_DS18B20"，然后将 HARDWARE\DS18B20 文件夹里面的 ds18b20.c 文件添加到 HARDWARE 组中，如图 7-10 所示。

图 7-10　将 ds18b20.c 文件添加到 HARDWARE 组中

（2）添加 ds18b20.h 的编译文件路径 HARDWARE\DS18B20，如图 7-11 所示。

图 7-11　添加 ds18b20.h 的编译文件路径

（3）完成工程配置后，对工程进行编译，生成"M0_DS18B20.hex"目标代码文件。若编译发生错误，要进行分析检查，直到编译正确。

6. 工程下载与调试

（1）连接 J-Link 下载器和开发板，在 Keil μVision5 界面上单击快速访问工具栏中的 📥 按钮完成程序下载。

（2）启动开发板，观察数码管是否显示当前温度，可用手触摸 DS18B20 测试温度是否变化，若运行结果与任务要求不一致，要对电路和程序进行分析检查，直到运行正确。

7.3 任务20 基于OLED的温度采集远程监控设计

7.3.1 任务描述

在任务19的基础上，利用LK32T102单片机、OLED显示屏及DS18B20单线数字温度传感器，设计一个基于OLED的温度采集远程监控系统。

下位机使用DS18B20采集当前温度，在4位数码管上显示当前温度值（保留1位小数，显示格式见任务19），并通过串口将当前温度数据传输给上位机。

上位机通过串口接收到温度数据后，在OLED屏幕上显示远程采集的温度数据，显示格式要求如下：

（1）第1行显示：温度采集远程监控（16列×16行）；

（2）第2行显示：温度（16列×16行）：XXX.X（8列×16行）；

（3）第3行显示：Luntek（8列×16行）；

（4）OLED显示布局要合理、美观。

7.3.2 基于OLED的温度采集远程监控实现分析

1．上位机和下位机电路

基于OLED的温度采集远程监控的下位机电路，是由LK32T102单片机最小系统、数码管显示模块、DS18B20及串行通信模块等组成的，下位机电路见任务19；上位机电路是由LK32T102单片机最小系统、OLED显示模块及串行通信模块等组成的，上位机电路见任务9。

2．串口通信电路

上位机和下位机的串口通信采用RS-232C接口。RS-232C和TTL电平转换电路是由MAX232芯片及电容等组成的，串口通信接口电路如图7-12所示。

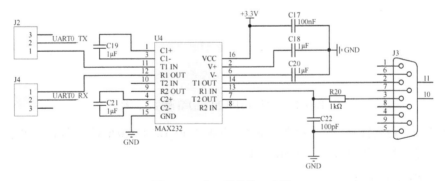

图7-12 串口通信接口电路

根据图7-12所示，RS-232C和TTL电平转换电路工作过程如下：

（1）TTL数据从11引脚（T1IN）或10引脚（T2IN）输入，转换成RS-232C数据后，从14引脚（T1OUT）或7引脚（T2OUT）送到RS-232C的DB9插头；

（2）DB9插头的RS-232C数据从13引脚（R1IN）或8引脚（R2IN）输入，转换成TTL数据后，从12引脚（R1OUT）或9引脚（R2OUT）输出。

3．基于 OLED 的温度采集远程监控实现

本任务主要涉及数码管显示、OLED 显示、DS18B20 温度采集和串口通信，这些外设的基本应用均已在之前的任务中介绍过。

数码管显示在任务 8 中已介绍，OLED 显示在任务 9 中已介绍，数码管显示、DS18B20 温度采集在任务 19 中已介绍，串口通信在任务 17 中已介绍，所以本任务只需要将之前的工程做适当的调整即可实现。基于 OLED 的温度采集远程监控的实现有以下几个步骤：

（1）下位机使用 DS18B20 采集当前温度，并在 4 位数码管上动态扫描显示当前温度值；

（2）下位机将采集到的当前温度，通过 RS-232C 接口发送到上位机；

（3）上位机通过 RS-232C 接口接收下位机发送来的当前温度，并在 OLED 显示屏上显示温度数据。基于 OLED 的温度采集远程监控实物演示效果图如图 7-13 所示。

图 7-13　基于 OLED 的温度采集远程监控实物演示效果图

7.3.3　基于 OLED 的温度采集远程监控设计与实现

1．移植工程模板

新建"任务 20　基于 OLED 的温度采集远程监控设计"文件夹，基于 OLED 的温度采集远程监控系统，需要移植 2 个工程模板，分别为上位机工程模板和下位机工程模板。

（1）移植上位机工程模板。

复制"任务 9　OLED 显示设计"文件夹到"任务 20　基于 OLED 的温度采集远程监控设计"文件夹里，然后修改文件夹名为"温度采集远程监控-上位机"，将 USER 文件夹下的"M0_OLED.uvprojx"工程名修改为"DS18B20_swj.uvprojx"。

（2）移植下位机工程模板。

复制"任务 19　温度采集监控设计"文件夹到"任务 20　基于 OLED 的温度采集远程监控设计"文件夹里，然后修改文件夹名为"温度采集远程监控-下位机"，将 USER 文件夹下的"M0_DS18B20.uvprojx"工程名修改为"DS18B20_xwj.uvprojx"。

2．下位机程序设计

在移植过来的工程中，根据任务要求实现远程数据传输，对主文件 main.c 进行修改，下位机的代码如下：

```
#include <SC32F5832.h>
……
int main(void)
{
    Device_Init();
    TIM6_T0_Init();                              //定时器 T6-T0 初始化
```

```
        SEG_GPIO_Init();                                        //数码管显示端口初始化
        DS18B20_Init();
        UartSendStart();
        while(1)
        {
            //显示内容按位取出
            SEG_Dpy[0] = (uint32_t)DS18B20_Value % 10;
            SEG_Dpy[1] = (uint32_t)DS18B20_Value % 100 / 10;
            SEG_Dpy[2] = (uint32_t)DS18B20_Value % 1000 / 100;
            SEG_Dpy[3] = (uint32_t)DS18B20_Value % 10000 / 1000;
            printf("%.1f\n",(float)DS18B20_Value /10);          //串口发送当前温度值
            delay_ms(500);
        }
    }
```

代码说明：

温度采集及数码管显示任务均放在定时器中断处理函数中，所以主程序的主循环中只需每
0.5s 发送一次当前的温度值。

3. 上位机程序设计

在移植过来的工程中，根据任务要求实现远程数据传输，对主文件 main.c 进行修改，上位
机的代码如下：

```
#include <SC32F5832.h>
......
int main(void)
{
    unsigned char st[20] = "\0";                        //初始化 OLED 显示数组
    Device_Init();                                      //GPIO、串口等初始化，中断使能
    TIM6_T0_Init();                                     //定时器 T6-T0 初始化，串口传输要用
    OLED_GPIO_Init();                                   //OLED 引脚使能
    OLED_Init();                                        //OLED 初始化
    OLED_Clear();                                       //OLED 清屏
    OLED_ShowString(0, 4, (uint8_t *)"OpenSuccessfully");    //OLED 启动成功
    while(1)
    {   //当发送标志位为 0 时，说明一组数据传输完成，没有数据正在传输，防止传到一半时读取
        if(Uart.IntSendFlag==0)
        {
            ReadUartBuf();                              //读取串口接收寄存器的内容
//读取串口接收缓存每一位数组的内容，当读取的内容为空时，结束读取
            for(i=0;Uart.RevBuf[i]!='\0';i++)
                st[i]=Uart.RevBuf[i];                   //把读取的数据另外交给 st[] 数组
            OLED_ShowString(10,0,st);                   //OLED 显示 st[]数组的温度
        }
    }
}
```

4. 工程编译、运行与调试

（1）修改好上、下位机的主文件 main.c 后，我们就可以直接对工程进行编译了，分别生成
"DS18B20_swj.hex" 和 "DS18B20_xwj.hex" 目标代码文件。若编译发生错误，要进行分析检查，
直到编译正确。

（2）连接 J-Link 下载器和开发板，在 Keil μVision5 界面上单击快速访问工具栏中的 ![LOAD] 按

钮完成程序下载。

（3）启动开发板，观察上、下位机系统中所显示的当前温度值是否一致，若运行结果与任务要求不一致，要对电路和程序进行分析检查，直到运行正确。

【技能训练 7-1】2 路温度采集远程监控设计

任务 20 是由 1 路 DS18B20 实现的温度采集远程监控，现实中往往需要同时远程监控多路温度采集情况，所以在本技能训练中的任务是实现 2 路温度采集远程监控设计。

下位机使用 DS18B20 采集当前温度，并通过串口将当前温度数据传输给上位机。

上位机通过串口接收到温度数据后，在 OLED 屏幕上显示远程采集的温度数据，显示格式要求如下：

（1）第 1 行显示：温度采集远程监控（16 列×16 行）；

（2）第 2 行显示：温度 1（16 列×16 行）：XXX.X（8 列×16 行）；

（3）第 3 行显示：温度 2（16 列×16 行）：XXX.X（8 列×16 行）；

（4）第 4 行显示：Luntek（8 列×16 行）；

（5）OLED 显示布局要合理、美观。

1. 2 路温度采集远程监控电路设计

2 路温度采集远程监控电路只需在任务 20 中的电路的基础上增加 1 路 DS18B20 的采集电路，即可完成电路设计。2 路温度采集远程监控上位机采集结果的实物图如图 7-14 所示。

图 7-14　2 路温度采集远程监控上位机采集结果的实物图

对于新增的 1 路 DS18B20 采集电路，有两种增加的方式：一种是利用另一个 GPIO 口（如 PA16 引脚）连接新增的 1 路 DS18B20 的采集电路；另一种是两路 DS18B20 的采集电路连接在同一个 GPIO 口（PA15 引脚）上，利用每个 DS18B20 有唯一的产品序列号来控制分别采集温度值。

由于之前在编写 DS18B20 的复位、启动等基础函数的时候直接写死了端口，所以如果要在另一个端口新增 1 路 DS18B20 采集电路的话，意味着我们需要重新编写 DS18B20 的基础函数，这样修改的工作量有些大，因此在这里采用第二种方式实现 2 路温度采集远程监控设计。

因为在同一个 GPIO 口上挂载了 2 个 DS18B20，故在读取 DS18B20 采集温度时需考虑分时且有指向性，这里先分别读取两路 DS18B20 的 64 位序列号，然后利用每次启动 DS18B20 工作前先发送 64 位序列号，让 DS18B20 先进行匹配后再转换。

由于数码管显示需要占用大量的 GPIO 口资源，开发板上只有 4 位数码管不方便分别显示 2 路温度值，故在本任务中将下位机的数码管显示功能去掉了。读者可以通过串口传回的数据进行验证，也可以使用 OLED 显示当前采集的温度值进行验证。实际开发项目时可以综合考虑显示部分的设计，使项目设计更加合理。

2．2 路温度采集远程监控程序设计

1）移植任务 20 工程

复制"任务 20 基于 OLED 的温度采集远程监控设计"文件夹，然后修改文件夹名为"【技能训练 7-1】2 路温度采集远程监控设计"，将 USER 文件夹下的"DS18B20_swj.uvprojx"和"DS18B20_xwj.uvprojx"工程名分别修改为"Duble_DS18B20_swj.uvprojx"（上位机）和"Duble_DS18B20_xwj.uvprojx"（下位机）。

2）下位机程序设计

在移植过来的工程中，根据任务要求实现远程数据传输，对主文件 main.c 进行修改，下位机的代码如下：

```c
#include <SC32F5832.h>
……
uint16_t RomCode[9];                    //读取序列号-保存-变量
uint8_t RomCodes[2][8]={{40,198,243,28,11,0,0,48},{40,98,9,194,11,0,0,191}};
//DS18B20 存储的序列号，需实际调整，当有多个时改变数组第一位
int main(void)
{
    Device_Init();                      //系统初始化
    DS18B20_Init();                     //DS18B20 初始化
    Uart0_Init();                       //串口 0 使能
    delay_ms(500);
    UartSendStart();                    //串口开始发送
    while(1)
    {
        if(Uart.UnRevCnt==0)     // 当未读取字节数为 0 时（上位机读完后）才会发送数据，防止乱码
        {                        //以 'a' 作为标识符，发送第一路的温度
            printf("a%.1f\n",DS18B20_Get_Temp_MatchingRom(1)/10);
            delay_ms(50);
            printf("b%.1f\n",DS18B20_Get_Temp_MatchingRom(0)/10);//发送第二路的温度
            delay_ms(50);
        }
    }
}
```

代码说明：

温度采集直接放在主循环中，当串口空闲时，轮询采集 2 路 DS18B20，每次间隔 50ms。

对 DS18B20.c 文件也需要修改，新增读取序列号函数 void Read_RomCord(void)和读取温度函数 float   DS18B20_Get_Temp_MatchingRom(int xuhao)，具体代码如下：

```c
#include <SC32F5832.h>
……
extern uint8_t RomCodes[2][8];          //存储 DS18B20 序列号（有多个时）
uint16_t RomCode[9];                    //存储 DS18B20 序列号

void Read_RomCord(void)                 //读取单个 DS18B20 序列号，保存到 RomCode[]中
{
    unsigned char j;
    DS18B20_Init();
    DS18B20_Write_Byte(0x33);           // 读序列码的操作
    for (j = 0; j < 8; j++)
```

```
                    {
                        RomCode[j] = DS18B20_Read_Byte() ;
                    }
            }
            float  DS18B20_Get_Temp_MatchingRom(int xuhao)        //从 DS18B20 中得到温度值（需要匹配 rom）
            {
                uint8_t temp = 0,i;
                uint8_t TL = 0,TH = 0;
                short tem;
                DS18B20_Start ();                                 // DS18B20 启动转换
                DS18B20_Rst();
                DS18B20_Check();
                DS18B20_Write_Byte(0x55);                         //rom 匹配
                for(i=0;i<8;i++)                                  //输入序列号
                {
                    DS18B20_Write_Byte(RomCodes[xuhao][i]);       //多个 DS18B20 时
                }
                DS18B20_Write_Byte(0xbe);                         // 发送读取 DS18B20 转换结果命令
                TL = DS18B20_Read_Byte();                         // LSB
                TH = DS18B20_Read_Byte();                         // MSB
                if(TH > 7)
                {
                    TH = ~TH;
                    TL = ~TL;
                    temp = 0;                                     //温度为负
                }
                else
                    temp = 1;                                     //温度为正

                tem = TH;                                         //获得高 8 位
                tem <<= 8;
                tem += TL;                                        //获得低 8 位
                tem =(float)tem * 0.0625 * 10;                    //转换
                if(temp)
                    return tem;                                   //返回温度值
                else
                    return -tem;
            }
            ……
```

3）上位机程序设计

在移植过来的工程中，根据任务要求实现远程数据传输，对主文件 main.c 进行修改，上位机的代码如下：

```
#include <SC32F5832.h>
……
int main(void)
{
    int i = 0;
    unsigned char st[20] = {"a20.1"};      //初始化 OLED 显示数组
    Device_Init();                         //GPIO、串口等初始化，中断使能
    TIM6_T0_Init();                        //定时器 T6-T0 初始化，串口传输要用
    OLED_GPIO_Init();                      //OLED 引脚使能
```

```
            OLED_Init();                           //OLED 初始化
            OLED_Clear();                          //OLED 清屏
            OLED_FirstPage();                      //OLED 显示初始界面
            while(1)
            {
                //-------------------接收温度---------------------//
        //当发送标志位为 0 时，说明一组数据传输完成，没有数据正在传输，防止传到一半时读取
                if(Uart.IntSendFlag==0)
                {
                    ReadUartBuf();                 //读取接收寄存器的内容
                //读取串口接收缓存每一位数组的内容，当读取的内容为空时，结束读取
                    for(i=0;Uart.RevBuf[i]!='\0';i++)
                        st[i]=Uart.RevBuf[i];       //把读取的数据另外交给 st[] 数组
                //-------------------打印温度---------------------//
                    for(i=0;i<9;i++)               //查询数组中标识符 'a' 和 'b'
                    {
                        if(st[i]=='a')             //当查询到 'a' 时，开始打印第一路温度
                            for(j=0;j<4;j++)
                            {
                                OLED_ShowChar(50+j*8,2,st[i+j+1]);//加 1 是为了跳过打印标识符
                            }
                        if(st[i]=='b')             //当查询到 'b' 时，开始打印第二路温度
                            for(j=0;j<4;j++)
                            {
                                OLED_ShowChar(50+j*8,4,st[i+j+1]);
                            }
                    }
                    delay_ms(110);         //这里延时要稍比下位机长些，确保下位机一组的温度都能发送过来
                }
            }
        }
```

4）工程编译、运行与调试

（1）修改好上、下位机的主文件 main.c 后，就可以直接对工程进行编译了，分别生成"Duble_DS18B20_swj.hex"和"Duble_DS18B20_xwj.hex"目标代码文件。若编译发生错误，要进行分析检查，直到编译正确。

（2）连接 J-Link 下载器和开发板，在 Keil μVision5 界面上单击快速访问工具栏中的 ⬇ 按钮完成程序下载。

（3）启动开发板，观察上、下位机系统中所显示的当前温度值是否一致，若运行结果与任务要求不一致，要对电路和程序进行分析检查，直到运行正确。

关键知识点梳理

1. DS18B20 的测量结果以 12 位测量数据为例，用 16 位符号扩展的二进制补码读数形式提供，以 0.0625℃/LSB 形式表达。

2. DS18B20 单线通信功能是分时完成的，它有严格的时序概念，如果出现时序序列混乱，DS18B20 将不响应主机，因此读、写时序很重要。对 DS18B20 的各种操作必须按照 DS18B20

通信协议进行，DS18B20 通信协议主要包括初始化、ROM 操作命令和存储器操作命令。

其中初始化过程如下：

（1）主机首先发出一个 480～960μs 的低电平脉冲，然后释放总线变为高电平，并在随后的 480μs 时间内对总线进行检测。

总线若有低电平出现，说明总线上有从机已做出应答；若无低电平出现，一直都是高电平，说明总线上无从机应答。

（2）作为从机的 DS18B20，从上电就一直检测总线上是否有 480～960μs 的低电平出现。若有检测到，就在总线转为高电平后，等待 15～60μs，将总线电平拉低 60～240μs，发出响应的存在脉冲，通知主机自身已做好准备；若没有检测到，就一直检测。

3．一旦主机检测到一个存在脉冲，它就可以发出 5 个 ROM 操作命令中的任意一个命令，所有 ROM 操作命令都是 8 位的，分别为读 ROM（33H）、ROM 匹配（55H）、跳过 ROM（CCH）、搜索 ROM（F0H）、警报搜索（ECH）。

4．成功执行了 ROM 操作命令后，便可以使用存储器操作命令执行相应操作。主机可提供 6 种存储器操作命令，分别为温度转换（44H）、读暂存器（BEH）、写暂存器（4EH）、复制暂存器（48H）、重新调 EERAM（B8H）、读电源供电方式（B4H）。

5．DS18B20 在进行温度采集之前要进行 DS18B20 初始化，配置 GPIO 口，同时检测是否存在 DS18B20，若存在返回 0，若不存在则返回 1。DS18B20 采集温度首先利用指令 CCH 跳过读序列号操作，然后利用指令 44H 启动 DS18B20 进行温度转换。DS18B20 完成温度转换后，首先对 DS18B20 初始化，然后利用指令 CCH 跳过 ROM，最后利用指令 BEH 读取转换结果。

6．若需要在同一 GPIO 口上采集多路 DS18B20 的温度值，首先需要先读取各 DS18B20 的 64 位序列号。在读取各路 DS18B20 的温度值时，操作过程同上述第 5 条。

问题与训练

7-1　DS18B20 的测温范围是多少？

7-2　DS18B20 输出的转换结果如何换算成温度值？

7-3　DS18B20 的供电方式有哪两种？

7-4　如何修改 DS18B20 的分辨率？

7-5　若小区门口要同时监测 3 个通道的体温测量系统，该如何设计呢？

7-6　在【技能训练 7-1】2 路温度采集远程监控设计中，若将下位机采集的 2 路温度值用 OLED 屏幕显示，该如何实现呢？

7-7　在【技能训练 7-1】2 路温度采集远程监控设计中，若想直接搜索在线识别 GPIO 口上挂载了多少 DS18B20，它们的 64 位序列号分别是多少，该如何实现呢？

项目 **8**

按键设置液晶显示电子钟设计

项目导读

随着 LCD 面板产业中心向中国转移，国内液晶材料出货量在逐年提升，但是国内液晶材料产业与国际先进水平相比仍有不小的差距，尤其是高端混晶材料技术长期被国外垄断。目前我国虽然已经成为全球最大的液晶屏幕生产国和出口国，但超过 80%的国产屏幕驱动芯片依赖于进口，"缺芯少魂"的国产液晶屏幕实现"纯国产化"还任重道远。本项目从液晶显示字符入手，首先让读者对 LK32T102 单片机的 I/O 口控制液晶显示有初步了解；然后通过 LK32T102 单片机的定时器实现液晶显示电子钟设计，结合按键控制实现按键设置液晶显示电子钟设计。通过以上 2 个任务的设计与实现，让读者由浅入深地充分掌握液晶显示器的控制原理和驱动方法，并能在具体项目中进行人机界面的应用，进一步掌握 LK32T102 单片机 I/O 口控制外设、定时器应用等操作的编程方法。

知识目标	1. 掌握 LCD12864 的控制/驱动芯片 ST7920 的指令集含义
	2. 掌握 LCD12864 的控制/驱动芯片 ST7920 的驱动函数的功能
	3. 掌握嵌入式应用程序开发中经常用到的 C 语言的 define 宏定义
	4. 会编写.c 文件和.h 头文件的设备文件
技能目标	能完成 LCD12864、按键等设备的文件的编写，能通过 C 语言的 define 宏定义完成 LK32T102 单片机输出控制、定时器中断控制，实现对液晶显示、按键控制的设计、运行与调试
素质目标	1. 培养严谨细致的工程思维和能力
	2. 培养工匠精神、科学精神和爱国情怀
教学重点	1. 基于 Cortex-M0 的 LK32T102 单片机的 I/O 口寄存器、定时器控制
	2. C 语言中的 define 宏定义
	3. LCD12864 设备文件的编写
教学难点	LCD12864 设备文件的编写、电子钟的编程实现
建议学时	10 学时
推荐教学方法	从任务入手，通过 LCD12864 显示控制设计，让读者了解 LCD12864 的指令集功能、驱动函数，进而通过基于设备文件的液晶显示电子钟设计，熟悉 LCD12864、按键等设备的文件编写方法
推荐学习方法	勤学勤练、动手操作是学好 LK32T102 单片机应用的关键，动手完成按键设置电子钟显示控制，通过"边做边学"达到更好的学习效果

8.1　LCD12864 点阵型液晶显示模块

　　LCD 是一种被动式显示器,由于它的功耗极低、抗干扰能力强,因而在低功耗的智能仪器系统中被大量使用。

　　LCD 中最主要的物质就是液晶,液晶是一种规则排列的有机化合物,是一种介于固体和液体之间的物质,其本身不发光,只是调节光的亮度。目前,智能仪器中常用的 LCD 都是利用液晶的扭曲向列效应原理制成的单色液晶显示器。扭曲向列效应是一种电场效应,夹在两片导电玻璃电极之间的液晶经过一定处理,其内部的分子呈 90°的扭曲,当线性的偏振光透过其偏振面时液晶分子便会旋转 90°。当在玻璃电极加上电压后,在电场的作用下,液晶的扭曲结构消失,分子排列变得有秩序,其旋光作用也消失,偏振光便可以直接通过。当去掉电场后液晶分子又恢复其扭曲结构,阻止光线通过。把这样的液晶置于两个偏光片之间,改变偏光片相对位置(正交或平行),让液晶分子如闸门般地阻隔光线或让光线穿透,就可以得到白底黑字或黑底白字的显示形式。

　　LCD 的结构如图 8-1 所示。在上、下玻璃电极之间封入向列型液晶材料,液晶分子平行排列,上、下扭曲 90°,外部入射光通过平行排列的液晶材料后被旋转 90°,再通过与上偏光片垂直的下偏光片,被反射板反射回来,呈透明状态;当在上、下玻璃电极加上一定的电压后,电极部分的液晶分子转成垂直排列,失去旋光性,从上偏光片入射的偏振光不被旋转,光无法通过下偏光片并被反射,因而呈黑色。根据需要,将电极做成各种文字、数字或图形,就可以获得各种形态的显示。

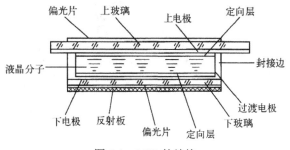

图 8-1　LCD 的结构

　　LCD 常采用交流驱动,通常把显示控制信号与显示频率信号合并后形成交变的驱动信号。

　　LCD 按光电效应分类,可分为电场效应型、电流效应型、电热写入效应型和热效应型。电场效应型又分为扭曲向列效应(TN)型、宾主效应(GH)型和超扭曲效应(STN)型等。目前在智能仪器系统中,普遍采用的是 TN 型和 STN 型的液晶器件。

　　另外根据显示方式和内容的不同,常用于仪器仪表上的液晶显示模块有笔段型和点阵型两类。前者可用于显示有限个简单符号,控制也较为简单。后者又可分成两种:字符型液晶显示模块和图形型液晶显示模块。点阵型液晶显示模块显示的信息多,可显示字符、汉字,也可以显示图形和曲线,且容易与微处理器接口相连接,因此经常用在机械设备控制和自动生产线中,用来显示设备的工作参数,或者用图形方式显示设备和生产线的工作过程。

　　液晶显示器一般是根据显示字符的行数或构成液晶点阵的行数、列数进行命名的。例如,字符型液晶显示器 LCD1602 的含义就是可以显示两行,每行显示 16 个字符。类似地命名还有 LCD1601、LCD0802、LCD2002 等。图形型液晶显示器 LCD12232 表示液晶由 122 列 32 行组成，共有 122×32 个光点，通过控制其中任意一个光点显示或不显示构成所需的画面。类似的命名还有 LCD12864、LCD192128、LCD320240 等。液晶显示器的驱动简单、灵活，用户可根据需要选择并口或串口驱动。

8.1.1 认识 LCD12864 液晶显示模块

LCD12864 是一种图形点阵 LCD。它主要由行驱动器、列驱动器和 128×64 全点阵液晶显示器组成，可完成图形显示，可显示 8×4 个汉字（16×16 点阵）或 16×4 个 ASCII 码（8×16 点阵）。它可以分为两种类型：有或没有字体库。没有字体库的 LCD 需要提供自己的字体。有字体库的 128×64 全点阵液晶显示器是一种具有 4 位或 8 位并行、2 线或 3 线串行多种接口方式，内部含有国标一级、二级简体中文字库的点阵图形液晶显示模块；其显示分辨率为 128px×64px，内置 8192 个 16×16 点阵的汉字，和 128 个 16×8 点阵的 ASCII 字符集。利用该模块灵活的接口方式和简单、方便的操作指令，可以构成全中文人机交互图形界面。它可以显示 8×4 行 16×16 点阵的汉字，也可完成图形显示，低电压、低功耗也是其显著特点。

目前，我们常用的 LCD12864 液晶显示模块内部常采用 ST7920 控制/驱动芯片驱动点阵 LCD。本次任务将采用串行方式来控制 LCD 进行显示。LCD12864 液晶显示模块与核心板串行连接的实物效果图如图 8-2 所示。

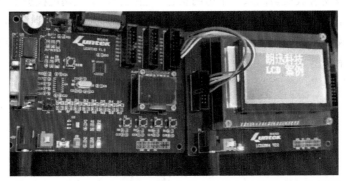

图 8-2　LCD12864 液晶显示模块与核心板串行连接的实物效果图

1．LCD12864 简介

（1）LCD12864 主要参数与外形尺寸。LCD12864 是一种将液晶显示器件、连接件、集成电路、PCB 线路板、背光源、结构件装配在一起的组件。LCD12864 主要参数如表 8-1 所示。

表 8-1　LCD12864 主要参数

项目	参数
逻辑工作电压（VDD）	+(3.3～5.0)V
LCD 类型	STN
工作温度（Ta）	−20～+70℃（宽温）
储存温度（Tsto）	−30～+80℃（宽温）
工作电流（背光除外）	5.0mA（max）

说明：工作电压为+5.0V，若使用 VDD=+3.3V，需要在出厂前设定。

LCD12864 外形尺寸如表 8-2 所示。

表 8-2　LCD12864 外形尺寸

项目	参考值	单位
LCM 尺寸（长×宽×厚）	113.0×65.0×13.0	mm
可视区域（长×宽）	73.3×38.7	mm
行列点阵数	128×64	dots
点间距（长×宽）	0.508×0.508	mm
点尺寸（长×宽）	0.458×0.458	mm

（2）LCD12864 功能。LCD12864 是一种图形点阵型液晶显示模块，主要由行驱动器与列驱动器组成，可显示 128（列）×64（行）点阵，可完成图形显示，也可显示 32 个（16×16 点阵）汉字。

2．LCD12864 引脚功能

LCD12864 液晶显示模块有 20 个引脚，LCD12864 液晶显示模块电路图如图 8-3 所示，引脚功能如表 8-3 所示。

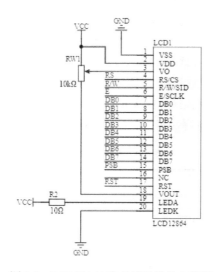

图 8-3　LCD12864 液晶显示模块电路图

表 8-3　引脚功能

引脚号	名称	功能说明
1	VSS	电源负端（0V）
2	VDD	电源正端（+5.0V）
3	V0	LCD 驱动电压（外接可调电阻，可调节对比度）
4	RS/CS	数据\指令选择： （1）RS =1 表示选择数据，指向数据寄存器； （2）RS =0 表示选择指令，指向地址计数器、指向指令寄存器
5	R/W/SID	（1）R/W=1 表示读操作； （2）R/W=0 表示写操作使能信号
6	E/SCLK	（1）R/W=1 表示 E 为高电平时读操作有效； （2）R/W=0 表示 E 为下降沿时写操作有效
7~14	DB0 ~ DB7	数据总线

续表

引脚号	名称	功能说明
15	PSB	并/串行接口选择： （1）PSB=1 表示并行； （2）PSB=0 表示串行
16	NC	空脚
17	RST	复位控制信号（低电平有效）
18	VOUT	LCD 驱动电压输出端
19	LEDA	背光电源正端（+5.0V）
20	LEDK	背光电源负端（0V）

8.1.2　LCD12864 液晶显示模块内部结构

目前，我们常用的 LCD12864 液晶模块内部常采用 ST7920 控制/驱动芯片驱动点阵 LCD。本项目将采用串行方式来控制 LCD 进行显示。

ST7920 提供 3 种接口来连接微处理器（MPU）：8 位总线、4 位总线及串行总线接口，经由外部 PSB 脚来选择接口的种类。当 PSB=1 时为 8 位或 4 位总线接口模式，而当 PSB=0 时为串行总线接口模式。在读或是写 ST7920 的动作中，有两个 8 位的缓存器会被使用到，一个是数据寄存器（DR），另一个是指令寄存器（IR）。透过数据寄存器（DR）可以存取 DDRAM、CGRAM、GDRAM 及 IRAM 的值。待存取目标 RAM 的地址通过指令命令来选择，每次的数据寄存器（DR）存取动作都将自动以上回选择的目标 RAM 地址当作主体来写入或读取。

配合 RS 及 R/W 引脚可以选择决定控制接口的 4 种读写模式，如表 8-4 所示。

表 8-4　4 种读写模式

RS	R/W	功能说明
0	0	MPU 写指令到指令寄存器（IR）
0	1	读出忙标志（BF）及地址计数器（AC）的状态
1	0	MPU 写入数据到数据寄存器（DR）
1	1	MPU 从数据寄存器（DR）中读出数据

1．指令寄存器（IR）

IR 用于寄存指令码，与数据寄存器寄存数据相对应。当 D/I（RS）=0 时，在 E 信号下降沿的作用下，指令码写入 IR。

2．数据寄存器（DR）

DR 是用于寄存数据的，与指令寄存器寄存指令码相对应。当 D/I（RS）=1 时，在 E 信号下降沿的作用下，图形显示数据写入 DR；或在 E 信号高电平的作用下，由 DR 读到 DB0～DB7 数据总线。DR 和 DDRAM 的数据传输是在模块内部自动执行的。

3．忙标志（BF）

BF 标志提供内部工作情况。BF=1 表示模块在进行内部操作，此时模块不接受外部指令和数据。BF=0 表示模块为准备状态，随时可接受外部指令和数据。

利用 STATUS READ 指令，可以将 BF 读到 DB7 总线，从而检验模块的工作状态。

4．地址计数器（AC）

地址计数器（AC）用来储存 DDRAM、CGRAM、IRAM 或 GDRAM 其中一个的地址。它可以由设定指令寄存器（IR）来改变。之后只要读取或是写入 DDRAM、CGRAM、IRAM 或 GDRAM 的值时，地址计数器（AC）的值就会自动加 1。当 RS=0 而 R/W=1 时，地址计数器（AC）的值会被读取到 DB0～DB6 中。

5．Z 地址计数器

Z 地址计数器是一个 6 位计数器，此计数器具备循环计数功能，它用于显示行扫描同步。当一行扫描完成时，此地址计数器自动加 1，指向下一行扫描数据，RST 复位后 Z 地址计数器为 0。

Z 地址计数器可以用指令 DISPLAY START LINE 预置。因此，显示屏幕的起始行就由此指令控制，即 DDRAM 的数据从哪一行开始显示在屏幕的第一行。此模块的 DDRAM 共 64 行，屏幕可以循环滚动显示 64 行。

6．字形产生 ROM（CGROM）及半宽字形 ROM（HCGROM）

ST7920 具有 2MB 位中文字形 ROM（CGROM），总共提供 8192 个中文字形（16×16 点阵）；16KB 位半宽字形 ROM（HCGROM），总共提供 126 个西文字形（16×8 点阵）。ST7920 使用 2 字节来提供字形编码选择，配合 DDRAM 将要显示的字形编码写入到 DDRAM 上，硬件将自动依照字形编码从 CGROM 或 HCGROM 中将要显示的字形显示在屏幕上。

7．字形产生 RAM（CGRAM）

ST7920 字形产生 RAM 提供用户图像定义（造字）功能，可以提供四组 16×16 点阵的自定义图像空间，用户可以将内部字形没有提供的图像字形自行定义到 CGRAM 中，便可和 CGRAM 中定义过的图像字形一样通过 DDRAM 显示在屏幕中。

8．ICON RAM（IRAM）

ST7920 提供 240 点的 ICON 显示。它分别由 15 组的 IRAM 地址组成，每一组 IRAM 地址由 16 位构成，每次写入一组 IRAM 时，需先指定 IRAM 的地址，再通过连续写入 2 字节的数据来完成。先写入高字节（D15～D8）再写入低字节（D7～D0）。

9．文本显示 RAM（DDRAM）

文本显示 RAM 提供 8×4 行的汉字空间，当写入文本显示 RAM 时，可以分别显示 CGROM 和 HCGROM。

10．绘图 RAM（GDRAM）

绘图 RAM 提供 128×8 字节的记忆空间，在更改绘图 RAM 时，先连续写入水平与垂直的坐标值，再写入 2 字节的数据到绘图 RAM，而地址计数器（AC）会自动加 1；在写入绘图 RAM 的期间，绘图显示必须关闭。写入绘图 RAM 的步骤如下：关闭绘图显示功能；先将水平的字节坐标（X）写入绘图 RAM 地址；再将垂直的字节坐标（Y）写入绘图 RAM 地址；将 D15～D8 字节写入到 RAM 中；将 D7～D0 字节写入到 RAM 中；打开绘图显示功能。绘图显示的缓冲区对应分布请参考显示坐标（见图 8-4）。

11．游标/闪烁控制

ST7920 提供硬件游标及闪烁控制电路，由地址计数器（AC）的值来指定 DDRAM 中的游标或闪烁位置。

8.1.3 液晶显示坐标关系

1. 图形显示坐标

LCD12864 图形显示坐标如图 8-4 所示。

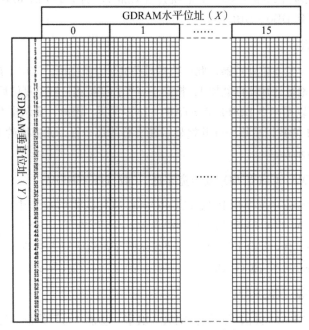

图 8-4　LCD12864 图形显示坐标

2. 汉字显示坐标

汉字显示坐标如表 8-5 所示。

表 8-5　汉字显示坐标

	X坐标							
Line1	80H	81H	82H	83H	84H	85H	86H	87H
Line2	90H	91H	92H	93H	94H	95H	96H	97H
Line3	88H	89H	8AH	8BH	8CH	8DH	8EH	8FH
Line4	98H	99H	9AH	9BH	9CH	9DH	9EH	9FH

8.1.4 控制指令及相应代码

1. 串行数据传输格式

串行数据传输共由 3 字节完成。

第一字节：串口控制格式 1 1 1 1 1 R/W RS 0。

R/W 为数据传输方向控制：1 表示数据从 LCD 到 MCU，0 表示数据从 MCU 到 LCD。

RS 为数据类型选择：1 表示数据是显示数据，0 表示数据是控制指令。

起始 1 1 1 1 1 为同步位字符串，最后一位固定为 0。

第二字节：（并行）8 位数据的高 4 位格式 D7 D6 D5 D4 0 0 0 0。

第三字节：（并行）8 位数据的低 4 位格式 D3 D2 D1 D0 0 0 0 0。

LCD12864 串行连接时序如图 8-5 所示。

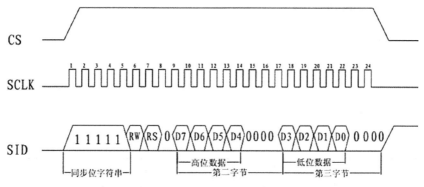

图 8-5 LCD12864 串行连接时序

（1）液晶数据串行接口硬件接线宏定义。

```
#define CLK_1        PC_OUT_HIGH(3)     //PC3 引脚输出高电平
#define CLK_0        PC_OUT_LOW(3)      //PC3 引脚输出低电平

#define SID_1        PC_OUT_HIGH(4)     //PC4 引脚输出高电平
#define SID_0        PC_OUT_LOW(4)      //PC4 引脚输出低电平

#define CS_1         PC_OUT_HIGH(6)     //PC6 引脚输出高电平
#define CS_0         PC_OUT_LOW(6)      //PC6 引脚输出低电平

#define PSB_1        PC_OUT_HIGH(7)     //PC7 引脚输出高电平
#define PSB_0        PC_OUT_LOW(7)      //PC7 引脚输出低电平

#define RST_1        PC_OUT_HIGH(15)    //PC15 引脚输出高电平
#define RST_0        PC_OUT_LOW(15)     //PC15 引脚输出低电平
```

（2）LCD 发送显示数据函数。

```c
void send_dat(uint8_t dat)
{
    uint8_t i;
    for(i=0;i<8;i++)
    {
            if((dat&0x80)==0x80)
                SID_1;
            if((dat&0x80)==0x00)
                SID_0;
        CLK_0;
        delay_us(50);
        CLK_1;
        dat<<=1;
    }
}
```

（3）LCD 发送控制指令函数。

```c
void send_cmd(uint8_t cmd)
{
    send_dat(0xf8);
    send_dat(cmd&0xf0);
    send_dat((cmd&0x0f)<<4);
}
```

```
void write_char(uint8_t dat)
{
    send_dat(0xfa);//rw=0;rs=1
    send_dat(dat&0xf0);
    send_dat((dat&0x0f)<<4);
}
```

2．具体指令介绍

1）清除显示

RS	R/W	DB7	DB6	DB5	DB4	DB3	DB2	DB1	DB0
0	0	0	0	0	0	0	0	0	1

功能：清除显示屏幕。

2）位址归位

RS	R/W	DB7	DB6	DB5	DB4	DB3	DB2	DB1	DB0
0	0	0	0	0	0	0	0	1	X

功能：把 DDRAM 位址计数器调整为"00H"，游标回原点，该功能不影响显示 DDRAM。

3）进入点设定

RS	R/W	DB7	DB6	DB5	DB4	DB3	DB2	DB1	DB0
0	0	0	0	0	0	0	1	I/D	S

功能：把 DDRAM 位址计数器调整为"00H"，游标回原点，该功能不影响显示 DDRAM 功能，执行该命令后，所设置的行将显示在屏幕的第一行。显示起始行是由 Z 地址计数器控制的，该命令自动将 A0～A5 位地址送入 Z 地址计数器，起始地址可以是 0～63 内的任意一行。Z 地址计数器具有循环计数功能，用于显示行扫描同步，当扫描完一行后自动加 1。

4）显示状态开/关

RS	R/W	DB7	DB6	DB5	DB4	DB3	DB2	DB1	DB0
0	0	0	0	0	0	1	D	C	B

功能：D=1，整体显示 ON ；C=1，游标 ON；B=1，游标位置 ON。

5）游标或显示移位控制

RS	R/W	DB7	DB6	DB5	DB4	DB3	DB2	DB1	DB0
0	0	0	0	0	1	S/C	R/L	X	X

功能：设定游标的移动与显示的移位控制位。这个指令并不改变 DDRAM 的内容。

6）功能设定

RS	R/W	DB7	DB6	DB5	DB4	DB3	DB2	DB1	DB0
0	0	0	0	1	DL	X	RE	X	X

功能：DL=1（必须设为 1）。RE=1，扩充指令集动作；RE=0，基本指令集动作。

7）设定 CGRAM 位址

RS	R/W	DB7	DB6	DB5	DB4	DB3	DB2	DB1	DB0
0	0	0	1	AC5	AC4	AC3	AC2	AC1	AC0

功能：设定 CGRAM 位址到地址计数器（AC）。

8）设定 DDRAM 位址

RS	R/W	DB7	DB6	DB5	DB4	DB3	DB2	DB1	DB0
0	0	1	AC6	AC5	AC4	AC3	AC2	AC1	AC0

功能：设定 DDRAM 位址到地址计数器（AC）。

9）读取忙标志（BF）和位址

RS	R/W	DB7	DB6	DB5	DB4	DB3	DB2	DB1	DB0
0	1	BF	AC6	AC5	AC4	AC3	AC2	AC1	AC0

功能：读取忙标志（BF）可以确认内部动作是否完成，同时可以读出地址计数器（AC）的值。

10）写资料到 RAM

RS	R/W	DB7	DB6	DB5	DB4	DB3	DB2	DB1	DB0
1	0	D7	D6	D5	D4	D3	D2	D1	D0

功能：写入资料到内部的 RAM（DDRAM/CGRAM/IRAM/GDRAM）。

11）读出 RAM 的值

RS	R/W	DB7	DB6	DB5	DB4	DB3	DB2	DB1	DB0
1	1	D7	D6	D5	D4	D3	D2	D1	D0

功能：从内部 RAM（DDRAM/CGRAM/IRAM/GDRAM）读取资料。

12）待命模式

RS	R/W	DB7	DB6	DB5	DB4	DB3	DB2	DB1	DB0
0	0	0	0	0	0	0	0	0	1

功能：进入待命模式，执行其他命令时可终止待命模式。

13）卷动位址或 IRAM 位址选择

RS	R/W	DB7	DB6	DB5	DB4	DB3	DB2	DB1	DB0
0	0	0	0	0	0	0	0	1	SR

功能：SR=1，允许输入卷动位址；SR=0，允许输入 IRAM 位址。

14）反白选择

RS	R/W	DB7	DB6	DB5	DB4	DB3	DB2	DB1	DB0
0	0	0	0	0	0	0	1	R1	R0

功能：选择 4 行中的任意一行作反白显示，并可决定反白的与否。

15）睡眠模式

RS	R/W	DB7	DB6	DB5	DB4	DB3	DB2	DB1	DB0
0	0	0	0	0	0	1	SL	X	X

功能：SL=1，脱离睡眠模式；SL=0，进入睡眠模式。

16）扩充功能设定

RS	R/W	DB7	DB6	DB5	DB4	DB3	DB2	DB1	DB0
0	0	0	0	1	1	X	RE	G	L

功能：RE=1，扩充指令集动作；RE=0，基本指令集动作。
G=1，绘图显示 ON；G=0，绘图显示 OFF。

17）设定 IRAM 位址或卷动位址

RS	R/W	DB7	DB6	DB5	DB4	DB3	DB2	DB1	DB0
0	0	0	1	AC5	AC4	AC3	AC2	AC1	AC0

功能：SR=1，AC5～AC0 为垂直卷动位址；SR=0，AC3～AC0 写 IRAM 位址。

18）设定绘图 RAM 位址

RS	R/W	DB7	DB6	DB5	DB4	DB3	DB2	DB1	DB0
0	0	1	AC6	AC5	AC4	AC3	AC2	AC1	AC0

功能：设定 GDRAM 位址到地址计数器（AC）。

3．液晶驱动程序设计

（1）清除显示（清屏）函数。

```
void lcd_clear(void)
{
    send_cmd(0x01);
}
```

（2）液晶显示定位函数。

```
void lcd_pos(uint8_t y_add , uint8_t x_add)
{
    switch(y_add)
    {
        case 1：
        send_cmd(0X80|x_add);break;
        case 2：
        send_cmd(0X90|x_add);break;
        case 3：
        send_cmd(0X88|x_add);break;
        case 4：
        send_cmd(0X98|x_add);break;
        default：break;
```

```
        }
    }
```

（3）指定位置显示字符函数。

```
/*******************************************************************
                          显示字符
*******************************************************************/
void lcd_wstr(uint8_t y_add , uint8_t x_add , char *str)
{
    uint8_t i;
    lcd_pos(y_add , x_add);
    for(i=0;str[i]!='\0';i++)
    {
        write_char(str[i]);
    }
}
```

（4）指定位置显示数字，取值范围为 0～99999。

```
/*******************************************************************
                   显示数字——数组 0~99999 显示
*******************************************************************/
void write_figer(uint8_t y_add, uint8_t x_add, uint32_t figer)
{
    uint8_t d[5],i,j;
    lcd_pos(y_add , x_add);
    d[4] = figer % 10;
    d[3] = figer % 100 / 10;
    d[2] = figer % 1000 / 100;
    d[1] = figer % 10000 / 1000;
    d[0] = figer / 10000;
    for(i = 0; i < 5; i++)
    {
        if(d[i]!=0)
        break;
    }
    if(i == 5)
        i--;
    if(i == 4)
        write_char(0x30);          //数据装完，准备发送
    for(j = i; j < 5; j++)
    {
        write_char(d[j] | 0x30); //取得的数字加上 0x30，即得到该数字的 ASCII 码，再将该数字发送去显示
    }
}
```

（5）液晶初始化函数。

```
/*******************************************************************
                          LCD 初始化
*******************************************************************/
void lcd_init(void)
{
    //液晶 I/O 端口配置
    GPIO_AF_SEL(DIGITAL, PC, 3, 0);
    GPIO_AF_SEL(DIGITAL, PC, 4, 0);
```

```
        GPIO_AF_SEL(DIGITAL, PC, 6, 0);
        GPIO_AF_SEL(DIGITAL, PC, 7, 0);
        GPIO_AF_SEL(DIGITAL, PC, 15, 0);

        //液晶 I/O 端口使能为输出
        PC_OUT_ENABLE(3);
        PC_OUT_ENABLE(4);
        PC_OUT_ENABLE(6);
        PC_OUT_ENABLE(7);
        PC_OUT_ENABLE(15);

        //功能初始化
        RST_0;                  //液晶复位
        delay_us(50);
        RST_1;
        delay_us(50);
        CS_1;
        delay_us(500);
        send_cmd(0x30);
        send_cmd(0x0C);         //0000_1100B，整体显示，游标 off，游标位置 off
        send_cmd(0x01);         //0000_0001B，清 DDRAM
        send_cmd(0x02);         //0000_0010B，DDRAM 地址归位
        send_cmd(0x80);         //1000_0000B，设定 DDRAM 7 位地址 000,0000 到地址计数器（AC）
        PSB_0;
    }
```

8.2 任务 21 液晶显示电子钟设计

8.2.1 任务描述

利用 LK32T102 单片机及 LCD12864 液晶显示模块，结合定时器中断设计一个液晶显示电子钟程序。显示格式如下：

第一行显示： 朗迅科技

第二行显示： LCD 时钟案例

第三行显示：

第四行显示：NOW：XX—XX—XX

LCD12864 显示电子钟效果图如图 8-6 所示。

图 8-6 LCD12864 显示电子钟效果图

8.2.2　电路接线

　　液晶显示电子钟电路是由 LK32T102 单片机最小系统和液晶显示电路组成的。LCD12864 显示电子钟电路图如图 8-7 所示。液晶显示屏采用串口方式连接，采用母对母杜邦线即可连接各个模块。引脚连接表如表 8-6 所示。

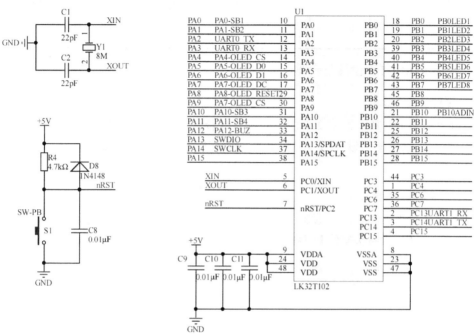

（a）LK32T102 单片机最小系统电路图

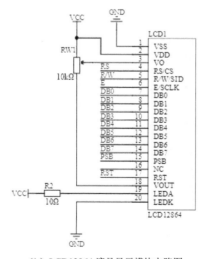

（b）LCD12864 液晶显示模块电路图

图 8-7　LCD12864 显示电子钟电路图

表 8-6　引脚连接表

模块名称	I/O 引脚	控制引脚	模块名称
	PC3	E	
	PC4	R/W	
M0 主控板	PC6	RS	LCD12864
	PC7	PSB	
	PC15	RST	

8.2.3　液晶显示电子钟设计与实现

1. 移植任务 6 工程

复制"任务 6　基于设备文件的声光跑马灯设计"文件夹，然后修改文件夹名为"任务 21　液晶显示电子钟设计"，将 USER 文件夹下的"M0_ LED.uvprojx"工程名修改为"LCD12864.uvprojx"。

2. 编写 LCD 设备文件

LCD 设备文件主要有 LCD 设备驱动文件 LCD12864.c 和 LCD 设备头文件 LCD12864.h。

（1）编写 LCD 设备头文件 LCD12864.h，代码如下：

```
#ifndef __LCD12864_H
#define __LCD12864_H
#include <SC32F5832.h>
#include <DevInit.h>
#define CLK_1      PC_OUT_HIGH(3)        //PC3 引脚输出高电平
#define CLK_0      PC_OUT_LOW(3)         //PC3 引脚输出低电平
#define SID_1      PC_OUT_HIGH(4)        //PC4 引脚输出高电平
#define SID_0      PC_OUT_LOW(4)         //PC4 引脚输出低电平
#define CS_1       PC_OUT_HIGH(6)        //PC6 引脚输出高电平
#define CS_0       PC_OUT_LOW(6)         //PC6 引脚输出低电平
#define PSB_1      PC_OUT_HIGH(7)        //PC7 引脚输出高电平
#define PSB_0      PC_OUT_LOW(7)         //PC7 引脚输出低电平
#define RST_1      PC_OUT_HIGH(15)       //PC15 引脚输出高电平
#define RST_0      PC_OUT_LOW(15)        //PC15 引脚输出低电平
void Delay(__IO uint32_t nCount);
void send_dat(uint8_t dat);
void send_cmd(uint8_t cmd);
void write_char(uint8_t dat);
void lcd_clear(void);
void lcd_pos(uint8_t y_add, uint8_t x_add);
void lcd_wstr(uint8_t y_add, uint8_t x_add, char *str);
void write_figer(uint8_t y_add, uint8_t x_add, uint32_t figer);
void lcd_init(void);
#endif
```

（2）编写 LCD 设备驱动文件 LCD12864.c，代码如下：

```
#include <SC32F5832.h>
#include <DevInit.h>
#include "LCD12864.h"
#include "delay.h"
void send_dat(uint8_t dat)
```

```c
{
    uint8_t i;
    for(i=0;i<8;i++)
    {
                if((dat&0x80)==0x80)
                    SID_1;
                if((dat&0x80)==0x00)
                    SID_0;
                CLK_0;
                delay_us(50);
                CLK_1;
                dat<<=1;
    }
}
void send_cmd(uint8_t cmd)
{
    send_dat(0xf8);
    send_dat(cmd&0xf0);
    send_dat((cmd&0x0f)<<4);
}
void write_char(uint8_t dat)
{
        send_dat(0xfa);//rw=0;rs=1
    send_dat(dat&0xf0);
    send_dat((dat&0x0f)<<4);
}
/****************************************************************
                        清除显示（清屏）
****************************************************************/
void lcd_clear(void)
{
    send_cmd(0x01);
}
void lcd_pos(uint8_t y_add , uint8_t x_add)
{
    switch(y_add)
    {
        case 1:
        send_cmd(0X80|x_add);break;
        case 2:
        send_cmd(0X90|x_add);break;
        case 3:
        send_cmd(0X88|x_add);break;
        case 4:
        send_cmd(0X98|x_add);break;
        default:break;
    }
}
/****************************************************************
                        显示字符
****************************************************************/
void lcd_wstr(uint8_t y_add , uint8_t x_add , char *str)
```

```
{
    uint8_t i;
    lcd_pos(y_add , x_add);
    for(i=0;str[i]!='\0';i++)
    {
        write_char(str[i]);
    }
}
/******************************************************************
                    显示数字——数组 0~99999 显示
******************************************************************/
void write_figer(uint8_t y_add, uint8_t x_add, uint32_t figer)
{
    uint8_t d[5],i,j;
    lcd_pos(y_add , x_add);
    d[4] = figer % 10;
    d[3] = figer % 100 / 10;
    d[2] = figer % 1000 / 100;
    d[1] = figer % 10000 / 1000;
    d[0] = figer / 10000;
    for(i = 0; i < 5; i++)
    {
        if(d[i]!=0)
        break;
    }
    if(i == 5)
    i--;
    if(i == 4)
    write_char(0x30);                   //数据装完，准备发送
    for(j = i; j < 5; j++)
    {
        write_char(d[j] | 0x30);  //取得的数字加上 0x30 即得到该数字的 ASCII 码，再将该数字发送去显示
    }
}
/******************************************************************
                           LCD 初始化
******************************************************************/
void lcd_init(void)
{
    //液晶 I/O 端口配置
    GPIO_AF_SEL(DIGITAL, PC, 3, 0);
    GPIO_AF_SEL(DIGITAL, PC, 4, 0);
    GPIO_AF_SEL(DIGITAL, PC, 6, 0);
    GPIO_AF_SEL(DIGITAL, PC, 7, 0);
    GPIO_AF_SEL(DIGITAL, PC, 15, 0);
    //液晶 I/O 端口使能为输出
    PC_OUT_ENABLE(3);
    PC_OUT_ENABLE(4);
    PC_OUT_ENABLE(6);
    PC_OUT_ENABLE(7);
    PC_OUT_ENABLE(15);
    //功能初始化
```

```
    RST_0;               //液晶复位
    delay_us(50);
    RST_1;
    delay_us(50);
    CS_1;
    delay_us(500);
    send_cmd(0x30);
    send_cmd(0x0C);      //0000_1100B，整体显示，游标 off，游标位置 off
    send_cmd(0x01);      //0000_0001B，清 DDRAM
    send_cmd(0x02);      //0000_0010B，DDRAM 地址归位
    send_cmd(0x80);      //1000_0000B，设定 DDRAM 7 位地址 000,0000 到地址计数器（AC）
    PSB_0;
}
```

3. 将设备驱动文件添加到 HARDWARE 组

将 HARDWARE\LCD12864 文件夹里面的 LCD12864.c 文件添加到 HARDWARE 组中，如图 8-8 所示。

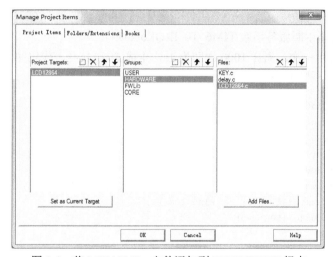

图 8-8　将 LCD12864.c 文件添加到 HARDWARE 组中

4. 添加新建的编译文件路径

添加 LCD12864.h 的编译文件路径 HARDWARE\ LCD12864，如图 8-9 所示。

图 8-9　添加 LCD12864.h 的编译文件路径

5. 编写电子钟功能逻辑代码文件

在设计液晶显示电子钟程序时，主要编写定时器中断服务函数及 main.c 主文件。通过定时器 TIM6-T0 产生 1ms 中断配置，在 TIM6-T0 中断服务函数中累计产生 1s 时间的标志 Flag_1s，在主程序 main 中实现电子钟时间参数 hour、min、sec 的时间变化判断逻辑。

（1）编写定时器 TIM6-T0 产生 1ms 中断配置代码。

TIM6-T0 时钟源频率为 72MHz，进行 72000 分频后得 1kHz，即 1ms 中断一次，代码如下：

```
/*********************************************************************
                配置 TIM6 通用定时器，72MHz
*********************************************************************/
void TIM6_T0_Init()
{
    TIM6->COMPARE0 = 36000;              // 计数比较值，半周期 36000
    TIM6->CTC0_b.Freerun = 1;            // timer 在使能后一直计数
    TIM6->CTC0_b.COUNT0INT_EN = 1;       // 中断使能位，高电平有效
    TIM6->CTCSEL0 = 0;                   // 不分频
    TIM6->CTC0_b.COUNTEN = 1;            // 使能，开始计数
}
```

（2）编写定时器中断服务函数 TIM6_T0_IRQHandler()。

中断每 1ms 发生一次，累计 1000 次即为 1s，生成 Flag_1s=1，代码如下：

```
void TIM6_T0_IRQHandler()
{
    static uint16_t Counter_300=0;
    static uint16_t Ms_Counter=0;
    TIM6->CTC0_b.COUNTFW = 0;
    Ms_Counter++;
    Counter_300++;
        Flag_1ms=1;
    if((Ms_Counter%10)==0)      Flag_10ms=1;
    if((Ms_Counter%100)==0)
        {
            Flag_100ms=1;
        }
    if(Counter_300==300)
        {
            Counter_300=0;
            Flag_300ms=1;
        }
    if((Ms_Counter%500)==0)      Flag_500ms=1;
    if(Ms_Counter==1000)
        {
            Flag_1s=1;
            Ms_Counter=0;
            LED1_TOOGLE;
        }
}
```

（3）编写主文件 main.c。

在主程序 main 中调用初始化液晶、初始化定时器 TIM6_T0 配置，定义实现电子钟时间参数变量 hour、min、sec，并根据中断返回的 1s 标志 Flag_1s 进行时间变化判断逻辑的处理，并

更新液晶显示，代码如下：

```
u8 sec,min,hour;
int main()
{
    Device_Init();                  //系统初始化
    Inital_LED();
    IRQ_Enable();
    TIM6_T0_Init();
    lcd_clear();
    sec=0;
    min=0;
    hour=0;
    lcd_wstr(1,2,"朗迅科技");
    lcd_wstr(2,1,"LCD 时钟案例");    //由于汉字占两格空间，所以 LCD 后必须加一个空格
    lcd_wstr(3,1,"        ");        //使得"案例"对齐阵列，否则显示会乱码
    lcd_wstr(4,0,"NOW：");
    write_figer(4,2,hour);
    lcd_wstr(4,3,"--");
    write_figer(4,4,min);
    lcd_wstr(4,5,"--");
    write_figer(4,6,sec);
    while(1)
    {
        if(Flag_500ms)
        {
            Flag_500ms=0;
            write_figer(4,2,hour);
            write_figer(4,4,min);
            write_figer(4,6,sec);
        }
        if(Flag_1s)
        {
            Flag_1s=0;
            sec++;
            if(sec>=60){sec=0;min++;
                if(min>=60){hour++;min=0;
                    if(hour>=24){hour=0;}}}
        }
    }
}
```

6. 工程编译、运行与调试

（1）修改好主文件 main.c 后，我们就可以直接对工程进行编译了，生成 "LCD12864.hex" 目标代码文件。若编译发生错误，要进行分析检查，直到编译正确。

（2）连接 J-Link 下载器和开发板，在 Keil μVision5 界面上单击快速访问工具栏中的 按钮完成程序下载。

（3）启动开发板，采用 1 拖 4 的 5V 适配器分别接入 M0 主控板和 LCD 模块为其供电，程序运行后按下复位按键，将在 LCD 屏幕上显示实时更新的电子钟。若运行结果与任务要求不一致，要对电路和程序进行分析检查，直到运行正确。

8.3 任务 22 按键设置液晶显示电子钟设计

8.3.1 任务描述

利用 LK32T102 单片机及 LCD12864 液晶显示模块设计一个可以通过按键设置的液晶显示

图 8-10 按键设置液晶显示电子钟效果图

电子钟。按键设置液晶显示电子钟电路设计好以后，我们还需要进行程序设计，设计一个可用按键设置时间的液晶显示电子钟程序。液晶显示电子钟的显示内容居中，显示格式如下：

第一行显示：　　　　朗迅科技

第二行显示：　　　　LCD 时钟案例

第三行显示：　　　　珍惜时间

第四行显示：NOW：XX—XX—XX

按键设置液晶显示电子钟效果图如图 8-10所示。

8.3.2 电路接线

液晶显示电子钟电路包括能显示时、分、秒的液晶显示电路和可以通过按键对时间进行设置的按键电路等部分。按键设置液晶显示电子钟电路如图 8-11 所示。液晶显示屏采用串口方式连接，采用母对母杜邦线即可连接各个模块，模块之间引脚连接表如表 8-7 所示。独立按键在核心板，PCB 板上已有连线所以不需要额外连线。

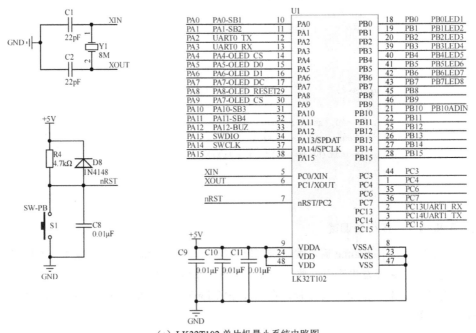

（a）LK32T102 单片机最小系统电路图

图 8-11 按键设置液晶显示电子钟电路

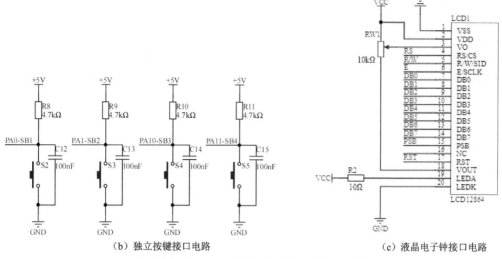

（b）独立按键接口电路 （c）液晶电子钟接口电路

图 8-11　按键设置液晶显示电子钟电路（续）

表 8-7　模块之间引脚连接表

模块名称	I/O 引脚	控制引脚	模块名称
M0 主控板	PC3	E	LCD12864
	PC4	R/W	
	PC6	RS	
	PC7	PSB	
	PC15	RST	

8.3.3　按键设置电子钟设计与实现

1．移植任务 21 工程

复制"任务 21　液晶显示电子钟设计"文件夹，然后修改文件夹名为"任务 22　按键设置液晶显示电子钟设计"，将 USER 文件夹下的"LCD12864.uvprojx"工程名修改为"KEY_LCD12864.uvprojx"。

2．编写按键设置程序 KEY.c 和 KEY.h

（1）4 个独立按键键盘可以分别对时、分、秒进行设置，4 个按键设置时间程序实现如下：

① SET 键是对模式进行选择处理的，第 1 次按 SET 键进入设置模式，第三行显示"设置模式"；当所有选择项都设置好以后，再按一次 SET 键，进入正常运行模式，第三行显示"珍惜时间"。

SET 键被按下处理程序如下：

```
/********************************************************
                    主板按键控制函数
********************************************************/
void Key_Ctrl(void)
{

    if(!S2)                              //SETKEY, 设置模式
    {
```

```
        delay_ms(10);                       //延时去抖
        if(!S2)                             //再次判断按键是否被按下
        {
            mode_set =~mode_set;            //模式取反
            if(mode_set)                    //进入设置模式
            {
                lcd_wstr(3,2,"设置 hour");
            }
            else
            {
                lcd_wstr(3,2,"珍惜时间");
            }
        }
        while(!S2);
    }
}
```

② UP 键对选中的时、分、秒进行加 1 处理；DOWN 键对选中的时、分、秒进行减 1 处理。
UP 键被按下处理程序如下：

```
/*在 mode_set == 1 且 UP_KEY 被按下的情况下进行加 1 处理，否则不处理*/
if(!S3)                    //UPKEY，设置时有效，增加
{
    if(mode_set)
    {
        switch(index_set)
        {
            case 0:hour++;if(hour>=24)hour=0;break;
            case 1:min++;if(min>=60)min=0;break;
            case 2:sec++;if(sec>=60)sec=0;break;

        }
    }
    while(!S3);
}
```

DOWN 键被按下处理程序如下：

```
/*在 mode_set == 1 且 DOWN_KEY 被按下的情况下进行减 1 处理，否则不处理*/
if(!S4)                    //DOWNKEY，设置时有效，递减
{
    if(mode_set)
    {
        switch(index_set)
        {
            case 0:hour--;if(hour==0)hour=23;break;
            case 1:min--;if(min==0)min=59;break;
            case 2:sec--;if(sec==0)sec=59;break;

        }
    }
    while(!S4);
```

```
    }
```

③ 当某一项修改后，用 MOVE 键在"时、分、秒"中选择其他需要修改的项。

MOVE 键被按下处理程序如下：

```
    /* 在 mode_set == 1 且 MOVE_KEY 被按下时更改设置项*/
    if(!S5 )                       //MOVEKEY，设置时有效，设置选项
    {
        if(mode_set)
        {
            index_set++;
            if(index_set>=3)index_set=0;
            switch(index_set)
            {
                case 0:lcd_wstr(3,2,"设置 hour");break;
                case 1:lcd_wstr(3,2,"设置 min ");break;
                case 2:lcd_wstr(3,2,"设置 sec ");break;

            }
        }
        while(!S5);
    }
```

（2）编写独立按键处理头文件 KEY.h。

```
#ifndef __KEY_H
#define __KEY_H
#include <SC32F5832.h>
#include <GPIO.h>


/*******************************************************
        读取 GPIO 电平状态
*******************************************************/
#define Read_PA_Bit(x) (PA->PIN&(1<<x))
#define Read_PB_Bit(x) (PB->PIN&(1<<x))
#define Read_PC_Bit(x) (PC->PIN&(1<<x))

#define S2    Read_PA_Bit(0)
#define S3    Read_PA_Bit(1)
#define S4    Read_PA_Bit(10)
#define S5    Read_PA_Bit(11)

void KEY_init(void);    //主板按键初始化
void Key_Ctrl(void);    //主板按键控制
#endif
```

（3）按键初始化配置。

```
/*************************************************************
                        主板按键初始化
*************************************************************/
void KEY_init(void)
{
    //设置按键, PA0 -> S2, PA1 -> S3, PA10 -> S4, PA11 -> S5
    GPIO_AF_SEL(DIGITAL, PA, 0, 0);        // 按键 S2
    GPIO_AF_SEL(DIGITAL, PA, 1, 0);        // 按键 S3
```

```
        GPIO_AF_SEL(DIGITAL, PA, 10, 0);        // 按键 S4
        GPIO_AF_SEL(DIGITAL, PA, 11, 0);        // 按键 S5

        //按键端口配置，浮空
        GPIO_PUPD_SEL(PUPD_PU, PA, 0 );
        GPIO_PUPD_SEL(PUPD_PU, PA, 1 );
        GPIO_PUPD_SEL(PUPD_PU, PA, 10 );
        GPIO_PUPD_SEL(PUPD_PU, PA, 11 );

        //I/O 口输入使能
        PA_OUT_DISABLE(0);
        PA_OUT_DISABLE(1);
        PA_OUT_DISABLE(10);
        PA_OUT_DISABLE(11);

    }
```

3．将设备驱动文件添加到 HARDWARE 组

将 HARDWARE\KEY 文件夹里面的 KEY.c 文件添加到 HARDWARE 组中，如图 8-12 所示。

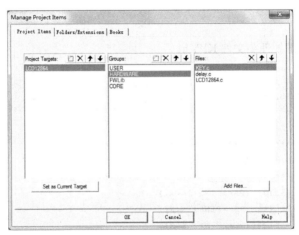

图 8-12　将 KEY.c 文件添加到 HARDWARE 组中

4．添加新建的编译文件路径

添加 KEY.h 的编译文件路径 HARDWARE\KEY，如图 8-13 所示。

图 8-13　添加 KEY.h 的编译文件路径

5. 编写按键设置液晶显示电子钟功能逻辑代码文件

在原有液晶显示电子钟主程序 main()中调用按键处理程序。

```
#include <SC32F5832.h>
#include <DevInit.h>
#include "delay.h"
#include <KEY.h>
#include "LCD12864.h"
/*#define-----------------------------------------------------------------*/
u8 sec,min,hour;
int main()
{
    Device_Init();                 //系统初始化
    Inital_LED();
    IRQ_Enable();
    TIM6_T0_Init();
    lcd_clear();
    sec=0;
    min=0;
    hour=0;
    lcd_wstr(1,2,"朗迅科技");
    lcd_wstr(2,1,"LCD 时钟案例");     //由于汉字占两格空间，所以 LCD 后必须加一个空格
    lcd_wstr(3,2,"珍惜时间");         //使得"案例"对齐阵列，否则显示会乱码
    lcd_wstr(4,0,"NOW:");
    write_figer(4,2,hour);
    lcd_wstr(4,3,"--");
    write_figer(4,4,min);
    lcd_wstr(4,5,"--");
    write_figer(4,6,sec);
    while(1)
    {
        if(Flag_500ms)
        {
            Flag_500ms=0;
            write_figer(4,2,hour);
            write_figer(4,4,min);
            write_figer(4,6,sec);
        }
        if(Flag_1s)
        {
            Flag_1s=0;
            if(!mode_set)               //mode_set=0 正常计时,否则不计时
            {
            sec++;
                if(sec>=60){sec=0;min++;
                    if(min>=60){hour++;min=0;
                        if(hour>=24){hour=0;}}}}
        }
        Key_Ctrl();                   //按键控制显示函数
    }
}
```

6. 工程编译、运行与调试

（1）修改好主文件 main.c 后，我们就可以直接对工程进行编译了，生成 "KEY_LCD12864.hex" 目标代码文件。若编译发生错误，要进行分析检查，直到编译正确。

（2）连接 J-Link 下载器和开发板，在 Keil μVision5 界面上单击快速访问工具栏中的 [⚙] 按钮完成程序下载。

（3）启动开发板，采用 1 拖 4 的 5V 适配器分别接入 M0 主控板和 LCD 模块为其供电，程序运行后按下复位按键，将在 LCD 屏幕上显示实时更新的电子钟。调节按键并观察液晶显示，若运行结果与任务要求不一致，要对电路和程序进行分析检查，直到运行正确。

【技能训练 8-1】基于 OLED 的按键设置电子钟设计

在任务 22 的基础上，如何实现基于 OLED 的按键设置电子钟呢？

基于 OLED 的按键设置电子钟的电路与任务 22 中的电路相比，只需要用到 M0 核心板，不需要外接其余模块。本程序和任务 22 的程序相比，需要将 LCD12864 显示替换为 OLED 显示，主要在组织代码过程中调整调用的程序模块，其他编程思路不变。

（1）OLED 界面显示规定如下：

第 0～1 行显示英文：TIMER（8 列×16 行）

第 2～3 行显示数字：2022（8 列×16 行）

第 4～5 行显示状态：normal status（8 列×16 行）

第 6～7 行显示时间：XX：XX：XX（8 列×16 行）

基于 OLED 的按键设置电子钟效果图如图 8-14 所示。

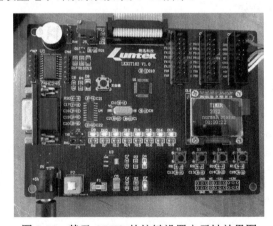

图 8-14　基于 OLED 的按键设置电子钟效果图

（2）OLED 设备文件主要有 OLED 设备驱动文件 OLED.c、OLED 设备头文件 OLED.h 及存放字符点阵数据的头文件 oledfont.h。复制"任务 9　OLED 显示设计"→"HARDWARE"→"OLED"文件夹中的文件（OLED.c、OLED.h 和 oledfont.h）作为 OLED 设备文件。

（3）移植工程模板。

复制"任务 22　按键设置液晶显示电子钟设计"文件夹，然后修改文件夹名为"【技能训练 8-1】基于 OLED 的按键设置电子钟设计"。在组织代码过程中，把"LCD12864"文件夹替换成刚才复制的"OLED"文件夹。

（4）将设备驱动文件添加到 HARDWARE 组。

将 HARDWARE\OLED 文件夹里面的 OLED.c 文件添加到 HARDWARE 组中。

（5）添加新建的编译文件路径。

（6）编写代码，在这里只给出替换主文件 main.c 和按键处理文件 KEY.c 中 LCD12864 液晶显示的部分代码，其他代码与任务 22 中的代码一样，代码如下：

```
int main()
{
    Device_Init();                    //系统初始化
    Inital_LED();
    IRQ_Enable();
    TIM6_T0_Init();
    OLED_ShowString(16, 0, (uint8_t *)"  TIMER   ");
    OLED_ShowString(16, 2, (uint8_t *)"  2022    ");
    OLED_ShowString(16, 4, (uint8_t *)"normal status");

    sec=0;
    min=0;
    hour=0;
    OLED_ShowNum(24,6,hour/10,1,16);
    OLED_ShowNum(32,6,hour%10,1,16);
    OLED_ShowChar(40,6,':');
    OLED_ShowNum(48,6,min/10,1,16);
    OLED_ShowNum(56,6,min%10,1,16);
    OLED_ShowChar(64,6,':');
    OLED_ShowNum(72,6,sec/10,1,16);
    OLED_ShowNum(82,6,sec%10,1,16);

    while(1)
    {
        if(Flag_500ms)
        {
            Flag_500ms=0;
            OLED_ShowNum(24,6,hour/10,1,16);
            OLED_ShowNum(32,6,hour%10,1,16);
            OLED_ShowChar(40,6,':');
            OLED_ShowNum(48,6,min/10,1,16);
            OLED_ShowNum(56,6,min%10,1,16);
            OLED_ShowChar(64,6,':');
            OLED_ShowNum(72,6,sec/10,1,16);
            OLED_ShowNum(82,6,sec%10,1,16);
        }
        if(Flag_1s)
        {
            Flag_1s=0;
            if(!mode_set)                 //mode_set=0 正常计时,否则不计时
            {
                sec++;
                if(sec>=60){sec=0;min++;
                    if(min>=60){hour++;min=0;
                        if(hour>=24){hour=0;}}}}
        }
        Key_Ctrl();                       //按键控制显示函数
```

```
        }
    }
```

按键处理程序：

```
void Key_Ctrl(void)
{
    if(!S2)                     //SETKEY，设置模式
    {
        mode_set = ~mode_set;   //模式取反
        if(mode_set )           //进入设置模式
        {
        OLED_ShowString(16, 4, (uint8_t *)"setting hour");

        }
        else
        {
            OLED_ShowString(16, 4, (uint8_t *)"normal timer");

        }
            while(!S2);

    }
    /*在 mode_set == 1 且 UP_KEY 被按下的情况下进行加 1 处理，否则不处理*/
    if(!S3 )                    //UPKEY，设置时有效，增加
    {
        if(mode_set)
        {
            switch(index_set)
            {
                case 0:hour++;if(hour>=24)hour=0;break;
                case 1:min++;if(min>=60)min=0;break;
                case 2:sec++;if(sec>=60)sec=0;break;
            }
        }
        while(!S3);
    }
    /*在 mode_set == 1 且 DOWN_KEY 被按下的情况下进行减 1 处理，否则不处理*/
    if(!S4)                     //DOWNKEY，设置时有效，递减
    {
        if( mode_set)
        {
            switch(index_set)
            {
                case 0:hour--;if(hour==0)hour=23;break;
                case 1:min--;if(min==0)min=59;break;
                case 2:sec--;if(sec==0)sec=59;break;
            }
        }
        while(!S3);
    }
    /* 在 mode_set == 1 且 MOVE_KEY 被按下时更改设置项*/
    if(!S5)                     //MOVEKEY，设置时有效，设置选项
    {
```

```
            if(mode_set)
            {
                index_set++;
                if(index_set>=3)index_set=0;
                switch(index_set)
                {
                    case 0:OLED_ShowString(16, 4, (uint8_t *)"setting hour");break;
                    case 1:OLED_ShowString(16, 4, (uint8_t *)"setting min ");break;
                    case 2:OLED_ShowString(16, 4, (uint8_t *)"setting sec ");break;
                }
            }
            while(!S5);
        }
    }
```

（7）修改好主文件 main.c 和按键处理文件 KEY.c 后，我们就可以直接对工程进行编译了，生成"LCD12864.hex"目标代码文件。若编译发生错误，要进行分析检查，直到编译正确。

（8）连接 J-Link 下载器和开发板，在 Keil μVision5 界面上单击快速访问工具栏中的 🔧 按钮完成程序下载。

（9）启动开发板，为其供电，程序运行后按下复位按键，将在 OLED 显示屏上显示实时更新的电子钟。调节按键并观察 OLED 显示，若运行结果与任务要求不一致，要对电路和程序进行分析检查，直到运行正确。

关键知识点梳理

1. LCD 按光电效应分类，可分为电场效应型、电流效应型、电热写入效应型和热效应型。电场效应型又分为扭曲向列效应（TN）型、宾主效应（GH）型和超扭曲效应（STN）型等。目前在智能仪器系统中，普遍采用的是 TN 型和 STN 型的液晶器件。

2. 图形型液晶显示器 LCD12864 表示液晶由 128 列 64 行组成，共有 128×64 个光点，通过控制其中任意一个光点显示或不显示构成所需的画面。

3. LCD12864 液晶显示模块内部常采用 ST7920 控制/驱动芯片驱动点阵 LCD。液晶显示器的驱动简单、灵活，用户可根据需要选择并口或串口驱动。本次项目中的任务采用串行方式来控制 LCD 进行显示，采用 E/SCLK、R/W/SID、CS、PSB 引脚进行连线。

4. 液晶显示屏主要有发送显示数据、发送控制指令两种数据传输形式，显示开/关、清除显示、游标归位、位址归位等基本命令。

5. LCD12864 显示关键函数主要有 LCD 发送显示数据函数 void send_dat(uint8_t dat)、LCD 发送控制指令函数 void send_cmd(uint8_t cmd)、清除显示（清屏）函数 void lcd_clear(void)、液晶显示定位函数 void lcd_pos(uint8_t y_add , uint8_t x_add)、指定位置显示字符函数 void lcd_wstr(uint8_t y_add , uint8_t x_add , char *str)、液晶初始化函数 void lcd_Init()等。

问题与训练

8-1 简述 LCD12864 的命名含义。

8-2 简述采用串行接口的 LCD12864 接口的引脚功能。

8-3　LCD12864 显示屏有哪些基本命令？

8-4　LCD12864 显示的关键函数主要有哪些？

8-5　简述 LCD12864 显示屏的 DDRAM 作用。

8-6　简述 LCD12864 显示屏与 DDRAM 的对应关系。

8-7　在任务 22 中，如何通过程序设计，实现液晶显示屏切换 2 个显示信息屏？

8-8　根据指令说明，在任务 22 中，编写液晶反白显示函数，实现设置状态对应的行反白显示，以区分设置状态和正常状态。

8-9　根据指令说明，在任务 22 中，编写液晶图形显示函数，实现 128×64 个光点的图案显示作为开机画面。

8-10　在设计液晶显示电子钟程序时，如何通过定时器产生 1ms 的时间基准，并生成时、分、秒的逻辑判断？

8-11　在设计按键设置液晶显示电子钟程序时，如何配置按键的初始化程序，进行按键功能的设计以实现时间的设置？

项目 9

基于 OLED 的电机监控设计

项目导读

在我们的生活中，很多地方都能看到电机的身影，小到豆浆机、洗衣机等家用电器，大到电梯、中央空调等生活设施，甚至工业机器人、高铁、水下机器人等高科技产品也需要电机提供动力。因此，学习电机控制技术可以给我们的生活和社会的发展提供巨大的推力。本项目首先让读者了解步进电机和直流电机的结构及其关键的控制技术，然后介绍步进电机和直流电机的电路和程序设计的方法，最后通过 C 语言程序实现键盘控制步进电机和直流电机的速度和方向，让读者进一步了解 LK32T102 单片机对电机控制的应用。

知识目标	1. 了解单片机产品开发的流程 2. 了解步进电机和直流电机的结构和工作原理 3. 掌握对步进电机和直流电机速度、方向控制的关键技术 4. 掌握控制电机速度、方向的电路设计和编程方法 5. 会利用单片机的 I/O 口实现电机速度、方向的控制
技能目标	1. 能完成基于 Cortex-M0 的 LK32T102 单片机对步进电机和直流电机控制的相关电路设计 2. 能应用 C 语言程序完成单片机对步进电机和直流电机的控制，实现对步进电机和直流电机控制的设计、运行及调试
素质目标	1. 培养细致认真、精益求精的工匠精神 2. 培养分析问题、设计方案、勇于提升改进的创新精神 3. 培养对我国关键技术的自信心和不断创新、敢于挑战的精神
教学重点	1. 对步进电机和直流电机的速度、方向控制的关键技术 2. 控制步进电机和直流电机的速度、方向的编程方法
教学难点	步进电机和直流电机控制电路设计、控制速度和方向程序设计
建议学时	8 学时
推荐教学方法	从任务入手，通过步进电机和直流电机控制设计，让读者了解电机的结构和控制原理，熟悉步进电机和直流电机等设备的控制程序的编写
推荐学习方法	勤学勤练、动手操作是学好嵌入式电子产品显示控制的关键，动手完成电机控制、OLED 显示控制，通过"边做边学"达到更好的学习效果

9.1　电机控制关键技术

电机是指能将电能转换成机械能（电动机）或将机械能转换成直流电能（发电机）的旋转装置，是嵌入式产品设计中使用频率非常高的设备，可以当作产品的执行单元。

9.1.1　步进电机控制技术

步进电机的应用范围很广，除在数控、工业控制和计算机外部设备中大量使用外，在工业自动化生产线、印刷机、遥控指示装置、航空系统中，也都已成功应用。

1. 认识步进电机

步进电机是将输入的数字信号转换成机械能量的电机设备，由于步进电机旋转角度与输入脉冲信号数成正比，因此只要控制输入的脉冲信号数目便可控制步进电机转动的角度。步进电机常用于精确定位和精确定速，如有些机器人使用步进电机作为动力，可以精确控制机器人的动作。

1）步进电机的结构

以内部线圈绕线来区分步进电机，有 4 相和 5 相两种，使用 5V 及 12V 电源控制。一般来说，4 相步进电机又称为 2 相双绕组步进电机，是最常用的一种电机，其内部接线图如图 9-1 所示。

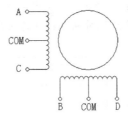

图 9-1　4 相步进电机内部接线图

线圈被分为 A、B、C 和 D 4 相。由于一组（A 相和 C 相或 B 相和 D 相）线圈绕在相同的磁极上，而两组线圈缠绕的方向相反，所以只需对其中的一组线圈励磁，便可改变定子磁场的极性。

步进电机是"一步一步"转动的一种电机，每输入一个脉冲（Pulse）信号，步进电机就固定旋转一个步进角。步进角由步进电机的规格而定，一般为 1.8°～9°，市面上 1.8°步进角较为普遍。例如，步进角为 1.8°的步进电机，如果输入 200 个脉冲信号，步进电机就会旋转 200 个步进角，且刚好转一圈（200×1.8°=360°）。

2）步进电机线圈励磁的方式

直流电流通过定子线圈建立磁场的方式，便称为励磁。如果要控制步进电机进行正确的定位和定速，那么必须按照一定的顺序对各相线圈进行励磁。4 相步进电机线圈励磁的方式可分为 1 相励磁、2 相励磁和 1-2 相励磁 3 种。例如，步进电机励磁方式采用 2 相励磁，即 4 相双 4 拍。

（1）4 相：表示电动机有 4 相绕组，分别为 A、B、C、D 绕组。

（2）2 相励磁（双）：表示每一种励磁状态都有 2 相绕组励磁。

（3）拍：从一种励磁状态转换到另一种励磁状态，叫 1 拍。

（4）2 相励磁顺序（4 拍）：4 种励磁状态为一个循环。只要改变励磁顺序，就可以改变步进电机旋转方向。

正转时 2 相励磁顺序：

（A，B）→（B，C）→（C，D）→（D，A）→（A，B）→……

反转时 2 相励磁顺序：

（A，B）→（D，A）→（C，D）→（B，C）→（A，B）→……

2．步进电机速度控制技术

假如步进电机的步进角是 18°，由于步进电机旋转角度与输入脉冲信号数成正比，所以输入 20 个脉冲信号，步进电机就会旋转 20 个步进角，且刚好转一圈（20×18°=360°）。那么怎么控制步进电机的转速呢？下面我们先分析如何实现步进电机的转速为 30r/min 和 60r/min。

（1）转速为 30r/min。旋转一圈的时间是 60s/30 圈=2s，旋转一个步进角的时间是 2s/20=100ms（每圈 20 个步进角）。也就是说输入一个脉冲信号，旋转一个步进角，延时 100ms，再输入一个脉冲信号，旋转一个步进角，延时 100ms……这样就可以获得 30r/min 的转速。

（2）转速为 60r/min。旋转一圈的时间是 60s/60 圈=1s，旋转一个步进角的时间是 1s/20=50ms（每圈 20 个步进角），脉冲信号之间的延时时间为 50ms。和转速为 30r/min 比较，延时时间变短，转速提高了。

根据以上分析，我们只要改变脉冲信号之间的延时时间，即改变每步之间的延时时间，便可控制步进电机的转速。延时时间变短，转速提高，延时时间变长，转速降低。

💡**注意**　　步进电机的负载转矩与转速成反比，转速越快负载转矩越小，当转速快至其极限时，步进电机不再旋转。所以每走一步，必须延时一段时间。

3．步进电机方向控制技术

在前面已经介绍过，只要改变步进电机的励磁顺序，就可以改变步进电机的旋转方向。也就是说，我们只要控制步进电机各相线圈的励磁顺序，就能控制步进电机的旋转方向。例如，采用 2 相励磁顺序，4 种励磁状态为一个循环。

正转时，2 相励磁顺序：

（A，B）→（B，C）→（C，D）→（D，A）→（A，B）→……

反转时，2 相励磁顺序：

（A，B）→（D，A）→（C，D）→（B，C）→（A，B）→……

又如，采用 1-2 相励磁顺序，8 种励磁状态为一个循环。

正转时，1-2 相励磁顺序：

A→（A，B）→B→（B，C）→C→（C，D）→D→（D，A）→……

反转时，1-2 相励磁顺序：

（D，A）→D→（C，D）→C→（B，C）→B→（A，B）→A→……

4．步进电机控制模块

步进电机控制模块电路采用高电压、大电流的达灵顿晶体管 ULN2003A。

由于 ULN2003A 的输入与 TTL 电平兼容，所以可以直接连接到单片机 I/O 口，这样就可轻易地控制外部高电压、大电流的负载，如继电器、步进电机及 LED 显示器等。ULN2003A 的引脚和内部结构如图 9-2 所示。

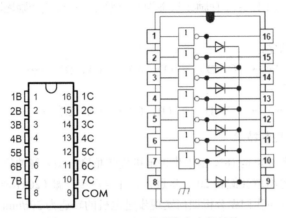

图 9-2　ULN2003A 的引脚和内部结构

ULN2003A 具有以下特点：

（1）电流增益高（大于 1000mA）；

（2）带负载能力强（输出电流大于 500mA）；

（3）温度范围广（-40～85℃）；

（4）工作电压高（大于 50V）。

ULN2003A 包含 7 个具备共射极的开集极达灵顿管，对每一个驱动器来说，都包含了一个二极管，其阳极连接到输出端，阴极连接到 7 个二极管的共通点上。外部的负载连接到电源供应点和驱动器的输出端之间，该电源供应为小于 50V 的正电压。利用 ULN2003A 驱动步进电机的电路图如图 9-3 所示。

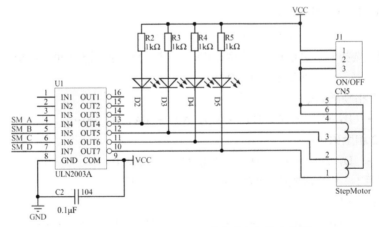

图 9-3　利用 ULN2003A 驱动步进电机的电路图

9.1.2　直流电机控制技术

1．认识直流电机

永磁式换向器直流电机是应用很广泛的一种直流电机，只要在它上面加适当电压，电机就会转动。

1）永磁式换向器直流电机的结构与工作原理

永磁式换向器直流电机是由定子（主磁极）、转子（绕组线圈或电枢）、换向片（整流子）、电刷等部分组成的，定子作用是产生磁场。永磁式换向器直流电机的结构如图 9-4 所示。

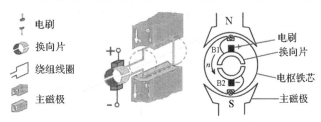

图 9-4　永磁式换向器直流电机的结构

直流电压加在电刷上，经换向片加到电枢（转子）上，使电枢导体有电流流过，由于电机内部有定子磁场存在，所以电枢导体将受到电磁力 F 的作用（左手定则），电枢导体产生的电磁力作用于转子，使转子以 nr/min 的速度旋转，以便拖动机械负载。通过左手定则，可以判别电磁力 F 的方向，即转子旋转方向，如图 9-5 所示。

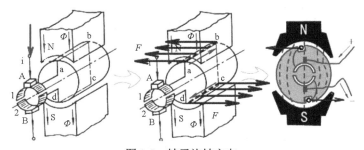

图 9-5　转子旋转方向

也就是说，转子是在定子磁场的作用下，得到转矩而旋转起来的。当它转动时，由于磁场的相互作用将产生反电动势，因此它的大小正比于转子的速度，方向和所加的直流电压方向相反。

2）永磁式换向器直流电机的特点

（1）当电机负载固定时，电机转速正比于所加的电源电压。

（2）当电机直流电源固定时，电机的工作电流正比于转子负载的大小。

（3）加于电机的有效电压，等于外加直流电压减去反电动势。因此当用固定电压驱动电机时，电机的速度趋向于自稳定。因为负载增加时，转子有慢下来的倾向，于是反电动势减少，使有效电压增加，反过来又将使转子有快起来的倾向，所以总的效果是速度稳定。

（4）当转子静止时，反电动势为零，电机电流最大。最大电流出现在电机刚启动的时候。

（5）转子转动的方向可由电机上所加电压的极性来控制。

（6）体积小，质量轻，启动转矩大。

永磁式换向器直流电机由于具备上述特点，所以在医疗器械、小型机床、电子仪器、计算机、气象探空仪、探矿测井、电动工具、家用电器及电子玩具等各个方面，都得到了广泛的应用。

对这种永磁式电机的控制，主要体现在对电机的启停控制、方向控制、可变速度控制和速度的稳定控制。

2. 直流电机速度控制技术

调节直流电机转速最方便有效的方法是对电枢（转子）电压进行控制。控制电压的方法有多种，广泛应用脉宽调制（PWM）技术来控制直流电机电枢的电压。

所谓 PWM 技术，就是利用半导体器件的导通与关断，把直流电压变成电压脉冲序列，通过控制电压脉冲宽度或周期以达到变压的目的。

3. 直流电机方向控制技术

直流电机的转子转动方向可由直流电机上所加电压的极性来控制，一般使用桥式电路来控制直流电机的转动方向。控制直流电机正/反转的桥式驱动电路有单电源和双电源两种驱动方式，通常采用单电源的驱动方式就可以满足实际的应用需要。

单电源驱动方式的桥式电路又称为全桥方式驱动电路或者 H 桥方式驱动电路。本任务采用的是 L9110S 驱动芯片，这款芯片是为控制和驱动电机设计的两通道推挽式功率放大专用集成电路器件，成本低、整机可靠性高。其引脚和内部结构如图 9-6 所示。

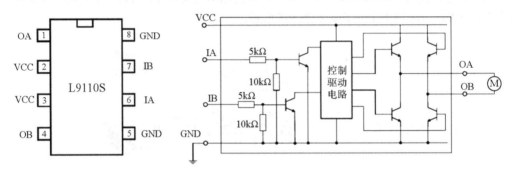

图 9-6　L9110S 的引脚和内部结构图

L9110S 共有 8 个引脚，其中 IA 和 IB 引脚可以与控制器连接，提供电机正/反转的控制信号，OA 和 OB 引脚输出信号，可以用于控制直流电机。L9110S 的引脚功能如表 9-1 所示。

表 9-1　L9110S 的引脚功能

序号	引脚名称	功能
1	OA	A 路输出引脚
2	VCC	电源电压
3	VCC	电源电压
4	OB	B 路输出引脚
5	GND	地线
6	IA	A 路输入引脚
7	IB	B 路输入引脚
8	GND	接地

L9110S 有两个 TTL/CMOS 兼容电平的输入，具有良好的抗干扰性；两个输出端能直接驱动电机的正反向运动，具有较大的电流驱动能力，每通道能通过 800mA 的持续电流，峰值电流能力可达 1.5A；有较低的输出饱和压降；内置的钳位二极管能释放感性负载的反向冲击电流，使它在驱动继电器、直流电机、步进电机或开关功率管的使用上能够安全可靠。L9110S 被广泛应用于玩具汽车电机驱动、脉冲电磁阀门驱动、步进电机驱动和开关功率管等电路上。L9110S

控制直流电机的电路图如图 9-7 所示。

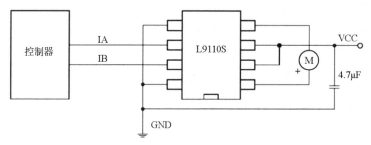

图 9-7　L9110S 控制直流电机的电路图

直流电机与 L9110S 控制信号有 4 种对应状态，如表 9-2 所示。

表 9-2　直流电机与 L9110S 控制信号的 4 种对应状态

IA	IB	OA	OB	运行状态
1	0	1	0	正转
0	1	0	1	反转
1	1	Z	Z	制动
0	0	0	0	停止

通过表 9-2 可以看出，当 IA=1、IB=0 时，OA 输出高电平、OB 输出低电平，直流电机正转（顺时针转动）；当 IA=0、IB=1 时，OA 输出低电平、OB 输出高电平，直流电机反转（逆时针转动）。这样就可以通过 IA 和 IB 来改变直流电机上所加电压的极性，实现直流电机正/反转的控制。

9.2　任务 23　基于 OLED 的步进电机监控设计

9.2.1　任务描述

利用 LK32T102 单片机及独立按键控制步进电机的速度和方向。按键控制步进电机方向和速度；OLED 显示步进电机的方向和旋转圈数。步进电机的工作电压为 4.5～6.5V，步进角是 18°。基于 OLED 的步进电机监控电路如图 9-8 所示。

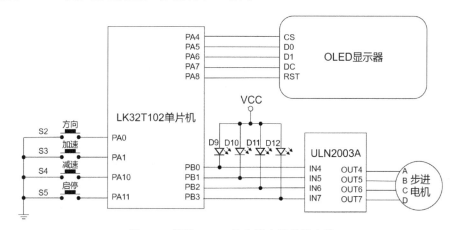

图 9-8　基于 OLED 的步进电机监控电路

基于 OLED 的步进电机监控实现功能如下：

（1）4 个按键控制步进电机方向切换、加速、减速和启停；

（2）4 个 LED 的点亮、熄灭指示步进电机 4 个绕组（A、B、C、D）的通电情况；

（3）OLED 显示步进电机的方向和旋转圈数。

9.2.2 基于 OLED 的步进电机监控实现分析

1．基于 OLED 的步进电机监控电路分析

从图 9-8 所示电路可以看出，基于 OLED 的步进电机监控电路是由 LK32T102 单片机最小系统、步进电机驱动电路、OLED 显示电路、LED 电路和键盘电路等组成的。

1）键盘电路

基于 OLED 的步进电机监控具有方向切换、加速、减速和启停控制 4 个功能，可以用 4 个按键实现。其中 1 个按键控制正转和反转，2 个按键控制加速和减速，1 个按键控制步进电机的启动和停止。由于按键数目少，因此键盘电路设计采用独立式按键，4 个按键分别接到 LK32T102 单片机 PA 口的 PA0、PA1、PA10 和 PA11 引脚上。

2）步进电机驱动电路

由于步进电机的功率较大，在这里可以使用高电压、大电流的 ULN2003A 驱动芯片，来驱动步进电机的 4 个绕组（A、B、C、D）。

LK32T102 单片机 PB 口的 PB0～PB3 四个引脚，通过步进电机驱动电路分别接步进电机的 4 个绕组（A、B、C、D）。

3）OLED 显示电路

OLED 显示电路主要用于显示步进电机的方向、旋转圈数和速度挡位，对步进电机的运行状态进行监控。

OLED 显示器的 CS、D0、D1、DC 和 RST 引脚分别连接 LK32T102 单片机的 PA4～PA8 引脚。

4）LED 电路

4 个 LED 分别与步进电机的 A、B、C、D 绕组一一对应，用 LED 的点亮与熄灭来观察绕组通电情况，如某一个 LED 点亮，表示其对应绕组通电了。

4 个 LED 采用共阳极接法，4 个 LED 的阴极分别接 LK32T102 单片机 PB 口的 PB0～PB3 四个引脚。

2．步进电机监控程序分析

步进电机监控程序主要是通过按键控制步进电机的方向和速度，OLED 显示步进电机的方向和旋转圈数，同时通过 4 个 LED 的点亮和熄灭指示步进电机 4 个绕组的通电情况。

在这里，步进电机采用 1-2 相励磁顺序，8 种励磁状态为一个循环，控制状态与 PB 口的控制码对应关系如表 9-3 所示。

表 9-3　控制状态与 PB 口的控制码的对应关系

控制状态	PB 口控制码	PB3 D 相	PB2 C 相	PB1 B 相	PB0 A 相
A 相绕组通电	01H	0	0	0	1

续表

控制状态	PB 口控制码	PB3 D 相	PB2 C 相	PB1 B 相	PB0 A 相
A 相、B 相绕组通电	03H	0	0	1	1
B 相绕组通电	02H	0	0	1	0
B 相、C 相绕组通电	06H	0	1	1	0
C 相绕组通电	04H	0	1	0	0
C 相、D 相绕组通电	0CH	1	1	0	0
D 相绕组通电	08H	1	0	0	0
D 相、A 相绕组通电	09H	1	0	0	1

由表 9-3 可以看出在正转时，1-2 相励磁顺序为：A→（A，B）→B→（B，C）→C→（C，D）→D→（D，A）→……定义一个正转控制码表，代码如下：

```
uint8_t SD_CCW[] = { 0x01, 0x03, 0x02, 0x06, 0x04, 0x0C, 0x08, 0x09 };
```

在反转时，1-2 相励磁顺序为：（D，A）→D→（C，D）→C→（B，C）→B→（A，B）→A→……定义一个反转控制码表，代码如下：

```
uint8_t SD_CW[] = { 0x09, 0x08, 0x0C, 0x04, 0x06, 0x02, 0x03, 0x01 };
```

按键、LED 和 OLED 显示等程序的设计实现分析，在前面的项目中都已详细介绍过，就不再介绍。

9.2.3 基于 OLED 的步进电机监控设计与实现

1. 建立"基于 OLED 的步进电机监控设计"工程项目

新建"基于 OLED 的步进电机监控设计"工程文件，并保存在"任务 23 基于 OLED 的步进电机监控设计"文件夹中，然后选择单片机的芯片型号为 SILAN 的 SC32F5832。

2. 编写 OLED 显示设备文件

我们在前面的一些任务和技能训练中，已经介绍过 OLED 显示的程序代码和使用方法，这里就不展开叙述了。直接在工程里装载 OLED 的两个头文件 OLED.h 和 oledfont.h，以及 OLED 的驱动程序 OLED.c。

3. 编写步进电机设备文件

编写步进电机驱动文件和一个步进电机驱动头文件。

（1）编写 stepmotor.h 头文件。

在 stepmotor.h 头文件里面对用到的数据类型、步进电机转动方向及步进电机的 4 相进行宏定义，对用到的电机初始化、电机停止、电机转动等子函数进行声明。代码如下：

```
#ifndef __STEPMOTOR_H
#define __STEPMOTOR_H
#include "DevInit.h"
#define zz 1        //1 代表电机正转
#define fz 0        //0 代表电机反转
#define Motor_A(x)if(x==1)PB_OUT_HIGH(0)else PB_OUT_LOW(0);
#define Motor_B(x)if(x==1)PB_OUT_HIGH(1)else PB_OUT_LOW(1);
#define Motor_C(x)if(x==1)PB_OUT_HIGH(2)else PB_OUT_LOW(2);
#define Motor_D(x)if(x==1)PB_OUT_HIGH(3)else PB_OUT_LOW(3);
void StepMotor_Init(void);
```

```
void StepMotor_Stop(void);
void StepMotor_Star(uint8_t fx);
#endif
```

（2）编写 stepmotor.c 文件。

步进电机驱动文件主要包括头文件引用、正/反转控制码表定义、变量定义及相关函数等。
代码如下：

```
#include "stepmotor.h"
#include "delay.h"
#include "led.h"
uint8_t SD_CCW[] = { 0x01, 0x03, 0x02, 0x06, 0x04, 0x0C, 0x08, 0x09 };//单双八拍时序表, 正转
uint8_t SD_CW[] = { 0x09, 0x08, 0x0C, 0x04, 0x06, 0x02, 0x03, 0x01 }; // 单双八拍时序表, 反转
uint8_t StepMotor[20];
extern uint16_t SPEED;                              //电机速度挡位
extern uint8_t Cicle;                               //电机转动圈数
extern uint8_t run;                                 //启停标志
/***********************************************************************
******/
void StepMotor_Init(void)                           //步进电机引脚初始化
{
    GPIO_AF_SEL(DIGITAL,PB,0,0);
    GPIO_AF_SEL(DIGITAL,PB,1,0);
    GPIO_AF_SEL(DIGITAL,PB,2,0);
    GPIO_AF_SEL(DIGITAL,PB,3,0);
    PB_OUT_ENABLE(0);
    PB_OUT_ENABLE(1);
    PB_OUT_ENABLE(2);
    PB_OUT_ENABLE(3);
    PB_OUT_LOW(0);
    PB_OUT_LOW(1);
    PB_OUT_LOW(2);
    PB_OUT_LOW(3);
}
/***********************************************************************
******/
void StepMotor_Star(uint8_t fx)                     //步进电机启动控制子函数
{
    static uint16_t i,j;
    if(run != 0 && SPEED != 0)
    {
        for( i = 0; i < 8; i++ )
        {
            if(fx==zz)
            {
                StepMotor[0] = SD_CW[ i ] & 0x01;
                StepMotor[1] = SD_CW[ i ] >> 1 & 0x01;
                StepMotor[2] = SD_CW[ i ] >> 2 & 0x01;
                StepMotor[3] = SD_CW[ i ] >> 3 & 0x01;
            }else{
                StepMotor[0] = SD_CCW[ i ] & 0x01;
                StepMotor[1] = SD_CCW[ i ] >> 1 & 0x01;
                StepMotor[2] = SD_CCW[ i ] >> 2 & 0x01;
```

```
                        StepMotor[3] = SD_CCW[ i ] >> 3 & 0x01;
                }

                Motor_A(StepMotor[0]);
                Motor_B(StepMotor[1]);
                Motor_C(StepMotor[2]);
                Motor_D(StepMotor[3]);
                delay_ms(SPEED);    //电机调速：根据 SPEED 改变脉冲延时时间设定，SPEED 越大速度越慢
        }
        j++;
        if(j>=512){
            j = 0;
            Cicle++;
        }
    }else{
        StepMotor_Stop();
    }
}
/******************************************************************************
******/
void StepMotor_Stop(void)          //步进电机停止子函数
{
    Motor_A(0);
    Motor_B(0);
    Motor_C(0);
    Motor_D(0);
}
```

完成步进电机驱动文件编写后，把 stepmotor.h 头文件和 stepmotor.c 文件加载到工程里面。

4. 编写键盘设备文件

编写独立键盘驱动文件和独立键盘驱动头文件。

（1）编写 key.h 头文件。

在 key.h 头文件里面对用到的数据类型进行宏定义，对用到的按键初始化、按键扫描等子函数进行声明。代码如下：

```
#ifndef __KEY_H
#define __KEY_H
#include <SC32F5832.h>
#include <GPIO.h>
enum Key{
    FX_KEY=1,                    //设置方向按键
    UP_KEY,                      //设置加速按键
    DOWN_KEY,                    //设置减速按键
    RUN_KEY,                     //设置运行/停止按键
};
#define S2    ((Key_TrgValue >> 0) & 0x01)
#define S3    ((Key_TrgValue >> 1) & 0x01)
#define S4    ((Key_TrgValue >> 10) & 0x01)
#define S5    ((Key_TrgValue >> 11) & 0x01)
void KEY_init(void);             //主板按键初始化
uint8_t Key_ReadSta_Task(void);  //主板按键扫描
#endif
```

（2）编写 key.c 文件。

独立键盘驱动文件主要包括头文件引用、变量定义及相关函数等。代码如下：

```c
#include <SC32F5832.h>
#include <DevInit.h>
#include <key.h>
#include "delay.h"
#include "motor.h"
#include <led.h>
uint16_t Key_TrgValue;
uint16_t Key_ContValue;
/****************************************************************/
void KEY_init(void)                                    //按键初始化
{
    //设置按键, PA0 -> S2, PA1 -> S3, PA10 -> S4, PA11 -> S5
    GPIO_AF_SEL(DIGITAL, PA, 0, 0);                    // 按键 S2
    GPIO_AF_SEL(DIGITAL, PA, 1, 0);                    // 按键 S3
    GPIO_AF_SEL(DIGITAL, PA, 10, 0);                   // 按键 S4
    GPIO_AF_SEL(DIGITAL, PA, 11, 0);                   // 按键 S5
    //按键端口配置，浮空
    GPIO_PUPD_SEL(PUPD_PU, PA, 0 );
    GPIO_PUPD_SEL(PUPD_PU, PA, 1 );
    GPIO_PUPD_SEL(PUPD_PU, PA, 10 );
    GPIO_PUPD_SEL(PUPD_PU, PA, 11 );
    //IO 口输入使能
    PA_OUT_DISABLE(0);
    PA_OUT_DISABLE(1);
    PA_OUT_DISABLE(10);
    PA_OUT_DISABLE(11);
}
/****************************************************************/
uint8_t Key_ReadSta_Task(void)                         //读取按键数据
{
    uint16_t ReadKey_Data = 0;

    ReadKey_Data = (PA -> PIN) ^ 0x0c03;               //读取按键输入数据
    ReadKey_Data &= 0x0c03;                            //将原键值取反
    Key_TrgValue = ReadKey_Data & ( ReadKey_Data ^ Key_ContValue );   //保存键值
    Key_ContValue = ReadKey_Data;                      //保存键值作为按键松开标志

    if(S2 == 1)
        return 1;
    else if(S3 == 1)
        return 2;
    else if(S4 == 1)
        return 3;
    else if(S5 == 1)
        return 4;
    else
        return 0;
}
```

5. 编写基于 OLED 的步进电机监控文件

基于 OLED 的步进电机监控文件主要包括头文件引用、变量定义、按键扫描子函数和主函数。代码如下：

```
#include <SC32F5832.h>
#include <DevInit.h>
#include "key.h"
#include "delay.h"
#include "OLED.h"
#include "stepmotor.h"
uint8_t run = 0;                        //启停标志位
uint8_t swi = 1;                        //正/反转标志位
uint8_t Cicle = 0;                      //圈数
uint16_t SPEED = 5;                     //转速
/****************************************************************************/
void Key_scan(void)                     //键盘扫描子函数
{
    static uint8_t key_value;
    key_value = Key_ReadSta_Task();
    if(key_value != 0)
    {
        delay_ms(10);
        switch(key_value)
        {
            case 1:                     //转动方向切换
                swi = ~swi;
                Cicle = 0;
                StepMotor_Stop();
                delay_ms(200);
                break;
            case 2:                     //加速
                SPEED--;
                if(SPEED <= 1)
                    SPEED = 1;
                run = 255;
                break;
            case 3:                     //减速
                SPEED++;
                if(SPEED>=5)
                {
                    SPEED = 5;
                    run = 0;
                }
                break;
            case 4:                     //运行/停止
                run = ~run;
                break;
            default:
                break;
        }
    }
    if(swi == 1){
```

```
        OLED_Show_Str(0,0,"StepMotor: ZZ",16);
        StepMotor_Star(zz);
    }else{
        OLED_Show_Str(0,0,"StepMotor: FZ",16);
        StepMotor_Star(fz);
    }

    OLED_ShowNum(48,3,Cicle,2,16);           //显示圈数

    OLED_ShowNum(48,6,5-SPEED,2,16);         //显示速度挡位
}
/******************************************************************/
int main()                                   //主函数
{
    Device_Init();                           //系统初始化
    KEY_init();                              //按键初始化
    LED_init();                              //LED初始化
    OLED_Init();                             //OLED初始化
    StepMotor_Init();                        //步进电机初始化
    OLED_ShowString(0,0,"StepMotor:",16);    //显示设备名称
    OLED_ShowString(0,3,"Cicle:",16);        //显示圈数
    OLED_ShowString(0,6,"Speed:",16);        //显示速度挡位

    while(1)
       Key_scan();                           //无限循环执行按键扫描函数

}
```

6. 基于 OLED 的步进电机监控的运行调试

（1）对"基于 OLED 的步进电机监控设计"工程进行编译。若编译发生错误，要进行分析检查，直到编译正确为止。

（2）按照系统电路图完成单片机主板和电机驱动电路板的连接，基于 OLED 的步进电机监控系统调试效果图如图 9-9 所示。

（3）连接 J-Link 下载器和开发板，在 Keil μVision5 界面上单击快速访问工具栏中的 🔽 按钮完成程序下载。下载程序后启动开发板，观察步进电机监控程序功能是否与任务要求一致。若运行结果与任务要求不一致，要对电路和程序进行分析检查，直到运行正确。

【技能训练 9-1】步进电机智能控制系统设计

设计一个步进电机智能控制系统。要求能从键盘上输入步进电机转数，控制步进电机的正/反转及启停，并显示转数。

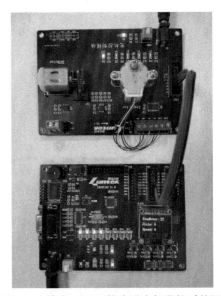

图 9-9　基于 OLED 的步进电机监控系统调试效果图

1. 键盘设计

键盘采用的是矩阵式键盘，键盘功能分配如下：

（1）0～9：数字键。

（2）*：正/反转转数设定完成后，按"*"键启动步进马达。

（3）#：清除设定为正转及转数为 00。

（4）A：设定正/反转。按 A 键，LED 亮，表示反转，再按则 LED 指示灯灭，表示正转，再按，LED 亮。

2. 数码管显示电路设计

数码管显示电路采用 4 位共阴极数码管，电路设计参考项目 3。

3. 步进电机驱动电路设计

步进电机控制模块电路采用有施密特触发器的 6 反相器 74LS14 和高电压、大电流的达灵顿晶体管数组产品 ULN2003A。

4. 步进电机智能控制系统电路设计

步进电机智能控制系统电路包括步进电机控制模块电路、键盘电路、数码管显示模块电路等部分，步进电机智能控制系统电路示意图如图 9-10 所示。

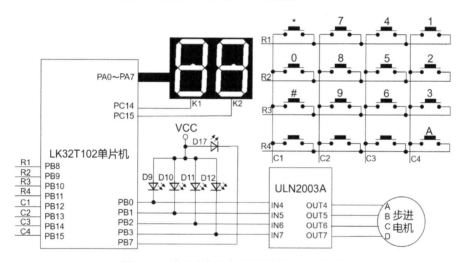

图 9-10　步进电机智能控制系统电路示意图

5. 步进电机智能控制系统程序设计

由键盘输入转数，设定正/反转后，按确认键。单片机则根据设定由 PB 口送出控制码使 ULN2003A 达灵顿晶体管驱动步进电机转动。同时，LED 数码管显示设定的转数，步进电机每转动一圈，显示的数字减 1，当减至 0 时，步进电机停止转动。LED 亮，表示反转，LED 指示灯灭，表示正转。建立步进电机智能控制工程项目，编写下列程序文件。

（1）矩阵键盘驱动程序设计。

矩阵键盘驱动程序头文件 keyboard4x4.h 的程序代码如下：

```
#ifndef __KEYBOARD4X4_H
#define __KEYBOARD4X4_H
#include <SC32F5832.h>
/* 宏定义 -------------------------------------------------------------------*/
```

```
#define PORTB PB -> PIN                          //读 PB 口引脚电压
/* 函数声明 ------------------------------------------------------------------*/
uint8_t scan_MatrixKey( void );
#endif
```

矩阵键盘驱动程序 keyboard4x4.c 的程序代码如下：

```
#include <AT89X52.h>
#include <SC32F5832.h>
#include <DevInit.h>
#include "keyboard4x4.h"
#include "OLED.h"
uint8_t colrow[] = {0xee,0xde,0xbe,0x7e,0xed,0xdd,0xbd,0x7d,0xeb,0xdb,0xbb,0x7b,0xe7,
0xd7,0xb7,0x77};
uint8_t key_val[] = {'1','2','3','A','4','5','6','B','7','8','9','C','*','0','#','D'};
/** 4x4 矩阵键盘扫描函数*/
uint8_t scan_MatrixKey(void )
{
    uint8_t col;                                //列
    uint8_t row;                                //行
    uint8_t tmp,i;                              //临时变量
    static uint8_t key_count = 0;               //按键被中断函数扫描的次数
    /*------------- PB 高 8 位端口配置 -------------*/
    PB -> OUTEN |= 0XFF00;                       //PB 口输出使能
    //初始值: GPIOE 高 8 位端口中低 4 位为低, 高 4 位为高
    PB -> OUT &= 0X00FF;
    PB -> OUT |= 0XF000;
    //GPIOE 高 8 位端口中高 4 位为上拉输入
    PB -> OUTEN &= 0X0FFF;                       //PB 口输入使能
    GPIO_PUPD_SEL(PUPD_PU, PB, 12 );
    GPIO_PUPD_SEL(PUPD_PU, PB, 13 );
    GPIO_PUPD_SEL(PUPD_PU, PB, 14 );
    GPIO_PUPD_SEL(PUPD_PU, PB, 15 );
    tmp = PORTB >> 8;                            //读取按键值
    if( tmp != 0XF0 )                           //如果有按键被按下
    {
        //防止长按时,持续自增导致变量溢出
        if( key_count < 2 )
            key_count++;
    }
//若产生按键抖动被抬起, 则计数清 0
        else
            key_count = 0;
//若连续 2 次扫描按键均处于被按下状态, 则认定按键确实被按下
    if( key_count == 2 )
    {
        col = tmp & 0XF0;                        //获取列号
        /*------------- GPIOE 高 8 位端口配置 -------------*/
        PB -> OUTEN |= 0XFF00;                   //PB 口输出使能
        //翻转: GPIOE 高 8 位端口中低 4 位为高, 高 4 位为低
        PB -> OUT &= 0X00FF;
        PB -> OUT |= 0X0F00;
        //GPIOE 高 8 位端口中低 4 位为上拉输入
        PB -> OUTEN &= 0XF0FF;                   //PB 口输入使能
```

```
                GPIO_PUPD_SEL(PUPD_PU, PB, 8 );
                GPIO_PUPD_SEL(PUPD_PU, PB, 9 );
                GPIO_PUPD_SEL(PUPD_PU, PB, 10 );
                GPIO_PUPD_SEL(PUPD_PU, PB, 11 );
                row = ( PORTB >> 8 ) & 0X0F;        //获取行号
                for(i=0;i<16;i++)
                {
                    if(colrow[i]==(col | row))
                        return key_val[i];
                }
        }
        //若没有按键被按下或中途松手，则扫描次数清 0
        if( ( PORTB & 0XFF00 ) == 0xF000 )
            key_count = 0;
        return ' ';                                 //返回空格
}
```

（2）数码管驱动程序设计。

数码管驱动程序头文件 SMG.h 的程序代码如下：

```
#ifndef __SMG_H
#define __SMG_H
#include <SC32F5832.h>
#include <GPIO.h>
#define  PA_OUTEN  PA->OUTEN
#define  PA_OUT  PA -> OUT
#define  PB_OUTEN  PB->OUTEN
#define  PB_OUT  PB -> OUT
#define  PC_OUTEN  PC->OUTEN
#define  PC_OUT  PC -> OUT
```

数码管驱动程序 SMG.c 的程序代码如下：

```
#include <SC32F5832.h>
#include <GPIO.h>
#include "delay.h"
#include <SMG.h>
uint8_t  table[] = {0x3f,0x06,0x5b,0x4f,0x66,0x6d,0x7d,0x07,0x7f,0x6f};
uint8_t SEG_Display[4] = {0};           //数码管段选变量
/************************************************************************/
void SMG_init(void)                     //数码管引脚初始化子函数
{
    GPIO_AF_SEL(DIGITAL, PA, 0, 0);     //SMG_a
    GPIO_AF_SEL(DIGITAL, PA, 1, 0);     //SMG_b
    GPIO_AF_SEL(DIGITAL, PA, 2, 0);     //SMG_c
    GPIO_AF_SEL(DIGITAL, PA, 3, 0);     //SMG_d
    GPIO_AF_SEL(DIGITAL, PA, 4, 0);     //SMG_e
    GPIO_AF_SEL(DIGITAL, PA, 5, 0);     //SMG_f
    GPIO_AF_SEL(DIGITAL, PA, 6, 0);     //SMG_g
    GPIO_AF_SEL(DIGITAL, PA, 7, 0);     //SMG_dp
    GPIO_AF_SEL(DIGITAL, PC, 14, 0);    //K1
    GPIO_AF_SEL(DIGITAL, PC, 15, 0);    //K2
    PA_OUTEN |= 0x00ff;                 //设置 PB0~PB7 引脚为输出，PB8~PB15 引脚保持不变
    PA_OUT &= 0x00ff;                   //PB0~PB7 引脚输出低电平，数码管熄灭；PB8~PB15 引脚电平保持不变
    PC_OUT_ENABLE(14);
```

```
    PC_OUT_ENABLE(15);
    PC_OUT_HIGH(14);
    PC_OUT_HIGH(15);
}
/***********************************************************************/
void SMG_DIsplay(uint16_t temp)                 //数码管显示函数
{
    static uint8_t i=0;
    SEG_Display[0] = (uint32_t)temp % 10;          //个位
    SEG_Display[1] = (uint32_t)temp % 100 / 10;    //十位
    for(i=0;i<2;i++)
    {
        PA_OUT = table[SEG_Display[i]];
        if(i==0){
            PC_OUT = 0x4000;
        }
        if(i==1){
            PC_OUT = 0x8000;
        }
        delay_ms(1);                            //数字显示保持一段时间
        PA_OUT &= 0x00ff;                       //数码管熄灭一段时间
    }
}
```

（3）步进电机智能控制系统主程序设计。

主程序代码如下：

```
#include <SC32F5832.h>
#include <DevInit.h>
#include "delay.h"
#include "led.h"
#include "OLED.h"
#include "keyboard4x4.h"
#include "SMG.h"
uint8_t run = 0;                        //启停标志位
uint8_t swi = 1;                        //正/反转标志位
uint8_t Circle = 0;                     //圈数
uint16_t num=0,n[]= {0,0},i=0;
/***********************************************************************/
void Key_scan(void)                     //按键扫描子函数
{
    static char key_value;
    key_value = scan_MatrixKey();
    if(key_value != ' ')
    {
        delay_ms(10);
        switch(key_value)
        {
        case '*':                       //电机启动
            run = 1;
            i=0;
            Circle = 0;
            break;
```

```
            case '#':                        //清除设定
                run = 0;
                swi = 1;
                n[0]=0;
                n[1]=0;
                num = 0;
                Circle =0;
                StepMotor_Stop();
                break;

            case 'A':                        //正/反转
                swi = ~swi;
                Circle = 0;
                delay_ms(200);
            }

        if(key_value>='0' && key_value<='9')  //键盘输入圈数[1~99]
        {
            n[i] = key_value-'0';             //存储键盘输入的第一个数
            i++;
            if(i>1) {
                n[1] = (key_value-'0');       //存储键盘输入的第二个数
                n[0] = n[0]*10;
                i = 0;
            }
            num = n[0]+n[1];
            if(i==0) {
                n[0]=0;
                n[1]=0;
            }
        }
    }

    if(run == 1)
    {
        if(swi == 1)
            StepMotor_Ctrl(zz,num);
        else
            StepMotor_Ctrl(fz,num);
    } else {
        StepMotor_Stop();
    }

    if(swi==1) {
        LED8_OFF;                             //正转
    } else {
        LED8_ON;                              //反转
    }

    SMG_DIsplay(num-Circle);                  //数码管显示当前设置圈数
}
/*************************************************************************/
```

```
int main()                              //主函数
{
    Device_Init();                      //系统初始化
    KEY_init();                         //按键初始化
    LED_init();                         //LED初始化
    StepMotor_Init();                   //步进电机初始化
    SMG_init();                         //数码管初始化

    while(1)
    {
      Key_scan();
    }

}
```

6．步进电机智能控制系统的运行调试

（1）对步进电机智能控制系统工程项目进行编译。若编译发生错误，要进行分析检查，直到编译正确为止。

（2）按照系统电路图完成单片机主板、电机驱动电路板、矩阵键盘电路板和数码管显示电路板的连接，步进电机智能控制系统调试效果图如图9-11所示。

（3）连接J-Link下载器和开发板，在Keil μVision5界面上单击快速访问工具栏中的 按钮完成程序下载。下载程序后启动开发板，观察步进电机智能控制系统程序功能是否与任务要求一致。若运行结果与任务要求不一致，要对电路和程序进行分析检查，直到运行正确。

图9-11　步进电机智能控制系统调试效果图

9.3　任务24　基于OLED的直流电机监控设计

9.3.1　任务描述

利用LK32T102单片机及独立键盘控制直流电机的速度和方向。按键控制直流电机方向和速度；OLED显示直流电机的方向和转速。基于OLED的直流电机监控电路示意图如图9-12所示。

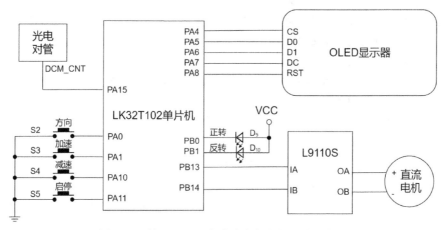

图 9-12 基于 OLED 的直流电机监控电路示意图

基于 OLED 的直流电机监控实现功能如下：

（1）4 个按键控制直流电机正转、反转、加速、减速和运行/停止；

（2）OLED 显示直流电机的方向和转速；

（3）2 个 LED 是正转、反转指示灯。

9.3.2 基于 OLED 的直流电机监控实现分析

1. 基于 OLED 的直流电机监控电路分析

从图 9-12 所示电路可以看出，基于 OLED 的直流电机监控电路是由 LK32T102 单片机最小系统、直流电机驱动电路、OLED 显示电路、LED 电路、键盘电路和电机测速电路等组成的。电机测速电路原理图如图 9-13 所示。

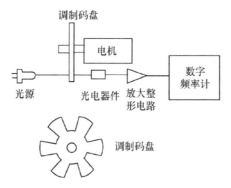

图 9-13 电机测速电路原理图

电机转轴上安装了一个调制码盘，并将调制码盘放置于光电对管之间。光电器件受光照时，有电信号输出，光电器件不受光照时，无电信号输出。这样当调制码盘随电机转动时，扇叶和空隙的组合就产生了透光和不透光的组合，使得光电器件输出高低交错的方波信号。电机转轴每旋转一周，在光电器件的输出端就输出与调制码盘扇叶数目相同的方波信号。因此用光电传感器输出方波的频率除以调制码盘扇叶数就能得到电机的转速，单位为 r/s（转数/秒）。

2. 基于 OLED 的直流电机监控程序分析

基于 OLED 的直流电机监控程序主要由直流电机控制初始化、按键功能处理、直流电机运行控制及定时器中断处理等组成，通过按键控制直流电机的方向和速度，OLED 显示直流电机的方向和转速，同时通过 2 个 LED 指示直流电机正转、反转。

（1）直流电机控制初始化。

直流电机控制初始化主要是对定时器、直流电机控制相关参数设置进行初始化，如设置 PWM 的脉冲周期和占空比初始值等。

（2）直流电机运行控制。

根据表 9-2 所示，直流电机有正转、反转、停止和制动 4 种运行状态。在这里主要是通过按键来控制直流电机的运行，即通过 PB13、PB14 引脚产生 PWM 脉冲，改变直流电机的运行状态。PB13 引脚输出 PWM，电机正转；PB14 引脚输出 PWM，电机反转；两个引脚都不输出 PWM，电机停转。PWM 的脉冲宽度通过参数 pwm_sp 的值调节，改变脉冲宽度可以调节电机的转速。

（3）定时器和引脚中断处理。

GPIO 引脚 PA15 连接光电对管输出的方波信号（信号经过 LM393 运放模块放大），将 PA15 引脚设定为上升沿触发中断，即每个方波的上升沿触发 GPIO 中断，在外部中断服务函数 GPIO0_IRQHandler()中利用参数 sp 对光电对管产生的方波脉冲个数进行计数。定时器中断 TIM6 用来产生 1s 的定时时间，每秒进入一次定时中断服务函数 TIM6_T0_IRQHandler()，在这个函数中利用 1s 内 sp 的累加值求电机转速，因为本次任务直流电机连接的测速码盘有 4 个扇叶，因此直流电机的转速=sp/4（r/s）。

9.3.3　基于 OLED 的直流电机监控设计与实现

1. 建立"基于 OLED 的直流电机监控设计"工程项目

新建"基于 OLED 的直流电机监控设计"工程文件，并保存在"任务 24　基于 OLED 的直流电机监控设计"文件夹中，然后选择单片机的芯片型号为 SILAN 的 SC32F5832。

2. 编写基于 OLED 的直流电机监控文件

OLED 显示设备文件的 OLED.c 文件和 OLED.h、oledfont.h 两个头文件，独立键盘的设备文件 key.c 和 key.h 在任务 23 中都已经编写好了，直接复制过来即可。下面主要介绍直流电机设备文件和中断测转速文件的编写。

（1）编写直流电机驱动文件。

直流电机驱动文件包括 motor.h 和 motor.c 两个文件，其中 motor.h 头文件主要完成了宏定义、变量定义、直流电机各子函数的声明等。motor.h 头文件的具体代码如下：

```
#ifndef __MAIN_H__
#ifndef __MOTOR_H
#define __MOTOR_H
#include <DevInit.h>
#define ON 1
#define OFF 0
#define zz 1      //正转
#define fz 0      //反转
#define CNT   Read_PA_Bit(15)
void CNT_Init(void);
void MotorInit(void);
void Motor_Status(uint8_t status);
```

```
void Motor_Stop(void);
#endif
```

直流电机驱动程序 motor.c 完成了电机初始化、测速初始化、电机状态控制和电机停转等子
函数的定义。具体代码如下：

```
#include "motor.h"
#include <PWM.h>
#include "led.h"
extern uint8_t run;
extern uint16_t pwm_sp;
/*******************************************************************/
void CNT_Init(void)                          //电机转速测量初始化
{
    PA_OUT_DISABLE(15);
    PA_INT_ENABLE(15);                       //开启 PA15 引脚中断
    PA_INT_EDGE(15);                         //配置为边沿中断
    PA_INT_BE_DISABLE(15);                   //配置为单边沿触发
    PA_INT_POL_HIGH(15);                     //配置为上升沿触发
    PA_INT_FLAG_CLR(15);                     //清除中断标志
}
/*******************************************************************/
void MotorInit(void)                         //电机控制 PB13 和 PB14 引脚初始化
{
    GPIO_AF_SEL(DIGITAL, PB, 13, 0);
    GPIO_AF_SEL(DIGITAL, PB, 14, 0);
    PB_OUT_ENABLE(13);
    PB_OUT_ENABLE(14);
    PB_OUT_LOW(13);
    PB_OUT_LOW(14);
}
/*******************************************************************/
void Motor_Status(uint8_t status)            //电机状态控制子函数
{
    if(run != 0)
    {
        if(status == zz)                     //正转
        {
            LED1_ON;
            LED2_OFF;
            GPIO_AF_SEL(DIGITAL, PB, 13, 1); //PB13 引脚初始化为 PWM1B
            //I/O 口输出使能
            PB_OUT_ENABLE(13);
            PWM0->CMPB = pwm_sp;             //启动 PWM 波形输出
            GPIO_AF_SEL(DIGITAL, PB, 14, 0); //PB14 引脚初始化为普通 GPIO 口
            //I/O 口输出使能
            PB_OUT_ENABLE(14);
            PB_OUT_LOW(14);
        }

        if(status == fz)                     //反转
        {
            LED2_ON;
            LED1_OFF;
```

```
                GPIO_AF_SEL(DIGITAL, PB, 14, 1); //PB14 引脚初始化为 PWM1B
                //I/O 口输出使能
                PB_OUT_ENABLE(14);
                PWM1->CMPB = pwm_sp;                //启动 PWM 波形输出
                GPIO_AF_SEL(DIGITAL, PB, 13, 0); //PB13 引脚初始化为普通 GPIO 口
                //I/O 口输出使能
                PB_OUT_ENABLE(13);
                PB_OUT_LOW(13);
        }
    }
    else
        Motor_Stop();
}
/***********************************************************************/
void Motor_Stop(void)                          //电机停止转动
{
    GPIO_AF_SEL(DIGITAL, PB, 13, 0);
    GPIO_AF_SEL(DIGITAL, PB, 14, 0);
    PB_OUT_ENABLE(13);
    PB_OUT_ENABLE(14);
    PB_OUT_LOW(13);
    PB_OUT_LOW(14);
}
```

（2）编写中断测转速文件。

中断测转速文件主要包括 GPIO 外部中断和定时器中断的服务程序。具体代码如下：

```
    void GPIO0_IRQHandler()                        //GPIO 外部中断服务函数
    {
        if(CNT){
            sp++;
        }else{
            sp = 0;
        }
        PA_INT_FLAG_CLR(15);                       //清除中断标志
    }
    /***********************************************************************************
*********/
    void TIM6_T0_IRQHandler()                      //定时器 TIM6 中断服务函数
    {
        static uint16_t i;
        TIM6 -> CTC0_b.COUNT0INT_EN = 0;
        i++;
        if(i==5000)                                //累计中断时间 1s
        {
            motor_sp = sp/4;                       //求电机转速
            i=0;
            sp = 0;
        }
        TIM6 -> CTC0_b.COUNTFW = 0;
        TIM6 -> COUNT0 = 0;
        NVIC_ClearPendingIRQ(TIM6_T0_IRQn);        //清除中断
        TIM6 -> CTC0_b.COUNT0INT_EN = 1;
    }
```

（3）编写直流电机监控主函数。

具体代码如下：

```c
#include <SC32F5832.h>
#include <DevInit.h>
#include "stdio.h"
#include "delay.h"
#include "motor.h"
#include "key.h"
#include "led.h"
#include "OLED.h"
uint8_t run = 0;                        //启停标志位
uint8_t swi = 1;                        //正/反转标志位
uint16_t pwm_sp = 2800;                 //电机转速控制
uint16_t motor_sp;                      //电机实际转速
/**************************************************************************************
*********/
void Key_scan(void)                     //按键扫描子函数
{
    static uint8_t key_value;
    key_value = Key_ReadSta_Task();
    if(key_value != 0)
    {
        delay_ms(10);
        switch(key_value)
        {
            case FX_KEY:                //正/反转
                swi = ~swi;
                if(swi == 1){
                    OLED_Show_Str(0,0,"Direction: ZZ",16);
                    Motor_Status(zz);
                    LED1_ON;
                    LED2_OFF;
                }else{
                    OLED_Show_Str(0,0,"Direction: FZ",16);
                    Motor_Status(fz);
                    LED1_OFF;
                    LED2_ON;
                }
                break;

            case UP_KEY:                //加速
                pwm_sp+=100;
                if(swi == 1){
                    Motor_Status(zz);
                }else{
                    Motor_Status(fz);
                }
                break;

            case DOWN_KEY:              //减速
                pwm_sp-=100;
                if(swi == 1){
```

```
                                Motor_Status(zz);
                    }else{
                        Motor_Status(fz);
                    }
                    break;

            case RUN_KEY:                        //运行/停止
                    run = ~run;
                    if(run != 0)
                    {
                        if(swi == 1){
                            OLED_Show_Str(0,0,"Direction: ZZ",16);
                            Motor_Status(zz);
                        }else{
                            OLED_Show_Str(0,0,"Direction: FZ",16);
                            Motor_Status(fz);
                        }
                    }
                    else
                    {
                        LED1_OFF;
                        LED2_OFF;
                        Motor_Stop();
                    }
                    break;
            default:
                    break;
        }
    }
    if(pwm_sp<2500)                              //检查PWM参数是否在合适范围内
        pwm_sp = 2500;
    if(pwm_sp>3500)
        pwm_sp = 3500;
}
/*******************************************************************************
*******/
int main()
{
    uint8_t Temp = 1;
    char sp_buff[20];
    Device_Init();                              //系统初始化
    KEY_init();                                 //按键初始化
    LED_init();                                 //LED初始化
    PWM_Init();                                 //PWM初始化
    OLED_Init();                                //OLED初始化
    MotorInit();                                //电机初始化
    TIM6_T0_Init();                             //定时器TIM6初始化
    IRQ_Init();                                 //中断初始化
    CNT_Init();                                 //光电传感器初始化
    OLED_Show_Str(0,0,"Direction: ZZ",16);      //上电默认正转
    OLED_ShowString(0,3,"Speed:",16);
    OLED_Show_Str(0,6,"Gears:",16);
```

```
    while(1)
    {
        if(run != 0 && Temp == 1)                  //第一次上电（电机开启，中断开启），防止上电卡死
        {
            IRQ_Enable();                          //开中断
            Temp = 0;
        }
        Key_scan();

        sprintf(sp_buff,"Speed:%dr/s ",motor_sp);
            OLED_Show_Str(0,3,sp_buff,16);         //电机转速显示（光电传感器测速）
        OLED_ShowNum(48,6,(pwm_sp-2500)/100,2,16); //显示电机转速挡位值
    }
}
```

3．基于 OLED 的直流电机监控运行调试

（1）对"基于 OLED 的直流电机监控设计"工程项目进行编译。若编译发生错误，要进行分析检查，直到编译正确为止。

（2）按照系统电路图完成单片机主板、电机驱动电路板、独立键盘电路板和数码管显示电路板的连接，基于 OLED 的直流电机监控系统调试效果图如图 9-14 所示。

（3）连接 J-Link 下载器和开发板，在 Keil μVision5 界面上单击快速访问工具栏中的 按钮完成程序下载。下载程序后启动开发板，观察直流电机监控程序功能是否与任务要求一致。若运行结果与任务要求不一致，要对电路和程序进行分析检查，直到运行正确。

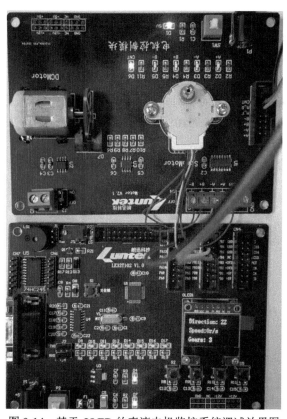

图 9-14　基于 OLED 的直流电机监控系统调试效果图

关键知识点梳理

1．步进电机速度控制关键技术：只要改变脉冲信号之间的延时时间，即改变每步之间的延时时间，便可控制步进电机的转速。延时时间变短，转速提高，延时时间变长，转速降低。每走一步，必须延时一段时间。

2．步进电机方向控制关键技术：只要改变励磁顺序，就可以改变步进电机的旋转方向。如：

正转时，1 相励磁顺序为：A→B→C→D→……

反转时，1 相励磁顺序为：D→C→B→A→……

3．永磁式换向器直流电机由定子（主磁极）、转子（绕组线圈或电枢）、换向片（整流子）、电刷等部分组成，定子作用是产生磁场。转子在定子磁场的作用下，得到转矩而旋转起来。

4．直流电机速度控制关键技术：调节直流电机转速最方便有效的方法是对电枢（转子）电压进行控制。广泛应用脉宽调制（PWM）技术来控制直流电机电枢的电压。PWM 技术就是利用半导体器件的导通与关断，把直流电压变成电压脉冲序列，通过控制电压脉冲宽度或周期以达到变压的目的。

5．直流电机方向控制关键技术：通过改变直流电机上所加电压的极性来控制。可用 H 桥方式驱动电路来控制直流电机的转动方向。

问题与训练

9-1　简述步进电机的结构和工作原理。

9-2　简述步进电机的励磁方式。

9-3　简述步进电机速度和方向的控制方法。

9-4　简述直流电机的结构和工作原理。

9-5　简述直流电机速度和方向的控制方法。

9-6　简述直流电机与驱动芯片 L9110S 控制信号的对应状态。

9-7　简述直流电机转速测量方法。

9-8　创新训练：给任务 24 增加电机转速超速报警功能，如果直流电机转速超过某个值则蜂鸣器鸣响。在图 9-12 的基础上完成蜂鸣器报警电路设计，参考任务 24 的控制程序完成转速超速报警程序设计。

项目 10

16×16 的 LED 点阵显示设计

项目导读

LED 点阵是由多个发光二极管组成的，由内部管控的扫描系统对发光二极管扫描之后可以形成一定的动画或图片，甚至是比较复杂的视频。本项目从 LED 点阵显示结构入手，首先让读者对 LED 点阵显示屏有初步了解，然后介绍 8×8 LED 点阵显示模块，并介绍 LED 点阵显示屏的逐列扫描显示和逐行扫描显示设计方法。通过 C 语言编译和电路搭建对 8×8LED 点阵及 16×16LED 点阵模块的控制，让读者进一步认识 LED 点阵显示的应用，以点阵循环显示"我爱祖国""中华崛起"等任务案例，增强读者的爱国主义精神。

知识目标	1. 了解 LED 点阵显示原理 2. 掌握 LED 点阵的逐列扫描显示和逐行扫描显示设计 3. 掌握 8×8LED 点阵显示模块的结构和工作原理 4. 掌握 16×16LED 点阵显示模块的设计方法
技能目标	1. 能应用 C 语言程序完成 LED 点阵显示屏的相关程序设计及电路设计 2. 具有对 LED 点阵显示控制的设计、运行及调试能力
素质目标	1. 具备举一反三的程序设计思维 2. 培养工程创新思维与协作精神 3. 培养爱国主义精神和职业责任心
教学重点	1. LED 点阵的结构和工作原理 2. LED 点阵电路的设计方法 3. LED 点阵程序的设计方法
教学难点	16×16LED 点阵的逐列扫描显示和逐行扫描显示电路和程序设计方法
建议学时	6 学时
推荐教学方法	从任务入手，通过 LED 点阵的扫描显示设计，让读者了解 LED 点阵的结构和显示原理，进而通过 C 语言程序完成 LED 点阵显示屏的相关程序设计及电路设计，熟悉 LED 点阵显示等设备的文件的编写
推荐学习方法	勤学勤练、动手操作是学好嵌入式电子产品显示控制的关键，动手完成 LED 点阵的扫描显示控制，通过"边做边学"达到更好的学习效果

10.1　认识 LED 点阵显示模块

10.1.1　LED 点阵显示模块结构

LED 点阵显示屏的发展及应用越来越广泛，它作为一个宣传信息的重要设备，已经得到了社会的普遍认同。LED 点阵显示屏是利用发光二极管点阵模块或像素单元组成的平面式显示屏幕，它具有发光效率高、使用寿命长、组态灵活、色彩丰富及对室内外环境适应能力强等优点。

1．常见的 LED 点阵显示屏

LED 点阵显示屏是由高亮发光二极管点阵组成的矩阵模块，通过控制这个二极管矩阵达到在显示屏上显示符号、文字等信息的目的。目前，在市场上常见的 LED 点阵显示屏主要有 5×7、8×8、16×16 等几种规格。若要显示阿拉伯数字、英文字母、特殊符号等，采用 5×7、8×8 的点阵即可够用，若要显示中文字，则需要 4 片 8×8 的点阵组成 16×16 LED 点阵显示屏才能显示一个完整的中文字。

2．8×8LED 点阵显示屏规则图

8×8 LED 点阵显示屏的规则图如图 10-1 所示。

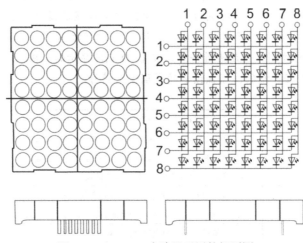

图 10-1　8×8LED 点阵显示屏的规则图

由图 10-1 可以看出，8×8 LED 显示模块的内部实际上是由 64 个发光二极管按矩阵排列而成的，每个发光二极管放置在行线和列线的交叉点上。当对应发光二极管一端置 1，另一端置 0 时，相应的发光二极管就点亮了，也就是点亮了 LED 显示屏上相应的点。

3．8×8LED 点阵显示屏结构

8×8 LED 点阵显示屏的内部结构如图 10-2 所示，有列阴极行阳极和列阳极行阴极两种结构。

（1）列阴极行阳极结构。列阴极行阳极结构是把同一行所有 LED 的阳极连在一起，把同一列所有 LED 的阴极连在一起，如图 10-2（a）所示。

（2）列阳极行阴极结构。列阳极行阴极结构是把同一行所有 LED 的阴极连在一起，把同一列所有 LED 的阳极连在一起，如图 10-2（b）所示。

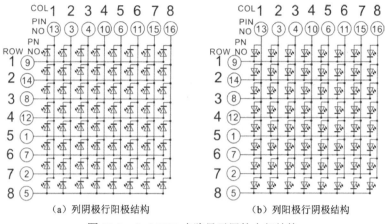

图 10-2   8×8 LED 点阵显示屏的内部结构

10.1.2   LED 点阵显示方式

LED 显示屏通过驱动行线和列线点亮 LED 屏上相应的点，来显示相应的符号和文字等信息。LED 点阵显示方式可分为静态显示和动态显示两种方式。

1．静态显示方式

同时控制各个 LED 亮灭的方式称为静态显示方式。8×8LED 点阵共有 64 个 LED，这就需要 64 个单片机 I/O 引脚。而实际应用中的显示屏往往要比 8×8 点阵大得多，如果采用静态显示方式，则需要更多的单片机 I/O 引脚，这显然是不现实的，所以在实际中大多采用动态显示方式。

2．动态显示方式

动态显示方式就是动态扫描方式，动态扫描方式有逐列扫描方式和逐行扫描方式，逐列扫描方式就是逐列点亮 LED，逐行扫描方式就是逐行点亮 LED。

下面以 8×8LED 点阵为例来说明逐列扫描方式的工作过程。

（1）送出第 1 列的列数据（相当于段码，决定列上哪些 LED 亮），即第 1 列 LED 亮灭的数据；

（2）送出第 1 列的列码（相当于位码，决定哪一列能亮），选通第 1 列，使其点亮一定的时间，然后熄灭；

（3）送出第 2 列的数据及列码，然后选通第 2 列，使其点亮相同的时间，再熄灭；

（4）依次类推，到第 8 列之后，又重新点亮第 1 列，反复循环。

当循环的速度足够快时（每秒 24 次以上），由于人眼的视觉暂留现象，因此能看到显示屏上呈现出稳定的图形。

10.1.3   16×16 LED 点阵显示结构

根据系统的设计，16×16LED 点阵的工作原理与 8 位扫描数码管类似。它有 16 个共阴极输出端口，每个共阴极对应有 16 个 LED 显示灯，所以其扫描译码地址需 4 位信号线（SEL0～SEL3），其汉字扫描码由 16 位段地址（0～15）输入。通过时钟的每列扫描显示完整汉字。16×16 LED 点阵显示结构图如图 10-3 所示。

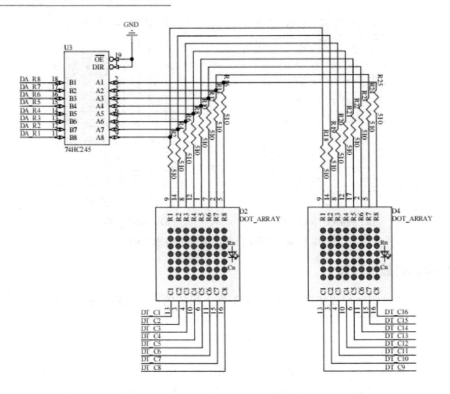

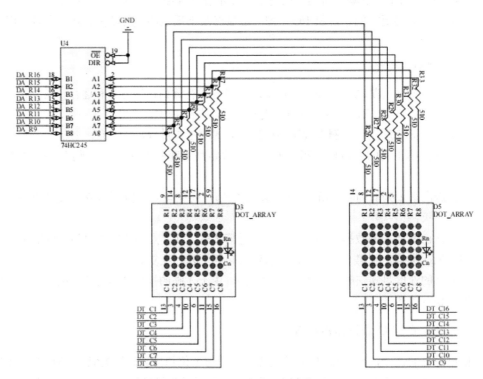

图 10-3　16×16 LED 点阵显示结构图

　　LED 点阵一般采用扫描方式显示，可分为 3 种方式：点扫描、行扫描和列扫描。

　　若使用点扫描方式，其扫描频率必须大于 16×64=1024（Hz），周期小于 1ms 即可。若使用行扫描或列扫描方式，则扫描频率必须大于 16×8=128（Hz），周期小于 7.8ms 即可符合视觉暂留要求。此外，一次驱动一列或一行（8 个 LED）时需外加驱动电路提高电流，否则 LED 亮度会不足。

10.2　任务 25　8×8 的 LED 点阵显示设计

10.2.1　任务描述

本任务是基于 Cortex-M0 的 LK32T102 单片机控制 8×8 LED 点阵的显示设计，由基于 Cortex-M0 的 LK32T102 单片机、8×8LED 点阵模块、行驱动电路和列驱动电路等部分组成。使用字模提取 V2.1 CopyLeft By Horse2000 软件输出字母的字形码，主要用 C 语言程序编译、单片机控制 8×8LED 点阵通过逐列扫描实现字母显示的功能。

10.2.2　8×8 的 LED 点阵显示实现分析

1. 总设计框图

根据系统的设计要求，本设计的原理框图如图 10-4 所示。

主控模块采用 M0 主控板，通过 I/O 口控制 8×8LED 点阵模块。

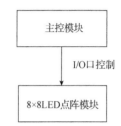

图 10-4　8×8 的 LED 点阵显示设计的原理框图

2. 设计原理分析

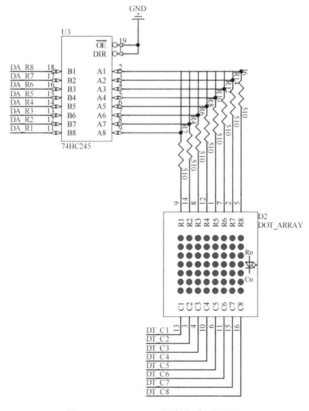

图 10-5　8×8LED 点阵电路原理图

8×8LED 点阵电路原理图如图 10-5 所示，主控模块引出 16 个 I/O 口用于点阵模块，之后使用字模提取 V2.1 CopyLeft By Horse2000 软件生成字母的字形码进行相应的代码编译，最后使用编译生成的目标代码文件下载到单片机内部实现软、硬件联调显示相应字母。

首先通过单片机的 I/O 口输出字母的第 0 列的列状态，即第 0 列亮灭的高低电平，通过 74HC245 驱动芯片选通第 0 列（其他列都处于熄灭状态），并保持第 0 列显示一段时间，然后熄灭一段时间；再送出下一列的列数据，选通这一列，使其点亮相同的时间，然后熄灭……到最后一列后，我们就可以看到所显示的字母。

在这里 8×8LED 点阵是逐列点亮的，由于人的视觉暂留现象，因此当每列点亮的时间缩短到一定程度时，人眼无法识别闪烁，即 8×8LED 点阵一直在显示，达到一种稳定的视觉效果。

10.2.3　8×8 的 LED 点阵显示设计与实现

1．硬件设计

根据任务描述，8×8 的 LED 点阵显示电路由基于 Cortex-M0 的 LK32T102 单片机、数码管显示模块及驱动控制模块组成，主控模块芯片部分原理图如图 10-6 所示，选用 M0 主控板的 PA0～PA7 I/O 口对应控制点阵的 1～8 行，选用 M0 主控板的 PB0～PB7 I/O 口对应控制点阵的 1～8 列。

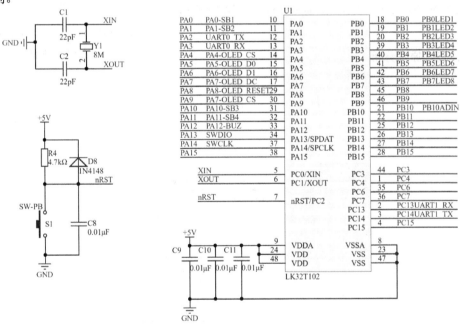

图 10-6　主控模块芯片部分原理图

2．字模提取

8×8 LED 点阵汉字显示采用 8×8 点阵、宋体、纵向取模、字节倒序、十六进制数等方式，使用字模提取 V2.1 CopyLeft By Horse2000 软件来获取数字"0"的字模，如图 10-7 所示。

把字模中的十六进制数据转化为二进制，二进制中的"1"就表示点亮了 8×8LED 点阵上相应的点，"0"表示其相应的点不亮。这样我们就可以在 8×8LED 点阵上显示出需要显示的信息。

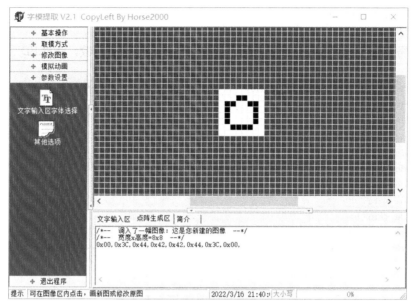

图 10-7　获取数字 "0" 的字模

3. 移植任务 9 工程

复制 "任务 9　OLED 显示设计" 文件夹，然后修改文件夹名为 "任务 25　8×8 的 LED 点阵显示设计"，将 USER 文件夹下的 "M0_ OLED.uvprojx" 工程名修改为 "8×8LED0.uvprojx"。

4. 程序设计

在设计 8×8LED 点阵显示的程序时，主要编写 8×8LED0.h 和 8×8LED0.c 点阵设备文件及修改 main.c 主文件。程序设计流程图如图 10-8 所示。

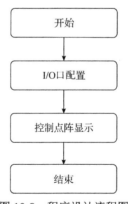

图 10-8　程序设计流程图

进行 I/O 口的配置时我们可以直接使能对应点阵行和列的 I/O 口为输出模式。代码如下：

```
//I/O 口使能为输出
PA -> OUTEN |= 0x00ff;//使能 PA0~PA7 引脚为输出，PA 口其他引脚电平保持不变
PB -> OUTEN |= 0x00ff;//使能 PB0~PB7 引脚为输出，PB 口其他引脚电平保持不变
```

当 8×8LED 点阵显示模块的 R1～R8 输入低电平，C1～C8 输入高电平时，点阵为全灭的状态。当 8×8LED 点阵显示模块的 R1～R8 输入高电平，C1～C8 输入低电平时，所有 LED 都被点亮。因此我们在初始化时，先将点阵配置为全灭的状态。代码如下：

```
//功能初始化，配置全灭
```

```
PB -> OUTSET|=0xFFFF;
PA -> OUTCLR=0x0FFF;
```

根据任务要求实现 8×8LED 显示控制，对主文件 main.c 进行修改，8×8LED 显示控制的代码如下：

```
/***********************主程序***************************/
#include <SC32F5832.h>
#include <stdio.h>
#include <DevInit.h>
#include "delay.h"
#include <GPIO.h>
#include <LED.h>
#include <BEEP.h>
#include <KEY.h>
#include <Dot_Matrix.h>
/* Private functions declared ------------------------------------------*/
int main()
{
    Device_Init();                    //系统初始化
    while(1)
    {
            DM_show_figure(j);        //显示字形的数字
    }
}
```

数字"0"的字形码如下：

```
const uint8_t DM_Map1[]=
{0x00,0x3C,0x44,0x42,0x42,0x44,0x3C,0x00};       //"0",0
```

5. 硬件和软件联调

（1）编写好 C 语言程序后，我们就可以直接对工程进行编译了，生成相应的目标代码文件。若编译发生错误，要进行分析检查，直到编译正确。

（2）连接 J-Link 下载器和开发板，在 Keil μVision5 界面上单击快速访问工具栏中的 按钮完成程序下载。

（3）启动开发板，观察 8×8LED 显示效果，若运行结果与任务要求不一致，要对电路和程序进行分析检查，直到运行正确。

6. 调试结果实物图

在进行软、硬件联调后，实物效果图如图 10-9 所示。

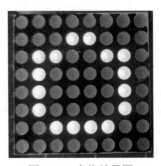

图 10-9　实物效果图

【技能训练 10-1】8×8LED 点阵循环显示 0 ~ 9

1．字模提取

结合任务 25 的学习，使用字模提取 V2.1 CopyLeft By Horse2000 软件对数字 0～9 的字模进行提取（通过提取数字"0"的字模进行类推提取）。

2．移植任务 25 工程

复制"任务 25　8×8 的 LED 点阵显示设计"文件夹，然后修改文件夹名为"【技能训练 10-1】8×8LED 点阵循环显示 0～9"，将 USER 文件夹下的"8×8LED0.uvprojx"工程名修改为"8×8LED.uvprojx"。

3．程序设计

在设计 8×8LED 点阵循环显示 0～9 的程序时，主要编写 8×8LED.h 和 8×8LED.c 点阵设备文件，以及修改 main.c 主文件。

根据任务要求实现 8×8LED 循环显示 0～9，在任务 25 的基础上对 C 语言文件进行修改。8×8LED 显示控制的主函数代码如下：

```c
/*****************************主程序*****************************/
#include <SC32F5832.h>
#include <stdio.h>
#include <DevInit.h>
#include "delay.h"
#include <GPIO.h>
#include <LED.h>
#include <BEEP.h>
#include <KEY.h>
#include <Dot_Matrix.h>
/* Private functions declared -----------------------------------------------*/
int main()
{
    Device_Init();                  //系统初始化
    while(1)
    {
    for(int j=0;j<8;j++)            //循环 8 个字形码
        {
                for(int h=0;h<100;h++) //每个数字显示一段时间
                    DM_show_0-9(j);
        }
    }
}
```

数字"0~9"的字形码代码如下：
```c
const uint8_t DM_Map1[][8] =
{
    {0xFF,0xC3,0xBB,0xBD,0xBD,0xBB,0xC3,0xFF},//"0",0
    {0xFF,0xFF,0xFF,0xBB,0x81,0xFF,0xFF,0xFF},//"1",1
    {0xFF,0xBB,0x9D,0x9D,0xAD,0xB5,0xB3,0xFF},//"2",2
    {0xFF,0x9B,0xBD,0xBD,0xAD,0xA3,0xDB,0xFF},//"3",3
    {0xFF,0x8EF,0xD7,0xDB,0x9B,0x81,0xFF,0xFF},//"4",4
    {0xFF,0x93,0xB3,0xB3,0xB3,0xB3,0xCF,0xFF},//"5",5
    {0xFF,0xC3,0xAB,0xB5,0xB5,0xB3,0xCF,0xFF},//"6",6
```

```
    {0xFF,0xFB,0xFB,0x9B,0xE3,0xFB,0xFF,0xFF},//"7",7
    {0xFF,0x83,0xB5,0xB5,0xAD,0xAD,0xD3,0xFF},//"8",8
    {0xFF,0xA3,0xAD,0xAD,0xAD,0xAD,0xC3,0xFF},//"9",9
};
```

4．硬件和软件联调

（1）编写好 C 语言程序后，我们就可以直接对工程进行编译了，生成相应的目标代码文件。若编译发生错误，要进行分析检查，直到编译正确。

（2）连接 J-Link 下载器和开发板，在 Keil μVision5 界面上单击快速访问工具栏中的 ▓▓ 按钮完成程序下载。

（3）启动开发板，观察 8×8LED 显示效果，若运行结果与任务要求不一致，要对电路和程序进行分析检查，直到运行正确。

10.3　任务 26　16×16 的 LED 点阵显示设计

10.3.1　任务描述

本任务是利用基于 Cortex-M0 的 LK32T102 单片机控制 16×16LED 点阵的设计，由单片机、16×16LED 点阵模块、驱动电路等部分组成，通过逐列扫描实现字母显示的功能。

10.3.2　16×16 的 LED 点阵显示实现分析

1．总设计框图

根据系统的设计要求，本设计的原理框图如图 10-10 所示。主控模块采用 M0 主控板，通过 I/O 口控制 16×16LED 点阵模块。

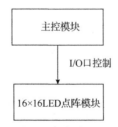

图 10-10　16×16 的 LED 点阵显示设计的原理框图

2．设计原理分析

16×16LED 点阵电路原理图如图 10-11 所示，主控模块引出 32 个 I/O 口用于点阵模块。

如果高电平"1"表示 LED 点亮，低电平"0"表示 LED 熄灭，以此类推设计出所要显示汉字的二进制代码（汉字模型）。采用逐列扫描的方式，当脉冲循环扫描电路的输出数据与汉字模型的高电平相匹配时，即可显示相应汉字。由于扫描的速度很快，人眼并不会看到灯的闪烁，所以每扫描完 16 列人眼方可看到一个汉字。为使汉字不断地循环显示，并且使每个汉字之间有停顿，就需要在中间加一定的延时和循环环节。在延时环节中，可以通过修改其数值来控制每个要显示字符的时间；但要显示所有的汉字就需要依次不间断地循环显示，此时要有一个时序控制电路来控制，该时序控制电路像一个计数器，使用自动清 0 功能就可以实现循环显示的效果。

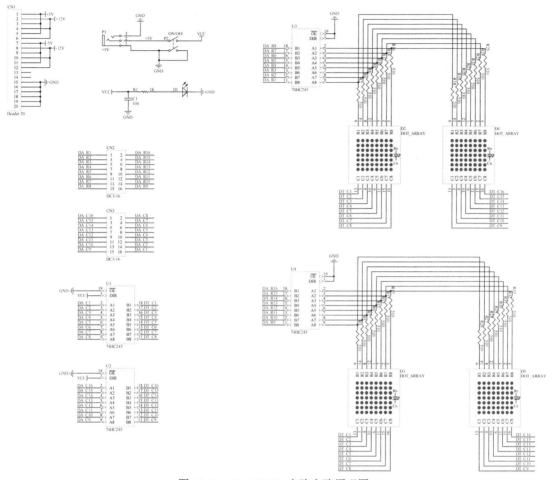

图 10-11 16×16LED 点阵电路原理图

10.3.3 16×16 的 LED 点阵显示设计与实现

1. 字模提取

以"欢迎使用电子产品创新实验实训系统"为例,使用字模提取 V2.1 CopyLeft By Horse2000 软件对汉字的字模进行提取,字模提取如图 10-12 所示。

2. 硬件设计

本任务硬件电路,即主控模块芯片部分原理图如图 10-13 所示,主控模块为 M0 内核的 LK32T102 单片机,选用 PB0~PB15 I/O 口对应控制点阵的 1~16 列,选用 PA0~PA11 I/O 口对应控制点阵的 1~12 行,PC3、PC 4、PC6、PC7 I/O 口对应点阵的 13~16 行,这样做的原因是由于 PA 口的高位引脚被 J-Link 下载器等占用,因此要避开这些引脚。

3. 移植任务 25 工程

复制"任务 25 8×8 的 LED 点阵显示设计"文件夹,然后修改文件夹名为"任务 26 16×16 的 LED 点阵显示设计",将 USER 文件夹下的"8×8LED0.uvprojx"工程名修改为"16×16LED0.uvprojx"。

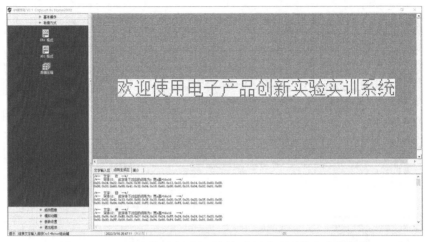

图 10-12　"欢迎使用电子产品创新实验实训系统"字模提取

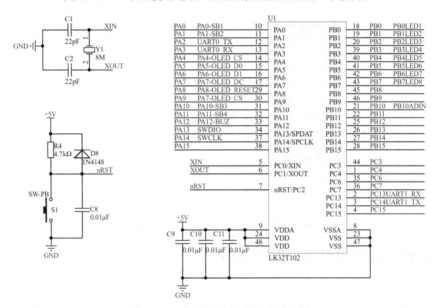

图 10-13　主控模块芯片部分原理图

4. 程序设计

程序设计流程图如图 10-14 所示。

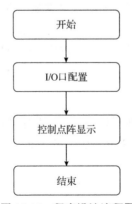

图 10-14　程序设计流程图

　　程序上首先需要进行 I/O 口的配置，这里我们直接使能对应的点阵行和列的 I/O 口为输出模式。代码如下：

```
//I/O 口使能为输出
PA -> OUTEN |= 0x07ff;        //使能 PA0~PA11 引脚为输出
PB -> OUTEN |= 0xffff;        //使能 PB0~PB15 引脚为输出
PC -> OUTEN |= 0x006c;        //使能 PC3、PC4、PC6、PC7 引脚为输出
```

　　当 16×16LED 点阵显示模块的 R1~R16 输入低电平，C1~C16 输入高电平时，点阵为全灭的状态。当 16×16LED 点阵显示模块的 R1~R16 输入高电平，C1~C16 输入低电平时，所有LED 都被点亮。因此我们在初始化时，先将点阵配置为全灭的状态。代码如下：

```
//功能初始化，配置全灭
PB -> OUTSET|=0xFFFF;
PA -> OUTCLR=0x0FFF;
PC -> OUTCLR=0x00D8;
```

　　接着直接在主程序中调用点阵驱动函数，来扫描显示我们准备好的字形库，代码如下：

```
/****************************************************************
                        点阵汉字显示例程
****************************************************************/
void DM_show_chinese(uint8_t row)
{
    uint32_t c=1;
    PA->OUT=0xF000;
    PC->OUT=0x0000;
    for(int col = 0;col < 16;col++)        //进行点阵的所有行扫描
    {
        PB->OUT &= 0xFF00;
        PB->OUT |= DM_Map1[row][col*2];
        PB->OUT &= 0x00FF;
        PB->OUT |= DM_Map1[row][col*2+1]<<8;
        if(col<12)
        {
            PA->OUT&=0xF000;
            PA->OUT|=c;
            delay_ms(1);
            PA->OUT&=0x0000;
            c *=2;
        }
        else if(col==12)
        {
            PC->OUT&=0xFFF7;               //PC3 引脚为输出
            PC->OUT|=0x0008;
            delay_ms(1);
            PC->OUT&=0xFF27;
        }
        else if(col==13)
        {
            PC->OUT&=0xFFEF;               //PC4 引脚为输出
            PC->OUT|=0x0010;
            delay_ms(1);
            PC->OUT&=0xFF27;
        }
```

```
        else if(col==14)
        {
            PC->OUT&=0xFFBF;                //PC6 引脚为输出
            PC->OUT|=0x0040;
            delay_ms(1);
            PC->OUT&=0xFF27;
        }
        else if(col==15)
        {
            PC->OUT&=0xFF7F;                //PC7 引脚为输出
            PC->OUT|=0x0080;
            delay_ms(1);
            PC->OUT&=0xFF27;
        }
    }
}
```

字形库代码如下：

```
const uint32_t DM_Map1[][32] =
{
    {0xFB,0xEF,0xDB,0xF7,0xBB,0xF9,0x7B,0xFE,0x9B,0x7D,0x63,0xB3,0xBF,0xDF,0xCF,0xE7},
    {0xF0,0xF9,0x37,0xFE,0xF7,0xF9,0xF7,0xE7,0xD7,0xDF,0xE7,0xBF,0xFF,0x7F,0xFF,0xFF},
    //"欢",0
    {0xBF,0xFF,0xBF,0xBF,0xBD,0xDF,0x33,0xE0,0xFF,0xDF,0xFF,0xBF,0x03,0xB0,0xFB,0xBB},
    {0xFD,0xBD,0xFF,0xBF,0x03,0x80,0xFB,0xBD,0xFB,0xBB,0x03,0xBC,0xFF,0xBF,0xFF,0xFF},
    //"迎",1
    {0x7F,0xFF,0x9F,0xFF,0x07,0x00,0xF8,0xFF,0xFB,0x7F,0x1B,0x7E,0xDB,0xBA,0xDB,0xD6},
    {0xDB,0xEE,0x00,0xD0,0xDB,0xBE,0xDB,0xBE,0xDB,0x7E,0x1B,0x7E,0xFB,0x7F,0xFF,0xFF},
    //"使",2
    {0xFF,0x7F,0xFF,0x9F,0x01,0xE0,0xDD,0xFD,0xDD,0xFD,0xDD,0xFD,0xDD,0xFD,0x01,0x80},
    {0xDD,0xFD,0xDD,0xFD,0xDD,0xBD,0xDD,0x7D,0x01,0x80,0xFF,0xFF,0xFF,0xFF,0xFF,0xFF},
    //"用",3
    {0xFF,0xFF,0xFF,0xFF,0x07,0xE0,0x77,0xF7,0x77,0xF7,0x77,0xF7,0x77,0xF7,0x00,0x80},
    {0x77,0x77,0x77,0x77,0x77,0x77,0x77,0x77,0x07,0x60,0xFF,0x7F,0xFF,0x0F,0xFF,0xFF},
    //"电",4
    {0x7F,0xFF,0x7D,0xFF,0x7D,0xFF,0x7D,0xFF,0x7D,0xFF,0x7D,0xBF,0x7D,0x7F,0x1D,0x80},
    {0x5D,0xFF,0x6D,0xFF,0x75,0xFF,0x79,0xFF,0x7D,0xFF,0x7F,0xFF,0x7F,0xFF,0xFF,0xFF},
    //"子",5
    {0xFF,0x7F,0xFB,0x9F,0x7B,0xE0,0x7B,0xFF,0x6B,0xFF,0x1B,0xFF,0x7A,0xFF,0x79,0xFF},
    {0x7B,0xFF,0x3B,0xFF,0x4B,0xFF,0x7B,0xFF,0x7B,0xFF,0x7B,0xFF,0x7F,0xFF,0xFF,0xFF},
    //"产",6
    {0xFF,0xFF,0xFF,0x01,0xFF,0xBD,0x81,0xBD,0xBD,0xBD,0xBD,0x01,0xBD,0xFF,0xBD,0xFF},
    {0xBD,0xFF,0xBD,0x01,0xBD,0xBD,0x81,0xBD,0xFF,0xBD,0xFF,0x01,0xFF,0xFF,0xFF,0xFF},
    //"品",7
    {0xBF,0xFF,0xDF,0xFF,0x2F,0xC0,0xB3,0xBF,0xBC,0xBB,0xBB,0xB7,0x37,0xB8,0xEF,0xBF},
    {0xDF,0x8F,0xFF,0xFF,0x07,0xF0,0xFF,0xBF,0xFF,0x7F,0x00,0x80,0xFF,0xFF,0xFF,0xFF},
    //"创",8
    {0xBF,0xDF,0xBB,0xED,0xAB,0xB5,0x9A,0x7D,0x39,0x80,0x9B,0xFD,0xAB,0xF5,0xBB,0x6D},
    {0xFF,0x9F,0x03,0xE0,0xBB,0xFF,0xBB,0xFF,0x3B,0x00,0xBD,0xFF,0xBF,0xFF,0xFF,0xFF},
    //"新",9
    {0xEF,0xFB,0xF3,0x7B,0xFB,0x7B,0x7B,0xBB,0xEB,0xB8,0x9B,0xDB,0xFA,0xEB,0xF9,0xF3},
    {0x0B,0xF8,0xFB,0xF3,0xFB,0xEB,0xFB,0xDB,0xFB,0xBB,0xEB,0x7B,0xF3,0xFB,0xFF,0xFF},
    //"实",10
```

```
        {0xFD,0xF7,0x05,0xE7,0x7D,0xB7,0x7D,0x7B,0x01,0xBB,0x7F,0xC0,0xBF,0xBF,0xDF,0xBB},
        {0xAF,0xA7,0xB3,0xBE,0xBC,0xB1,0xB3,0x9F,0xAF,0xA7,0xDF,0xB8,0xBF,0xBF,0xFF,0xFF},
        //"验",11
        {0xEF,0xFB,0xF3,0x7B,0xFB,0x7B,0x7B,0xBB,0xEB,0xB8,0x9B,0xDB,0xFA,0xEB,0xF9,0xF3},
        {0x0B,0xF8,0xFB,0xF3,0xFB,0xEB,0xFB,0xDB,0xFB,0xBB,0xEB,0x7B,0xF3,0xFB,0xFF,0xFF},
        //"实",12
        {0xBF,0xFF,0xBF,0xFF,0xBD,0xFF,0x33,0xC0,0xFF,0xEF,0xFF,0x77,0xFF,0x9F,0x00,0xE0},
        {0xFF,0xFF,0xFF,0xFF,0x01,0xC0,0xFF,0xFF,0xFF,0xFF,0x00,0x00,0xFF,0xFF,0xFF,0xFF},
        //"训",13
        {0xFF,0xFF,0xFF,0xBD,0xDD,0xDD,0xCD,0xEC,0xD5,0xF4,0x59,0xBD,0x5D,0x7D,0x9D,0x81},
        {0xDE,0xFD,0xEE,0xFD,0xF6,0xF5,0x7E,0xED,0xFE,0xDC,0xFF,0xB9,0xFF,0xFF,0xFF,0xFF},
        //"系",14
        {0xDF,0xDD,0xCF,0x98,0x53,0xDD,0x9C,0xED,0xCF,0xED,0xFF,0x7F,0x77,0xBF,0x37,0xCF},
        {0x57,0xF0,0x66,0xFF,0x71,0xFF,0x77,0xC0,0x57,0xBF,0x37,0xBF,0x77,0x8E,0xFF,0xFF},
        //"统",15
}
```

5. 硬件和软件联调

（1）编写好 C 语言程序后，我们就可以直接对工程进行编译了，生成相应的目标代码文件。若编译发生错误，要进行分析检查，直到编译正确。

（2）连接 J-Link 下载器和开发板，在 Keil μVision5 界面上单击快速访问工具栏中的 ⛏ 按钮完成程序下载。

（3）启动开发板，程序运行后将在点阵上循环显示"欢迎使用电子产品创新实验实训系统"的汉字。若运行结果与任务要求不一致，要对电路和程序进行分析检查，直到运行正确。

6. 调试结果实物图

在进行软、硬件联调后，部分实物效果图如图 10-15 所示。

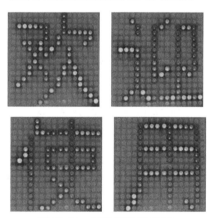

图 10-15　部分实物效果图

【技能训练 10-2】16×16LED 点阵循环显示"我爱祖国"

1. 字模提取

结合 10.3.3 的学习，使用字模提取 V2.1 CopyLeft By Horse2000 软件对"我爱祖国"的字模进行提取，如图 10-16 所示。

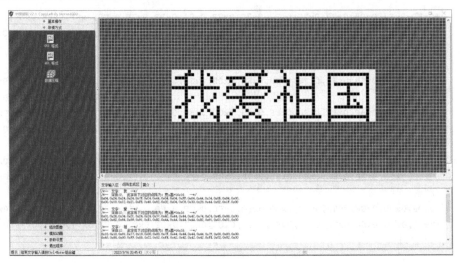

图 10-16　"我爱祖国"字模提取

2. 移植任务 26 工程

复制"任务 26　16×16 的 LED 点阵显示设计"文件夹，然后修改文件夹名为"【技能训练 10-2】16×16LED 点阵循环显示'我爱祖国'"，将 USER 文件夹下的"16×16LED0.uvprojx"工程名修改为"16×16LED.uvprojx"。

3. 程序设计

根据任务要求实现 16×16LED 点阵循环显示"我爱祖国"，在任务 26 的基础上对 C 语言文件进行修改，16×16LED 点阵循环控制的字形库代码如下：

```
const uint32_t DM_Map1[][32] =
{
    {0x04,0x24,0x24,0x24,0x7F,0xC4,0x44,0x04,0x04,0xFF,0x04,0x44,0x34,0x05,0x04,0x00,
    0x00,0x10,0x12,0x21,0xFE,0x40,0x82,0x02,0x04,0xC8,0x30,0x28,0x44,0x82,0x1F,0x00},
    //"我",0
    {0x01,0x26,0x34,0x2C,0x24,0x24,0x37,0x4C,0x44,0x44,0x4C,0x74,0xC4,0x45,0x06,0x00,
    0x00,0x82,0x84,0x89,0x91,0xE1,0xB2,0xAA,0xA4,0xA4,0xAA,0xB2,0x81,0x01,0x01,0x00},
    //"爱",1
    {0x10,0x10,0x91,0x77,0x19,0x00,0x00,0x7F,0x44,0x44,0x44,0x44,0x7F,0x00,0x00,0x00,
    0x40,0x80,0x00,0xFF,0x00,0xC2,0x02,0xFE,0x42,0x42,0x42,0x42,0xFE,0x02,0x02,0x00},
    //"祖",2
    {0x00,0x7F,0x40,0x48,0x49,0x49,0x49,0x4F,0x49,0x49,0x49,0x48,0x40,0x7F,0x00,0x00,
    0x00,0xFF,0x02,0x12,0x12,0x12,0x12,0xF2,0x12,0x52,0x32,0x12,0x02,0xFF,0x00,0x00}
    //"国",3
}
```

4. 硬件和软件联调

（1）编写好 C 语言程序后，我们就可以直接对工程进行编译了，生成相应的目标代码文件。若编译发生错误，要进行分析检查，直到编译正确。

（2）连接 J-Link 下载器和开发板，在 Keil μVision5 界面上单击快速访问工具栏中的 按钮完成程序下载。

（3）启动开发板，程序运行后将在点阵上循环显示"我爱祖国"的汉字。若运行结果与任务要求不一致，要对电路和程序进行分析检查，直到运行正确。

5. 调试结果实物图

在进行软、硬件联调后，部分实物效果图如图 10-17 所示。

图 10-17　部分实物效果图

关键知识点梳理

1. LED 点阵显示屏是由高亮发光二极管点阵组成的矩阵模块，通过控制这个二极管矩阵达到在显示屏上显示符号、文字等信息的目的。

2. 8×8 LED 显示模块的内部实际上是由 64 个发光二极管按矩阵排列而成的，每个发光二极管放置在行线和列线的交叉点上。当对应发光二极管一端置 1，另一端置 0 时，就点亮了 LED 显示屏上相应的点。

3. 8×8 LED 点阵显示屏的内部结构有列阴极行阳极和列阳极行阴极两种结构。列阴极行阳极结构是把同一行所有 LED 的阳极连在一起，把同一列所有 LED 的阴极连在一起；列阳极行阴极结构是把同一行所有 LED 的阴极连在一起，把同一列所有 LED 的阳极连在一起。

4. LED 显示屏通过驱动行线和列线来点亮 LED 屏上相应的点。显示方式可分为静态显示和动态显示两种方式。在实际应用中，LED 点阵显示屏几乎都不采用静态显示方式，而是采用动态显示方式。

5. 动态扫描方式有逐列扫描方式和逐行扫描方式，逐列扫描方式就是逐列点亮 LED，逐行扫描方式就是逐行点亮 LED。由于人的视觉暂留现象，因此当点亮每列 LED 的时间缩短到一定程度时，人眼就会无法识别闪烁，即 8×8LED 点阵一直在显示，达到一种稳定的视觉效果。

6. 汉字字模是一组数字，但与普通数字的意义有根本的不同，使用数字的各位信息来记载字符或汉字的形状，可以使用字模提取 V2.1 CopyLeft By Horse2000 软件进行字模提取。

问题与训练

10-1　简述 8×8LED 点阵屏的内部结构及工作原理。

10-2　简述 LED 点阵的两种显示方法。

10-3　点阵屏控制电路是由哪几部分组成的？并简述其工作原理。

10-4　请设计一个 16×16LED 点阵屏，能分屏和移动显示"中华崛起" 4 个汉字。

课程设计范例

基于 LK32T102 单片机的车辆区间测速系统设计

一、课程设计目的、功能

1. 课程设计目的

本课程设计选自 2022 年全国职业院校技能大赛"集成电路开发及应用"赛项中的集成电路应用任务，通过单片机显示和键盘接口技术，能够利用红外对管、数码管动态扫描显示、液晶显示、外部中断、定时器及矩阵键盘等关键技术，完成车辆区间测速系统的设计及实现。进一步掌握 LK32T102 单片机的应用系统设计方法，以及 C 语言程序的设计方法。

通过本课程设计任务，培养独立思考、勇于创新的精神，加强自主学习意识，提升自主学习能力与创新能力，培养团队协作精神。

2. 实现功能

本系统使用 LK32T102 单片机，是通过红外检测电路与单片机、LCD 显示屏等搭建的车辆区间测速系统，可编写控制程序，实现单车和多车通行测速。本系统具备记录车辆行驶速度、设置限速阈值并判断车辆是否超速等功能。

（1）车辆区间测速系统的安装。

测速区间起始区域和测速区间终止区域各安装 1 对红外传感器、1 个供电指示红色 LED 灯和 1 个车辆检测绿色 LED 灯，另外在测速区间终止区域安装 1 个黄色 LED 灯。红外对管发射端与接收端之间预留车辆通行宽度，如图 A-1 所示。

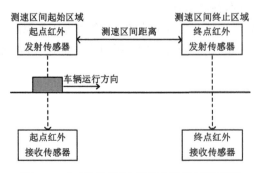

图 A-1　车辆区间测速系统安装区域示意图

（2）车辆区间测速系统的运行与设置。

运行车辆区间测速系统，初始显示界面如图 A-2 所示。5s 后自动进入功能选择界面，如图 A-3 所示。

```
┌─────────────────────────┐        ┌─────────────────────────┐
│                         │        │   1. 设置界面            │
│      欢迎使用           │        │                         │
│                         │        │   2. 单辆模式            │
│      区间测速系统       │        │                         │
│                         │        │   3. 多辆模式            │
└─────────────────────────┘        └─────────────────────────┘
```

图 A-2　初始显示界面 　　　　　　　　　　图 A-3　功能选择界面

在图 A-3 中，先通过按键选择"1"，进入设置界面，如图 A-4 所示。

在图 A-4 中，可以设置超速阈值和测速区间。超速阈值设置范围为 0～120 km/h，测速区间设置范围为 0.00～9.99km，设置完成后可以通过按键返回到图 A-3 所示的界面。

（3）车辆区间测速系统的运行模式与显示。

车辆区间测速系统有单车和多车 2 种运行模式。

① 单车模式。在单车模式下，LCD 显示当前过往车辆状态、速度和是否超速，如图 A-5 所示。

```
┌─────────────────────────┐        ┌─────────────────────────┐
│                         │        │   XXX 测速区间           │
│   超速阈值：40 km/h     │        │                         │
│                         │        │   速度:YYY km/h          │
│   测速区间：5.00km      │        │                         │
│                         │        │   是否超速: Z            │
└─────────────────────────┘        └─────────────────────────┘
```

图 A-4　设置界面 　　　　　　　　　　图 A-5　单车模式下 LCD 显示界面

同时数码管和 LED 灯也给出警示，车辆不同状态对应的显示效果如表 A-1 所示。

表 A-1　车辆不同状态对应的显示效果

车辆状态	XXX	YYY	Z	4 位数码管	LED 灯
未进入测速区间	未驶入	0	？	 □□	LED 绿灯熄灭，LED 黄灯闪烁
在测速区间内	已驶入	0	？	 □□	检测到车辆通过时，LED 绿灯点亮
已离开测速区间	已离开	速度值	是（超速） 否（未超速）	 □	车辆通过后，LED 绿灯熄灭；超速时，LED 黄灯点亮

图 A-5 和表 A-1 所示内容说明如下：

XXX：初始显示"未驶入"；车辆进入测速区间后显示"已驶入"；车辆离开测速区间后显示"已离开"。

YYY：初始显示"0"；车辆离开测速区间后显示车辆通过测速区间的速度，单位为 km/h。

Z：初始显示"？"，如果运行车辆速度高于超速阈值，应显示"是"，否则显示"否"。

② 多车模式。在多车模式下，能测量并显示两辆车的速度值和是否超速，如图 A-6 所示。

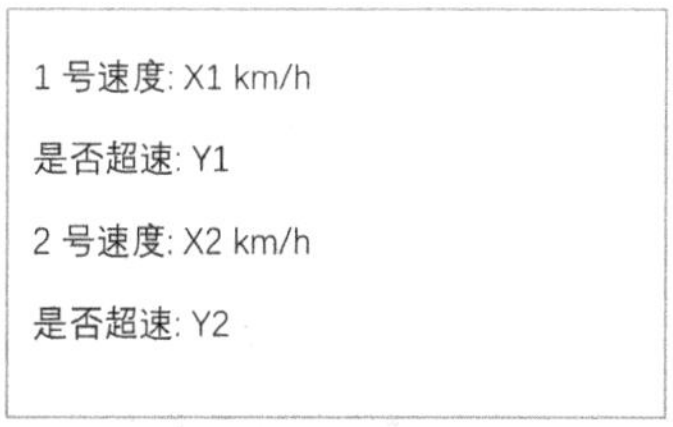

```
┌─────────────────────────┐
│  1 号速度：X1 km/h       │
│  是否超速：Y1            │
│  2 号速度：X2 km/h       │
│  是否超速：Y2            │
└─────────────────────────┘
```

图 A-6　多车模式下 LCD 显示界面

图 A-6 所示内容说明如下：

X1：初始显示"0"，第一辆车离开测速区间后显示车辆速度，单位为 km/h。

X2：初始显示"0"，第二辆车离开测速区间后显示车辆速度，单位为 km/h。

Y1：初始显示"？"，如果第一辆车运行速度高于超速阈值，应显示"是"，否则显示"否"。

Y2：初始显示"？"，如果第二辆车运行速度高于超速阈值，应显示"是"，否则显示"否"。

二、设计分析

1．测量车辆速度实现分析

测量车辆的速度是利用红外对管实现的，红外对管是红外发射管与红外接收管（或光敏接收管）配合在一起使用时的总称。

在测速区间，每当车辆通过红外对管时，红外接收管就会产生一个脉冲信号。这样，我们就可以知道测速区间起始区域和测速区间终止区域的红外对管所产生脉冲信号的时间间隔 t，然后根据测速区间起始区域和测速区间终止区域之间的距离 s，即可计算出车辆通过的速度，计算公式如下：

$$v = \frac{s}{t}$$

为此，我们可以将测速区间起始区域的红外接收管接在单片机的外部中断 PA0 引脚，测速区间终止区域的红外接收管接在单片机的外部中断 PA1 引脚。测量车辆速度实现步骤如下：

（1）当车辆通过测速区间起始区域的红外接收管时，就会向单片机外部中断 PA0 引脚发出一个脉冲信号，引起外部中断 PA0 引脚的中断，该中断启动定时器，进行计时；

（2）当车辆通过测速区间终止区域的红外接收管时，就会向单片机外部中断 PA1 引脚发出一个脉冲信号，引起外部中断 PA1 引脚的中断，该中断会关闭定时器，停止计时；

（3）通过定时器的计时时间、测速区间起始区域和测速区间终止区域之间的距离，根据计算公式可获得车辆的速度。

2．车辆区间测速系统设计实现

车辆区间测速系统采用 LK32T102 单片机，通过红外对管、单片机外部中断和定时器对车辆进行速度测量，并通过 LCD12864 和数码管显示速度、运行状态等。按键设置"超速阈值"和"测速区间"，若车辆速度超过了超速阈值，就会通过 LED 黄灯进行报警，并在液晶屏上显示。

三、车辆区间测速系统电路设计

1．矩阵式电路设计

车辆区间测速系统的键盘电路设计采用矩阵式键盘，该键盘电路设计与项目 4 中任务 11 的电路设计一样。

矩阵式键盘的 S4 键是液晶显示界面中的向上选择键，S8 键是界面中的向下选择键，S12 键是确认键，S16 键是返回键，S13 键是阈值设置数值逐减键，S15 键是阈值设置数值逐加键。

2．液晶显示电路设计

液晶显示采用无中文字库的 LCD12864 液晶显示模块，通过串行方式来控制 LCD 进行显示，其引脚分别接 LK32T102 单片机 PA 口的 PA4～PA7 引脚。其中，数据\指令选择信号 RS 接 PA7 引脚、读写选择信号 R/W 接 PA6 引脚、使能信号 E 接 PA5 引脚、并/串行接口选择信号 PSB

接 PA4 引脚。

3．红外对管电路设计

红色 LED 指示灯指示电路供电是否正常，绿色 LED 用于红外检测指示。通过电压比较器 LM393 比较红外传感器的输出电压和变阻器电压，内置两组电压比较单元，输出引脚分别与测速区间起始区域和测速区间终止区域的绿灯相连，同时也接单片机的 PA0 和 PA1 引脚，通过中断记录车辆经过时刻。红外对管电路如图 A-7 所示。

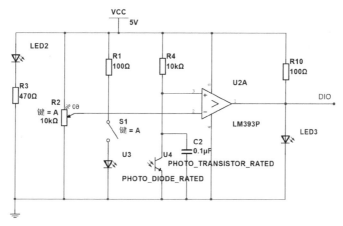

图 A-7　红外对管电路

4．数码管显示电路设计

数码管显示采用 4 位的共阳极数码管模块，其位段控制引脚 a、b、f、g 均经下拉电阻接 GND、位控引脚 DG1～DG4 分别接 PA15、PB1、PB2、PB10 引脚。数码管显示电路设计参考项目 3 中的任务 7。

5．速度超上/下限 LED 报警电路设计

在车辆区间测速系统中，超速报警灯（LED 黄灯）接 PA8 引脚。

车辆区间测速系统电路如图 A-8 所示。

图 A-8　车辆区间测速系统电路

四、车辆区间测速系统程序设计

在车辆区间测速系统的程序设计中，矩阵式键盘程序和液晶显示程序可以分别参考项目 4

的任务 11 和项目 8 的任务 21 来完成，详细代码见教学资源。

1．矩阵式键盘程序设计

矩阵式键盘程序设计与项目 4 的任务 11 中的程序设计基本一样。本程序需要编写 Matrixkey.c 文件和 Matrixkey.h 头文件。

Matrixkey.h 头文件的代码如下：

```
#ifndef __Matrixkey_H
#define __Matrixkey_H
#include "devinit.h"
//声明函数原形
void InitMatrixKey(void);
unsigned char scan_MatrixKey( void );
#endif
```

Matrixkey.c 文件的代码如下：

```
#include "Matrixkey.h"
#include "delay.h"
#define PORTE PB -> PIN                    //读 PB 口引脚电压
void InitMatrixKey(void)
{
        GPIO_AF_SEL(DIGITAL, PB, 8, 0);     // R1
        GPIO_AF_SEL(DIGITAL, PB, 9, 0);     // R2
        GPIO_AF_SEL(DIGITAL, PB, 10, 0);    // R3
        GPIO_AF_SEL(DIGITAL, PB, 11, 0);    // R4
        GPIO_AF_SEL(DIGITAL, PB, 12, 0);    // C1
        GPIO_AF_SEL(DIGITAL, PB, 13, 0);    // C2
        GPIO_AF_SEL(DIGITAL, PB, 14, 0);    // C3
        GPIO_AF_SEL(DIGITAL, PB, 15, 0);    // C4
}
unsigned char scan_MatrixKey( void )
{
    unsigned char column;                           //列
    unsigned char row;                              //行
    unsigned char tmp;                              //临时变量
    unsigned char MatrixKey_value = 0xff;           //初始按键值，不能是 0 ~ 15
    static unsigned char key_count = 0;             //按键被中断函数扫描的次数
    PB -> OUTEN |= 0XFF00;                           //PB 口输出使能
    //初始值：GPIOE 高 8 位端口，低 4 位为低电平，高 4 位为高电平
    PB -> OUT &= 0X00FF;
    PB -> OUT |= 0XF000;
    //GPIOE 高 8 位端口：高 4 位为上拉输入
    PB -> OUTEN &= 0X0FFF;                           //PB 口输入使能
    GPIO_PUPD_SEL(PUPD_PU, PB, 12 );
    GPIO_PUPD_SEL(PUPD_PU, PB, 13 );
    GPIO_PUPD_SEL(PUPD_PU, PB, 14 );
    GPIO_PUPD_SEL(PUPD_PU, PB, 15 );

    tmp = PORTE >> 8;                                //读取按键值

    if( tmp != 0XF0 )                                //如果有按键被按下
        {
                //防止长按时持续自增导致变量溢出
```

```
        if( key_count < 2 )
        {
            key_count++;
        }
}
//若产生按键抖动被抬起，则计数清 0
else
{
    key_count = 0;
}
//若连续 2 次扫描均处于被按下状态，则认定按键确实被按下
if( key_count == 2 )
{
    column = tmp & 0XF0;            //获取列号
    PB -> OUTEN |= 0XFF00;          //PB 口输出使能

    //翻转：GPIOE 高 8 位端口，低 4 位为高电平，高 4 位为低电平
    PB -> OUT &= 0X00FF;
    PB -> OUT |= 0X0F00;

    //GPIOE 高 8 位端口：低 4 位为上拉输入
    PB -> OUTEN &= 0XF0FF;          //PB 口输入使能
    GPIO_PUPD_SEL(PUPD_PU, PB, 8 );
    GPIO_PUPD_SEL(PUPD_PU, PB, 9 );
    GPIO_PUPD_SEL(PUPD_PU, PB, 10 );
    GPIO_PUPD_SEL(PUPD_PU, PB, 11 );

    row = ( PORTE >> 8 ) & 0X0F;    //获取行号

    switch ( column | row )         //column|row 为按键被按下后对应端口的编码
    {
        //按键对应的码表，可根据需求调整返回值
        case 0XEE:
            MatrixKey_value = 1;
            break;
        case 0XDE:
            MatrixKey_value = 2;
            break;
        case 0XBE:
            MatrixKey_value = 3;
            break;
        case 0X7E:
            MatrixKey_value = 4;
            break;
        case 0XED:
            MatrixKey_value = 5;
            break;
        case 0XDD:
            MatrixKey_value = 6;
            break;
        case 0XBD:
            MatrixKey_value = 7;
```

```
                                break;
                        case 0X7D:
                                MatrixKey_value = 8;
                                break;
                        case 0XEB:
                                MatrixKey_value = 9;
                                break;
                        case 0XDB:
                                MatrixKey_value = 10;
                                break;
                        case 0XBB:
                                MatrixKey_value = 11;
                                break;
                        case 0X7B:
                                MatrixKey_value = 12;
                                break;
                        case 0XE7:
                                MatrixKey_value = 13;
                        break;
                        case 0XD7:
                                MatrixKey_value = 14;
                                break;
                        case 0XB7:
                                MatrixKey_value = 15;
                        break;
                        case 0X77:
                                MatrixKey_value = 16;
                                break;

                        default:
                                break;
                }
        }
        //若没有按键被按下或中途松手，则扫描次数清 0
        if( ( PORTE & 0XFF00 ) == 0xF000 )
                key_count = 0;
        return MatrixKey_value;
}
```

2. 液晶显示程序设计

液晶显示采用无中文字库的 LCD12864 液晶显示模块，通过串行方式控制 LCD 进行显示。液晶显示程序设计与项目 8 中任务 21 的程序设计基本一样，ASCII 字符和汉字的字模获取参考项目 3 的任务 9。本程序需要编写 LCD12864.c 文件和 LCD12864.h 头文件。

LCD12864.h 头文件的代码如下：

```
#ifndef __LCD12864_H
#define __LCD12864_H
#include <DevInit.h>
#include "stdio.h"
/*#define---------------------------------------------------------------------*/
#define CS_1 PA_OUT_HIGH(7);        //PA7 引脚输出高电平，RS
#define CS_0 PA_OUT_LOW(7);         //PA7 引脚输出低电平
```

```
#define SID_1        PA_OUT_HIGH(6);      //PA6 引脚输出高电平, R/W
#define SID_0        PA_OUT_LOW(6);       //PA6 引脚输出低电平
#define CLK_1        PA_OUT_HIGH(5);      //PA5 引脚输出高电平, E
#define CLK_0        PA_OUT_LOW(5);       //PA5 引脚输出低电平
#define PSB_1        PA_OUT_HIGH(4);      //PA4 引脚输出高电平, PSB
#define PSB_0        PA_OUT_LOW(4);       //PA4 引脚输出低电平
/* Exported functions declared ---------------------------------------------- */
void Write_dat(uint8_t dat);
void Send_cmd(uint8_t cmd);
void Send_dat(uint8_t dat);
void LCD_Pos(uint8_t y_add , uint8_t x_add);
void LCD_ShowChar(uint8_t y,uint8_t x,uint16_t ch);
void LCD_ShowStr(uint8_t y,uint8_t x,char* str);
void LCD_ShowNum(uint8_t y,uint8_t x,float num);
void LCD_ShowPic(char* img);
void LCD_Clear(void);
void LCD_Init(void);
#endif
```

LCD12864.c 文件代码如下：

```
#include "LCD12864.h"
#include "delay.h"
/**
* @brief  LCD12864 接线说明 (LCD12864 串行工作模式)
* @param  SC32F5832 -> LCD12864
*                                  PA7  ->  RS
*                                  PA6  ->  R/W
*                                  PA5  ->  E
*                                  PA4  ->  PSB
*/

void LCD_GPIO_Init(void)                  //液晶端口使能
{
   PA_OUT_ENABLE(7);                      //RS
   PA_OUT_ENABLE(6);                      //R/W
   PA_OUT_ENABLE(5);                      //E
   PA_OUT_ENABLE(4);                      //PSB
   PA_OUT_ENABLE(13);                     //REST
}
//写数据(字节)
void Write_dat(uint8_t dat)
{
   uint8_t i;
   for(i=0; i<8; i++)
   {
      if((dat&0x80)==0x80)               //第 8 位为 1
         SID_1;                          //写 1
      if((dat&0x80)==0x00)               //第 8 位为 0
         SID_0;                          //写 0
      CLK_0;                             //读数据
      delay_us(50);
      CLK_1;                             //锁存数据
      dat<<=1;                           //移位
```

```c
        }
}
//LCD 写指令
void Send_cmd(uint8_t cmd)
{
    Write_dat(0xf8);                            //写地址指令
    Write_dat(cmd&0xf0);                        //高 4 位
    Write_dat((cmd&0x0f)<<4);                   //低 4 位
}
//LCD 写数据
void Send_dat(uint8_t dat)
{
    Write_dat(0xfa);                            //写数据指令
    Write_dat(dat&0xf0);                        //高 4 位
    Write_dat((dat&0x0f)<<4);                   //低 4 位
}
//LCD 写地址
void LCD_Pos(uint8_t y_add , uint8_t x_add)
{
    switch(y_add)
    {
            case 0:
                Send_cmd(0X80|x_add);           //第一行首地址 0X80
                break;
            case 1:
                Send_cmd(0X80|x_add);           //第一行首地址 0X80
                break;
            case 2:
                Send_cmd(0X90|x_add);           //第一行首地址 0X90
                break;
            case 3:
                Send_cmd(0X88|x_add);           //第一行首地址 0X88
                break;
            case 4:
                Send_cmd(0X98|x_add);           //第一行首地址 0X98
                break;
                    default:
                            Send_cmd(0X80|x_add); //第一行首地址 0X80
                            break;
    }
}
//LCD 显示一个字符
void LCD_ShowChar(uint8_t y,uint8_t x,uint16_t ch)
{
    LCD_Pos(y,x);                               //显示位置
    Send_dat(ch);                               //显示字符
}
//LCD 显示一个字符串
void LCD_ShowStr(uint8_t y,uint8_t x,char* str)
{
    static unsigned char i;
    LCD_Pos(y,x);
```

```c
    for(i=0; str[i]!='\0'; i++)
    {
        Send_dat(str[i]);
    }
}
//LCD 显示数字 (小数保留 3 位)
void LCD_ShowNum(uint8_t y,uint8_t x,float num)
{
    static char temp[20];
    if(num-(int)num>0)
        sprintf(temp,"%.3f",num);
    else
        sprintf(temp,"%d",(int)num);
    LCD_ShowStr(y,x,temp);
}
//LCD 显示图片
void LCD_ShowPic(char* img)                     //显示图片函数
{
    uint8_t i,j;
    Send_cmd(0x34);                             //切换到扩充指令
    Send_cmd(0x36);                             //切换到扩展功能, 开绘图显示

        for(i=0;i<32;i++)                       //上半屏的 32 排依次先写满
    {
        Send_cmd(0x80+i);                       //先送垂直地址
        Send_cmd(0x80);                         //再送水平地址
        for(j=0;j<8;j++) //每排 128 个点, 所以一共要 16 个 2 位十六进制数 (也就是 8 位二进制数) 才能全
部控制
        {
                        Send_dat(*img++);
                        Send_dat(*img++);
        }
    }
    for(i=0;i<32;i++)                           //下半屏的 32 排操作原理和上半屏一样
    {
        Send_cmd(0x80+i);
        Send_cmd(0x88);
        for(j=0;j<8;j++)
        {
                        Send_dat(*img++);
                        Send_dat(*img++);
        }
    }

    Send_cmd(0x30);                             //切换回基本指令
}
//LCD 清除显示
void LCD_Clear(void)
{
    Send_cmd(0x01);
}
//LCD 初始化
```

```
void LCD_Init(void)
{
    LCD_GPIO_Init();
    CS_1;                                    //片选
    PSB_0;                                   //串行
    RST_0;                                   //液晶复位
    delay_ms(10);
    RST_1;                                   //释放
    Send_cmd(0x30);                          //0011_0000B，功能设定：基本指令集
    delay_ms(10);
    Send_cmd(0x0C);                          //0000_1100B，整体显示，游标off，游标位置off
    delay_ms(10);
    Send_cmd(0x01);                          //0000_0001B，清DDRAM
        delay_ms(30);
        Send_cmd(0x06);                      //每次地址自动+1，初始化完成
}
```

3. 车辆区间测速系统显示界面和车辆测速程序设计

车辆区间测速系统显示界面主要有初始显示界面、功能选择显示界面、设置显示界面、单车模式显示界面及多车模式显示界面。车辆测速模式有单车模式和多车模式。本程序需要编写car.c文件和car.h头文件。

car.h头文件的代码如下：

```
#ifndef __CAR_H
#define __CAR_H
#include "DevInit.h"
void Setting(void);
void One_Car(void);
void More_Car(void);
#endif
```

car.c文件的代码如下：

```
#include "Car.h"
#include "delay.h"
#include "LCD12864.h"
#include "Matrixkey.h"
#include "infrared.h"
#include "smg.h"

int8_t key_post=1,enter_post,back_post;      //按键索引状态

int Speed=0;                                 //超速阈值
float Section=0;                             //测速区间
uint8_t LCD_FLAG=0,LCD_STATUS=0;             //LCD闪屏标志与状态

uint8_t last_ve_status = 0;                  //上一次车辆状态
uint8_t vehicle_status=0;                    //车辆进入状态
uint8_t vehicle_velocity = 0;                //车速
uint8_t over_status;                         //超速状态

int count=0;                                 //车号
int page=0;                                  //页号
```

```
int first_page=1;                                //第一页
int last_page=0;                                 //上一页
int page_post=0;                                 //页面索引
int page_flag=0;                                 //翻页标志位

char sp_temp[20];                                //超速阈值显示缓存
char se_temp[20];                                //测速区间显示缓存
char ve_temp[20];                                //车辆速度显示缓存
char counts[20];                                 //历史车辆速度显示缓存


/*外部变量*/
extern int ir;                                   //红外检测（外部中断）

/*历史车辆数据存储*/
typedef struct {
    uint8_t ve_count;                            //车辆计数
    uint8_t ve_velocity;                         //车速
    uint8_t ve_status;                           //超速状态
} More_count;
More_count more[100];                            //多车数据查看实例

void Config(void)                                //设置"超速阈值"和"测速区间"
{
    static int keynum=0,keypost=0;               //按键值，按键索引
    do {
        keynum = scan_MatrixKey();               //获取当前键值
        if(keynum != 0)
        {
            switch(keynum)
            {
                case 4:                          //按键"A"，上翻
                    keypost--;
                    if(keypost<0)
                        keypost=1;
                    delay_ms(100);
                    break;
                case 8:                          //按键"B"，下翻
                    keypost++;
                    if(keypost>1)
                        keypost=0;
                    delay_ms(100);
                    break;
                case 13:                         //按键"*"，数值++
                    if(keypost==0){
                        Speed--;                 //速度值
                        if(Speed<0)
                            Speed = 0;
                    }else{
                        if(Section<0)
                            Section = 0;
                        Section=Section-0.01f;   //区间阈值
                    }
```

```
                    break;
               case 15:                        //按键"#"，数值--
                   if(keypost==0){
                      Speed++;                  //速度值
                      if(Speed>120)
                          Speed = 120;
                   }else{
                      if(Section>9.99f)
                          Section = 9.99f;
                      Section=Section+0.01f; //区间阈值
                   }
                   break;
          }
     }
                   /*LCD 液晶显示，字符转换*/
       sprintf(sp_temp,"超速阈值:%dkm/h",Speed);
       sprintf(se_temp,"测速区间:%.2fkm",Section);

       if(keypost==0)                                        //超速阈值
          LCD_ShowStr(2,0,LCD_FLAG?sp_temp:"             "); //选中，0.5s 闪一次
       else
          LCD_ShowStr(2,0,sp_temp);                          //正常显示

       if(keypost==1)                                        //测速区间
          LCD_ShowStr(3,0,LCD_FLAG?se_temp:"             "); //选中，0.5s 闪一次
       else
          LCD_ShowStr(3,0,se_temp);                          //正常显示

   } while(keynum!=16);                                      //按键"D"被按下，返回
   LCD_STATUS = 0;                                           //LCD 屏闪，状态结束
}


void One_Car(void)                                           //单辆测速
{
   if(ir!=1 && ir!=2)                                        //未驶入
   {
      vehicle_status = 1;                                    //车辆状态未驶入
      SMG_Detection(1);                                      //数码管显示未驶入状态
   }
   if(ir==1)                                                 //已驶入
   {
      vehicle_status = 2;                                    //车辆状态已驶入
      SMG_Detection(2);                                      //数码管显示已驶入状态
   }
   if(ir==2)                                                 //已离开
   {
      vehicle_status = 3;                                    //车辆状态已离开
      SMG_Detection(3);                                      //数码管显示已离开状态
      if(vehicle_velocity>Speed)                             //超速指示灯
      {
         over_status = 1;                                    //超速标志位
         PWM0 -> CMPA = 1000;                                //超速，警报灯亮
```

```
        }
        else
        {
            over_status = 0;                              //超速标志位
            PWM0 -> CMPA = 3600;                          //未超速，警报灯不亮
        }
    }
}


void More_Car(void)                                       //多辆测速
{
        One_Car();                                        //调用单辆模式，进行车辆测速

    if(vehicle_status==2)                                 //车辆驶入
    {
        if(last_ve_status!=vehicle_status)                //判断是否有新的车辆驶入
        {
            if(last_ve_status!=vehicle_status && count%2==0) //屏满清除
                LCD_Clear();
            count++;                                      //车辆号计数
            page_flag=0;                                  //查看数据，翻页标志清 0
        }
    }
    if(vehicle_status==3)                                 //车辆离开
    {
        more[count].ve_count = count;                     //存储车号
        more[count].ve_velocity = vehicle_velocity;       //存储车速
        more[count].ve_status = over_status;              //存储超速状态
        ir=0;                                             //红外状态清 0
    }
    last_ve_status = vehicle_status;                      //存储上一次车辆状态
}

void look_data()                                          //多辆模式-查看数据
{
    page = scan_MatrixKey();                              //获取按键键值
    if(last_page!=page)                                   //是否有新按键被按下
    {
        last_page = page;                                 //存储上一次键值
        switch(page)
        {
            case 4:
                page_post--;                              // "A" 键，上一页
                if(page_post<1)
                    page_post = count;                    //回到最大页数
                LCD_Clear();
                break;
            case 8:
                page_post++;                              // "B" 键，下一页
                if(page_post>=count)                      //回到第一页
                    page_post = 1;
```

```
                    break;
                }
            if(page==4 || page==8)                              //查看数据
                {
                            /*LCD上半屏显示数据*/
                    sprintf(counts,more[page_post].ve_count>9?"%d  号 速 度 :%dkm/h":"%d    号 速
度:%dkm/h",more[page_post].ve_count,more[page_post].ve_velocity);
                    LCD_ShowStr(1,0,counts);                        //显示车号和速度
                    LCD_ShowStr(2,0,more[page_post].ve_status?"是否超速：是":"是否超速：否");//显示超
速状态

                            /*LCD下半屏显示数据，只有一条数据时不显示*/
                    if(more[page_post+1].ve_count !=0)
                    {
                        sprintf(counts,more[page_post+1].ve_count>9?"%d  号 速 度 :%dkm/h":"%d    号 速
度:%dkm/h",more[page_post+1].ve_count,more[page_post+1].ve_velocity);
                        LCD_ShowStr(3,0,counts);                        //显示车号和速度
                        LCD_ShowStr(4,0,more[page_post+1].ve_status?"是否超速：是":"是否超速：否");
                        //显示超速状态
                        page_flag = 1;                              //翻页标志清0
                    }
                }
            }
        }
    }

    void GUI_Refresh(int post)                              //界面刷新
    {
        if(enter_post!=post)                                //确认键未被按下
        {
            switch(post)
            {
                case 1:                                     //设置界面
                    LCD_ShowStr(1,1,"> 1.设置界面");
                    LCD_ShowStr(2,1,"  2.单辆模式");
                    LCD_ShowStr(3,1,"  3.多辆模式");
                    break;
                case 2:                                     //单辆模式
                    LCD_ShowStr(1,1,"  1.设置界面");
                    LCD_ShowStr(2,1,"> 2.单辆模式");
                    LCD_ShowStr(3,1,"  3.多辆模式");
                    break;
                case 3:                                     //多辆模式
                    LCD_ShowStr(1,1,"  1.设置界面");
                    LCD_ShowStr(2,1,"  2.单辆模式");
                    LCD_ShowStr(3,1,"> 3.多辆模式");
                    break;
            }
        }
        else
        {
            do {
                switch(enter_post)                          //确认键被按下
```

```
            {
            case 1:                                    //设置
                LCD_STATUS = 1;                        //LCD 屏闪开始
                Config();                              //设置模式

                break;
            case 2:                                    //单辆
                One_Car();                             //单辆模式

                                          /*根据车辆驶入状态进行显示*/
            LCD_ShowStr(1,0, vehicle_status==1?"未驶入测速区间":

    (vehicle_status==2?"已驶入测速区间":

    (vehicle_status==3?"已离开测速区间":"X X X 测速区间")));

                sprintf(ve_temp,"速度:%dkm/h   ",vehicle_velocity);//字符转换
                LCD_ShowStr(2,0,ve_temp);              //显示当前速度
                LCD_ShowStr(3,0,vehicle_status==3?(over_status?"是否超速：是":"是否超速:
否"):"是否超速：? ");                                    //显示超速状态
                break;
            case 3:                                    //多辆
                More_Car();                            //多辆模式
                look_data();                           //查看数据
                if(page_flag!=1)                       //页面查看状态判断
                {
                    if((count%2 && vehicle_status==3) || first_page)//LCD 上半屏显示
                    {
                                          /*字符转换，车号与速度值*/
                        sprintf(counts,more[count].ve_count>9?"%d 号速度:%dkm/h":"%d 号
速度:%dkm/h",more[count].ve_count,more[count].ve_velocity);
                        LCD_ShowStr(1,0,counts);       //显示速度
                        LCD_ShowStr(2,0,vehicle_status==3?(more[count].ve_status?" 是 否
超速：是":"是否超速：否"):"是否超速：? ");              //显示是否超速
                    }
                    if((count%2==0 && vehicle_status==3) || first_page)//LCD 下半屏显示
                    {
                                          /*字符转换，车号与速度值*/
                        sprintf(counts,more[count].ve_count>9?"%d 号速度:%dkm/h":"%d 号
速度:%dkm/h",more[count].ve_count,more[count].ve_velocity);
                        LCD_ShowStr(3,0,counts);       //显示速度
                        LCD_ShowStr(4,0,vehicle_status==3?(more[count].ve_status?" 是 否
超速：是":"是否超速：否"):"是否超速：? ");              //显示是否超速
                    }
                    first_page = 0;
                }
                break;
            }
        } while(scan_MatrixKey()!=16);                 //按键 "D"，返回
    }
}
```

```
void Setting()                                         //设置
{
        static uint8_t key_value,key_value_last;       //当前按键值，上一个按键值
    key_value = scan_MatrixKey();                       //获取当前按键值
    if (key_value_last != key_value)                    //是否有新按键被按下
    {
        key_value_last = key_value;                     //存储上一次的按键值
        switch(key_value)
        {
          case 4:                                       //按键 "A"，上一页
              key_post--;
              if(key_post<1)                            //最小页面 1
                  key_post = 3;
              break;
          case 8:                                       //按键 "B"，下一页
              key_post++;
              if(key_post>=4)                           //最大页面 3
                  key_post = 1;
              break;
          case 12:                                      //按键 "C"，确认
              enter_post = key_post;
              break;
          case 16:                                      //按键 "D"，返回
              enter_post = 0;                           //确认标志清 0
              page_flag = 0;                            //页面标志清 0
              first_page = 1;                           //回到第一页
              ir = 0;                                   //红外中断标志清 0
              SMG_Detection(0);                         //数码管显示初始状态
              vehicle_status = 0;                       //车辆恢复初始状态
              PWM0 -> CMPA = 3600;                      //警报灯熄灭
              break;
        }
        LCD_Clear();                                    //按下刷屏
    }
    GUI_Refresh(key_post);                              //根据按键显示索引
}
```

4．中断服务程序设计

车辆区间测速系统红外检测车辆是否通行主要涉及外部中断 PA0 引脚及外部中断 PA1 引脚等中断服务的程序设计，本程序需要编写 infrared.c 文件和 infrared.h 头文件。

infrared.h 头文件的代码如下：

```
#ifndef __INFRARED_H_
#define __INFRARED_H_
#include "DevInit.h"
void Exti_Infrared_Init(void);
void Ir_Detection(void);
#endif
```

infrared.c 文件的代码如下：

```
#include "infrared.h"
 int ir = 0;
```

```c
void Exti_Infrared_Init()
{
    PA_INT_ENABLE(0);          //开启 PA0 引脚中断
    PA_INT_EDGE(0);            //配置为边沿中断
    PA_INT_BE_DISABLE(0);      //配置为单边沿触发
    PA_INT_POL_HIGH(0);        //配置为下降沿触发
    PA_INT_FLAG_CLR(0);        //清除中断标志

    PA_INT_ENABLE(1);          //开启 PA1 引脚中断
    PA_INT_EDGE(1);            //配置为边沿中断
    PA_INT_BE_DISABLE(1);      //配置为单边沿触发
    PA_INT_POL_HIGH(1);        //配置为下降沿触发
    PA_INT_FLAG_CLR(1);        //清除中断标志
}


void Ir_Detection()
{
        if(PA->RIS &=(1<<0))    //红外对射 1
        {
            ir = 1;
        }
        if(PA->RIS &=(1<<1))    //红外对射 2
        {
            ir = 2;
        }
}
```

5. 主程序设计

主程序 main.c 代码如下：

```c
int main()
{
    Device_Init();             //系统初始化
    InitMatrixKey();           //矩阵按键初始化
    LCD_Init();                //LCD 初始化
    SMG_Init();                //数码管初始化
    InitPWM(3600);             //PWM 初始化
    TIM6_T0_Init();            //定时器 6 初始化
    Exti_Infrared_Init();      //红外中断初始化
    IRQ_Init();                //中断初始化
    IRQ_Enable();              //开中断
    Home();

    while(1)
    {
        Setting();             //按键索引任务调度
    }
}
```

6. 工程编译运行与调试

设计好车辆区间测速系统程序以后，对工程进行编译，生成 "Template.hex" 目标代码文件，若编译发生错误，要进行分析检查，直到编译正确。

（1）连接 J-Link 下载器和开发板，在 Keil μVision5 界面上单击快速访问工具栏中的 ⚙ 按钮完成程序下载。

（2）启动开发板，观察车辆区间测速系统是否正常工作，若运行结果与任务要求不一致，要对电路和程序进行分析检查，直到运行正确。

车辆区间测速系统运行效果如图 A-9 所示。

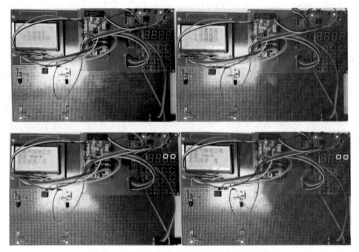

图 A-9　车辆区间测速系统运行效果

参 考 资 料

1. LK32T102_说明书 V1.0, 杭州朗迅科技股份有限公司.
2. LK32T102_用户编程手册 V1.0, 杭州朗迅科技股份有限公司.
3. "1+X"集成电路开发与测试职业技能等级标准[S], 教育部职业教育发展中心.